■ 本书为浙江省哲学社会科学规划后期资助课题"海德格尔的差异思想研究"（项目编号：23HQZZ48YB）最终成果

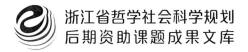

浙江省哲学社会科学规划
后期资助课题成果文库

海德格尔的差异思想研究

樊佳奇　著

ZHEJIANG UNIVERSITY PRESS
浙江大学出版社
·杭州·

图书在版编目（CIP）数据

海德格尔的差异思想研究 / 樊佳奇著 . -- 杭州 :
浙江大学出版社 , 2024.3
ISBN 978-7-308-24720-7

Ⅰ.①海… Ⅱ.①樊… Ⅲ.①海德格尔 (Heidegger，
Martin 1889-1976) – 现象学 – 研究 Ⅳ.① B089

中国国家版本馆 CIP 数据核字（2024）第 052349 号

海德格尔的差异思想研究

樊佳奇　著

策划统筹	徐　婵	
责任编辑	周烨楠	
责任校对	李瑞雪	
封面设计	周　灵	
责任印制	范洪法	
出版发行	浙江大学出版社	
	（杭州市天目山路 148 号　邮政编码 310007 ）	
	（网址：http://www.zjupress.com ）	
排　　版	杭州浙信文化传播有限公司	
印　　刷	广东虎彩云印刷有限公司绍兴分公司	
开　　本	710mm×1000mm　1/16	
印　　张	17.75	
字　　数	291 千	
版 印 次	2024 年 3 月第 1 版　2024 年 3 月第 1 次印刷	
书　　号	ISBN 978-7-308-24720-7	
定　　价	88.00 元	

目 录

CONTENTS

第 1 章　绪论　**001**

1.1　选题意义　003

1.2　文献综述　008

1.3　方法与结构　013

第 2 章　差异问题概述　**018**

2.1　形而上学史中差异问题的表述　018

2.2　神学史中差异问题的表述　028

2.3　第三条道路：《这是什么——哲学？》分析　041

第 3 章　差异问题的前期思考　**059**

3.1　体验结构分析　059

3.2　形式指引　071

3.3　《存在与时间》中的"此在"　079

3.4　《现象学与神学》中的"历史性此在"　093

第 4 章　差异问题在转向时期的思考　**107**

4.1　《论真理的本质》中的差异　107

4.2 《哲学论稿》中的"赋格" 130

4.3 《荷尔德林和诗的本质》解析 137

4.4 《荷尔德林的大地和天空》解析 154

4.5 《转向》一文的启示 164

第5章 差异问题后期的思考 176

5.1 《形而上学的存在—神—逻辑学机制》中的"分解" 176

5.2 《同一律》中的"本有" 203

5.3 矛盾律与根据律：黑格尔辩证法中的差异疑难 230

5.4 从两封回信看海德格尔对差异问题的引申讨论 242

第6章 差异问题的德法演变 252

6.1 德里达的"延异" 252

6.2 列维纳斯的"有" 260

第7章 总结 267

参考文献 269

一、海德格尔著作 269

二、相关研究文献 273

后 记 280

第 1 章　绪论

　　"现象学运动"的发起地在德国，自从这个思想运动开始以后，它就一直激荡着整个欧洲思想界。马丁·海德格尔（Martin Heidegger，1889—1976），作为当时德国乃至世界最重要的思想家之一，他的全部哲学运思（用他自己的话说），就是关注"存在"问题。虽然后来海德格尔的关注点有所变化，但可以确定的是，海德格尔思想的整体发展，都是围绕"存在"问题这个核心展开的。存在问题的问题意识，后来变成各种其他的问题意识，诸如本有、存在历史、真理、语言等。作为欧陆现象学派胡塞尔的学生与继承者，由于对现象学基本口号"回到事情本身"（zu den Sachen selbst）中的"事情本身"有着不同理解，海德格尔与老胡塞尔的哲学分道扬镳。对于"事情本身"，海德格尔确有不同于胡塞尔的独特认识：他反对胡塞尔现象学中残留的先验意识，并认为先验意识是笛卡尔哲学以来的主体形而上学残留。"事情本身"对海德格尔来说并不是先验意识而是存在本身。[①]他认为胡塞尔还固执在对先验意识的研究领域，探索存在的意义才可作为对事情本身之探索的首要任务。对于哲学传统，不探讨存在意义问题是不可能的，探索存在的意义并不意味着真正把握存在本身，而且，存在本身是否可以被把握

---

① 海德格尔：《我进入现象学之路》，选自《面向思的事情》，陈小文、孙周兴译，北京：商务印书馆，1999 年，第 90 页。

终究是需要考虑的问题。即使如此，后期海德格尔努力切近存在本身，并在对本有、去蔽、语言等问题的探讨中依然关注存在如何展现自身。探索终归离不开语言或词语，故而离不开对意义问题的持续寻索。尽管海德格尔本人毁誉参半，人文学科各领域的研究者却对海德格尔关于传统形而上学的精彩深刻的解构式现象学阐释工作产生极大兴趣并深受影响，例如海德格尔的弟子伽达默尔、阿伦特、勒维特等。①

　　海德格尔所有运思的努力都体现为对存在问题拓扑学似的种种差异性探索。他竭尽所能地从各个角度解构式地阐释形而上学著作，在对现象学方法的使用过程中实践现象学精神，例如《海德格尔的亚里士多德阐释》《尼采阐释》《荷尔德林阐释》等。迄今为止，对海德格尔哲学本身的争论依然存在，涉及古典学、伦理学、神学等诸多方面，而随着《黑皮书》的出版，对海德格尔参与纳粹的政治事件的争论方兴未艾。伍珀塔尔大学的特拉夫尼教授一直是讨论此问题的焦点人物之一。②争论中的赞美或批评都至少从不同角度证明了一个事实，即海德格尔哲学是不可被忽略的现代哲学宝贵遗产。更重要的是，海德格尔倾向认为他所做的是思想工作，而这种思想工作的本质是为未来思想开辟道路和启发新思。研究海德格尔运思方式，在阅读他的文本与自我对话中不断"上路"，不断地思考与自我批评，是对海德格尔思想精神的最大继承与发扬。比许多哲学家谈论看似很复杂的哲学概念更加困难与原初的是，海德格尔表面谈论的都是非常简单的概念，比如"存在"这个词的意义问题，他最擅长以小见大，通过对形而上学简单概念的反复的、不厌其烦的现象学阐释，实际上为更深刻地领会关乎西方形而上学命运的核心问题提供视野与开辟道路。所以，跟随海德格尔一起走上运思之路，需要

---

① 参见理查德·沃林：《海德格尔的弟子：阿伦特、勒维特、约纳斯和马尔库塞》，张国清等译，南京：江苏教育出版社，2005年。

② 参见倪梁康：《无事生非——2014年弗莱堡大学"海德格尔教椅之争"的媒体现象学与去蔽存在论》，刊登于中山大学哲学系网站：http://philosophy.sysu.edu.cn/zxcb/zxcb01/12528.htm

我们不仅仅看到思想家文本字面已表达的东西，更需要我们去领会那个未能言明的，甚或在所有阐释与类似文字游戏概念涂鸦背后所指引的东西。

1.1　选题意义

在中国学界，对海德格尔的研究的关注一直没有间断，虽涉及海德格尔各种主题，但对于存在论差异研究似还不足够。有关存在论差异的既有文献中，直接面对此问题的并不多，这在下面的文献综述中将会提到。但首先我们要界定一下存在论差异问题的边界。存在论差异（die Ontologische Differenz）就是："存在"与"存在者"的差异，后期存在与存在者的"区分"（Unterschied）。区分这个概念同样表示了差异，这是在《同一与差异》中提及的。[①] 也就是说，我们要研究的核心概念是"差异"，而差异概念在海德格尔首先就是"存在论差异"，而这个概念有相关变体，诸如区分、作为差异的差异等。这个选题之所以有意义，是因为首先涉及了海德格尔整个思考的某种"秘密通道"[②]。通过对存在论差异问题的反复探究，我们有机会窥见海德格尔现象学的展开方式。其实，学习现象学常有的困惑的就是现象学的方法到底如何展开，这个困惑甚至海德格尔自己都曾经有所表述。若胡塞尔那种现象学方法连海德格尔都要亲自在他老师面前学习才能有所掌握的话，那么海德格尔自己的存在论思想，作为现象学方法的某种集大成者，要学习其中的精髓，看来我们必须经过对存在论差异问题的深入学习与理解。在早期著作中，"形式指引"与"解构"等概念某种程度上都是存在论差异思想趋向成熟的理论前提。关于"形式指引"与"解构"如何对存在论差异形成产生影

[①]　参见海德格尔：《形而上学的存在—神—逻辑学机制》，载于《同一与差异》，孙周兴等译，北京：商务印书馆，2011 年，第 68 页。

[②]　张柯：《道路之思：海德格尔的"存在论差异"思想》，南京：江苏人民出版社，2012 年，第 17 页。

响①，如果能深入挖掘存在论差异思想的价值，整体贯穿海德格尔思想系统的前因后果，形成一个树形谱系图就不是不可能的。当我们这么说的时候，可能的责难是为什么要把海德格尔的思想当作整体性的。其实，这种责难是中肯的。就和法国哲学家德勒兹批评海德格尔把尼采说成一个形而上学家一样，而尼采本身完全可以是多棱镜式的，从不同的视角可以看出不同的尼采思想，但海德格尔认为尼采思想并不能有一种整体性理解。德里达等批评海德格尔也是某种在场形而上学，但我们不妨假设海德格尔的运思有某种整体性，不然对于后期海德格尔很多关于存在历史、诗歌阐释等的讨论就会变得无法理解，如同天书一样，这实际上会阻隔对海德格尔思想意义的透视。我们只要时刻保持警惕，警惕固执地一定要为海德格尔找到一个整体性路径，否则就不肯善罢甘休的倾向。本书必然还是某种对象性的研究著作，尽管对象性的把握被海德格尔批判成形而上学—科学式的把握方式，但海德格尔并没有否定此种把握方式，相反，这种把握方式是被允许的。问题在于，不可将此种对象性的形而上学式把握事物与思想的方式作为确定性真理接受下来，好像找到了海德格尔就必然会怎样。只要我们还保持这种冷静，我们的研究原则就不会偏离太远。

海德格尔思考存在问题，离不开差异性思维，这个差异性思维实际上是传统形而上学的哲学家们都具备的，他自己也紧紧盯住这个问题去重新唤起人们对存在问题的关注与思考存在意义的全新提法。海德格尔对存在问题的思考早期确有可能受到洛采《大逻辑》思想的影响——张柯的《存在论差异研究》一书有提及②，形式指引问题来自英年早逝的拉斯科的启发③，但我们认为，关于存

---

① 参见李章印：《解构—指引：海德格尔现象学及其神学意蕴》，济南：山东大学出版社，2009年，第3章、第6章。

② 张柯：《道路之思：海德格尔的"存在论差异"思想》，南京：江苏人民出版社，2012年，第32页。

③ 贺念：《海德格尔与拉斯克——论海德格尔"是态学差异"与"林中空地"的来源》，《中国现象学与哲学评论》，2016年第2期。

在论差异问题的背景来源谈得并不充分，那就是早期基督教思想的原始体验问题，它体现为对存在问题着迷并通过神学学习与修养而获得的类似宗教体验的存在论差异时刻。海德格尔早年学习神学，博士论文做的司各特的范畴学说，深谙阿奎那的亚里士多德主义神学，隐秘地喜爱埃克哈特大师的神秘主义，并深受路德神学的影响。他自己承认，他一生中都在试图超越托马斯（·阿奎那）主义的亚里士多德阐释的影响。① 在马堡期间，由于与《新约》圣经专家布尔特曼相识甚好，他们还一起研读《约翰福音》与谢林的著作。对海德格尔来说，到底是布尔特曼的"解神话"概念影响了他的"解构"概念，还是他影响了布尔特曼已经不好评判。而他或许还受到巴特《罗马书释义》的某种冲击，使我们不能全然避开海德格尔思想的某种基督教渊源，而从基督教而来的理论贯穿力通过形式指引到《存在与时间》中的"此在"概念得以非常明确地体现。② 此在"向死而生"的生存论展开体现了差异的差异化，伴随着这本书其他各种带有浓厚基督教色彩的概念——沉沦、死亡、到时性、畏、良知的呼唤、本真性等等，说明从形式指引到存在论差异是有内在关联的。而差异问题在方法层面，又体现在解释学循环的经典嵌套结构里的运作中，解释学循环的方法离不开存在论差异问题。

更重要的是，几乎后来所有重要课题，包括时间、空间、历史、物、诗、诸神等等，海德格尔在探讨中都潜在地离不开对存在论差异使用得游刃有余的那种技艺。就是在《形而上学导论》中，他为了讨论无的存在只能通过谈论"存在"的希腊文用法，借助三种用法让"存在"重新激活动词性，无非还是为了让存在者之存在不再是某种唯名论上的名词化代号。存在是存在者的存在，而存在者是存在着的存在者。海德格尔为了思考这个差异的时刻，就必须不断思考动词化的存在意义，比如存在着与在场性有什么关系等等。稍后在《同一与差异》中集中

---

① 参见梁家荣：《海德格尔与基督教》，载于《本源与意义——前期海德格尔与现象学研究》，北京：商务印书馆，2015 年，第 11 页。

② 菜曼：《基督教的历史经验与早期海德格尔的存在论问题》，载于《海德格尔与有限性思想》，刘小枫编，北京：华夏出版社，2007 年，第 43 页。

谈差异本身，进而又有明确谈论神—逻辑学机制的文章，可呼应他之前的《现象学与神学》讲稿。这说明从根本上，差异问题与形而上学史及神学史是纠结在一起的。而在此时期，海德格尔开始探讨存在和存在者之间的关系的这种动态的差异与区分的共属性与相互归属性问题，"分解"（Austrag）概念就对存在论差异的差异之源头有了某种更深刻的表达。分解是达到某种分离着的相互承受。更困难的思考推进是，差异既是同一着的分解，又是分解着的差异。此时同一就是本有（Ereignis），分解表示差异，则本有是分解着的本有，分解是本有运行中的分解。存在论差异问题推进到了某种更加深刻的地步。对本有的讨论则无非还是差异问题的最深化表达，本有也是海德格尔自认最后的相关变体的差异之源，而本有问题直接关系到海德格尔最后时期频频谈论诗歌、神性、语言等问题的关键性理解。把存在论差异以及其相关变体搞清楚，找出其中共时性的相关蛛丝马迹，不但有助于理解海德格尔自身运思的轨迹，而且尤其有助于对其存在论运思的动力之源有所认识。之所以称存在论差异为运思之动力源泉，是因为海德格尔的批判者与继承者，如马利翁、德里达、列维纳斯等，只要是直面存在论差异问题者，都某种程度上坚守了对原本海德格尔的深刻理解与把握。马利翁强调礼物现象学中给予性的悖论性，即还原越多给出越多；列维纳斯对"有"本身的探索形成了从法语生存土壤中生发出来的"死亡现象学"[①]；德里达则干脆更深刻地使用差异概念，他的专用概念"延异"就是对海德格尔的存在论差异前后期变体的深刻领会基础上的再创造，当然他更倾向于非对称性的差异之源，也就是作为纯粹深渊的延异，这一点是与海德格尔又产生差异。但不管怎么说，他们都从海德格尔思想的这个隐秘的动力之源处吸取养料，经过自身生存的历史处境而开展出独特的差异思想。

故差异问题，无论是从形而上学史来说，还是从神学史渊源或外部性的比较

---

① 参见汪堂家：《对海德格尔和列维纳斯死亡概念的比较分析》，《江苏行政学院学报》，2007 年第 3 期，第 22—26 页。

来说，或从海德格尔自身思想的推动力之重要性来说，抑或从对后世的影响来说都具有重要的研究价值，值得深入研究。而且，在以后的研究中，关于存在论差异、差异的其他变体乃至本有的问题的研究，还会有更多的研究者投入进来，那就有进一步展开的无限丰富性。从现实性角度来说，如今世界是多元化文化的天下，差异问题本身就是时代的根本问题之一，这里谈到实际性（Faktizität）①，因为在海德格尔那里，存在论层面的阐释从来都是实际性的阐释，也就是说，那种存在论层面上时间性探索之展开本就在于重新为存在者区域的划分开辟道路。就是说，存在者层面上的差异虽然作为既成事实而存在，但并不是一劳永逸地可以直接拿来用的，即使拿来用也是需要在阐释中重新组起意义之可能性；而这些可能性的探索是经存在论阐释而达成的，虽然抵达存在者区域，但结果却并不是对存在者区域既成差异的谈论，即，在存在论层面的差异性阐释从一开始就直接改写了存在者层面差异区分的生存论性质，所以从一开始就不仅仅是存在论的，也同样是存在者层面的实践哲学的尝试。同一与差异问题的展开有助于我们思考那个在趋同中差异着的世界，海德格尔基于此对世界图式有所领会②。

　　本论文要论证的是：海德格尔的存在论差异问题深受基督教神学的影响，但并不仅仅受到新教神学的影响，而是在更广泛意义上来自某种更深刻的事实本身的召唤，即差异本身的召唤。而这种召唤对海德格尔的要求是，通过存在论的探索，把差异问题深化为某种既在传统哲学中又在传统神学中，却又必然超乎其外的思想路径。而这种路径不但来自哲学与神学的伟大传统，而且来自更古老的甚至东西方文明未分前的差异领域的召唤。而此领域或是更古老的神圣领域。我们不应该纠缠于存在者层次（更古老的神圣领域）来理解召唤来自何处，因此从一开始就提出形式指引的方法。进一步说，笔者认为海德格尔的存在论差异问题，

---

① 　邓晓芒：《从康德的 Faktum 到海德格尔的 Faktizität》，《武汉大学学报》，2013 年第 2 期，第 17 页。

② 　海德格尔：《林中路（修订本）》，孙周兴译，上海：上海译文出版社，2008 年，第 66 页。

首先来自一种类宗教的生命体验，这种体验深受基督教新教精神的影响。海德格尔自己一生都试图既不属于传统形而上学，又不属于传统天主教神学。某种程度上，他深受新教神学的情怀与精神内核影响，但这种影响又并不只是从新教神学而来；问题的复杂性就在于此，它又来自哲学最本己的传统——所谓事实本身的召唤，即来自对"思的经验"的领会。本书就是试图通过一个基本的差异概念在海德格尔不同时期思想中的展现方式之不同，初步表明上述的复杂性与单纯性是如何统一在一起的。而这种所谓既不属于内在论又不属于超越论的新思想路径，它的意义何在，它的困难何在，亦是本书试图交代的内容。

1.2　文献综述

上面探讨了研究存在论差异问题的意义，在文献综述部分，笔者将着重围绕海德格尔的存在论差异与其相关的变体——形式指引、此在、分解、本有等概念，对国内外的相关研究著作做一个举要性的概览，以此回顾该选题目前的研究进展。可以说，文献综述也是对本书选题意义另一个角度的约略说明。

本书主要考察的核心概念是存在论差异，以及相关的变体：形式指引、此在、有、赋格、区分、分解、本有。而这些论题散见在各种海德格尔研究著作中，我们只能从其浩如烟海的著作与他人二手文献中提炼涉及相关论述的部分，并尽量加以整合。到目前为止，海德格尔全集已出到一百卷以上，《黑皮书》刚由伍珀塔尔大学的特拉夫尼整理出来，就重新引起人们对海德格尔与纳粹问题关注的又一番争论。在国内，早期熊伟、陈嘉映等翻译了他的弗赖堡文献，《存在与时间》（*Sein und Zeit*，1927 年）等著作直接影响了那一代人对海德格尔研究的热情，也开启了早期海德格尔研究的先河。而后期海德格尔的翻译工作，则主要归功于孙周兴以及他所直接或间接培养出的海德格尔研究者。孙先生翻译出了后期海德格尔的三条道路，即《路标》（*Wegmarken*，1967 年）、《林中路》（*Holzwege*，1950 年）、《在通向语言的途中》（*Unterwegs zur Sprache*，1959 年）等著作。尤其是本书即将重点细读的《同一与差异》（*Identität und Differenz*，1955—1957 年）

与《哲学论稿》［*Beiträge zur Philosophie Vom Ereignis*，1936—1938 年，1989 年出版］也是由孙先生翻译的，他对海德格尔的翻译与研究功不可没。如今孙先生还在主持海德格尔文集的翻译，海德格尔全集中其他的重要著作，类似《宗教生活现象学》《观入在者》《伊斯特河》等将与读者见面。最近几年，其他一些海德格尔研究者也做了很多翻译，比如王庆节翻译的《形而上学导论》、熊林的《论柏拉图智者篇》、赵卫国的《物的追问》等等。参考海德格尔原著的译本做后期海德格尔研究是可行的，但研究亦有限制，因为毕竟是翻译著作。无论诗歌还是思想本质上都是不可译的，而这种不可译性某种程度上是对不同思想的差异性特质的客观捍卫与保障。所以，翻译的概念常常出现问题与相应的讨论，但实际上原文却没有那么明显的问题，甚至是明白畅达的行文表达。翻译文本有时则过多地加入了译者的主观因素，以至于思想准确性方面的局限不可避免地产生。各种海德格尔研究课题也层出不穷，比如陈治国《海德格尔与形而上学之解构》等。

早在 2009 年，俞吾金就在《海德格尔的存在论差异理论及其启示》（《社会科学战线》，2009 年）一文中揭示了存在论差异的四个方面的含义，即存在与存在者整体、作为人的意义、本真的人与常人的关系、人与器物的关系。此理论可提供三种新的理论启发：第一，重新认识形而上学史与其中的重要观点；第二，理解实践活动与器具活动的关系；第三，重新理解差异性与异质性问题。张柯的《海德格尔存在论差异研究》（江苏人民出版社，2012 年）一书，是国内为数不多的专门研究存在论差异问题的专著。作者对倪梁康与张祥龙关于绝对被给予性问题的深入思考做出辩驳，提出海德格尔的存在论差异最有可能受到两个来源的影响，其一是受到洛采的大逻辑学的逻辑思想的影响，其二是受到胡塞尔绝对被给予性的意向性理论的范畴直观思路的批判性推进。真理、有效性、被给予的直接性与自身性之间的关联成为存在论差异的某种理论原发策源地。在找到关于存在论差异理论的两个可能性来源之后，张柯集中展开了关于此在（Dasein）以及后来同一与差异思想的一小部分内容，涉及分解（Austrag）与本有，乃至二者之间可能的艰难关联。其论著没有继续讨论的部分，恰是本书将要涉及的重要部分与拓展讨论，即分解与本有的关联如何统一在真理二重性的论题中。张柯又独立翻译了海德格尔的《根据律》一书，通过存在论差异切入根据律、同一与差异问题、本有与语言等问题，在《同一与差异——海德格尔对柏拉图辩证法的探讨》与《论后期海德格尔的语言本质思想》等文章中都有体现。张旭的《海德格尔存在论差异思想的起源、含义与发展》（《中国人民大学学报》，2017年）一文是其博士论文的一部分，其博士论文《海德格尔的神学思想研究》就是通过存在论差异思想来重构海德格尔的现代神学的某种尝试。差异思想的发展起源来自早期基督教思想，尤其是《宗教生活现象学》与《阿奎那讲稿》时期的某种准神学倾向。此思想不但意义重大，而且存在论差异的发展直接贯穿整个海德格尔运思之路的核心，具有提纲挈领的作用。杨慧林在《从差异到他者——对海德格尔与德里达的神学解读》（《基督教思想评论》，2004年）中，紧紧盯住了差异概念作为从海德格尔到德里达的重要推进与变化这条线索，敏锐地对《同一与差异》进行分析阅读，指出通过差异到他者的这个进展过程，从根源来看是某种神学意义上的推进，其背后有着深刻的基督教思想背景的意义。曲立伟的《西方古典哲学中的存在论差异问题》与《海德格尔与存在论差异问题》两篇论文（《武陵学刊》，2015年），先后简要讲述了存在论差异问题的思想史背景及其贯穿海德格尔哲学的意义。李炳权的《马里翁、济宙拉斯与克服本体神学》（《道风书社》，2015年）、靳宝的《作为通道的存在论差异——兼评马利翁对海德格尔存在论差异思想的疏解》（《中国社会科学院研究生院学报》，2014年）与杜战涛的《胡塞尔、海德格尔与马利翁现象学研究》（中国政法大学出版社，2013年）都有关于马利翁对海德格尔存在论差异问题的批判所带来的问题的精彩思考，结合马利翁的《还原与给予》，有助于我们考察差异问题与有（es gibt）之间的关联。李军学的《论海德格尔的存在论差异思想》（《西安电子科技大学报》，2007年）、莫斌的《关于海德格尔的存在论差异问题》（《山东社会科学》，2016年）等二手文献，大体是对已有的差异问题的讨论的重述，并无太多新意。

在更广泛的文献范围内看，去除一些普及型的海德格尔介绍著作，关于存在论差异问题，国内的研究著作大体分六个大类。第一类，是海德格尔整体思想的描画，或者某段时期的思想的某种概括性的勾勒。比如靳希平的《海德格尔早期思想研究》（上海人民出版社，1995 年）研究了海德格尔弗赖堡时期的思想，对考察差异作为形式指引等概念的形成有参考意义；陈嘉映的《海德格尔哲学概论》（生活·读书·新知三联书店，1995 年）是他翻译《存在与时间》后的研究论文，对理解存在与时间的整体思路尤其是差异作为"此在"有很大意义；孙周兴的《说不可说之神秘——海德格尔后期思想研究》（上海三联书店，1994 年）为我们提供了后期海德格尔主要思想的重要路标，将对理解本有相关的语言问题等提供帮助；彭富春《无之无化——论海德格尔思想道路的核心问题》（上海三联书店，2000 年）以虚无的自我化解贯通重构海德格尔思想，为考虑有（es gibt）与根据问题提供某种诠释视角。第二类，是对具体某个海德格尔著作或核心概念的研究。比如张汝伦《〈存在与时间〉释义》（上海人民出版社，2014 年）详细地句读《存在与时间》，为我们探明差异作为"此在"提供提示，尤其是与康德哲学等的关联，是本书的亮点；赵卫国的《海德格尔思想的多维透视》（人民出版社，2016 年）涉及对《同一与差异》中存在—逻辑学机制与神—逻辑学机制的初步反思，对本书的相关章节有启发性帮助；林子淳先生的《最后之神：即海德格尔的基督？》（《世界哲学》，2015 年）等文，为理解本有与最后之神的关联这一艰难的问题提供重要启发。第三类，是海德格尔阐释其他哲学家的阐释性著作或讲稿研究。孙冠晨《海德格尔的康德解释研究》（中国社会科学出版社，2008 年）一书中对物问题的讨论，很大限度更新了笔者关于差异作为同一性［在康德那里是物自身（Ding an sich）］的理解；张振华的《海德格尔前苏格拉底阐释研究》（商务印书馆，2016 年）一书有助于理解海德格尔如何在以存在论切入诠释巴门尼德的过程中获得斗争与和谐的概念，而此对概念为差异作为分解与本有的二重性运作关系的体现的另一种表达提供了文献助力。第四类，是其他学科交叉背景思想史的深度反思性研究。比如韩潮的《海德格尔与伦理学问题》（同济大学出版社，2007 年）、刘旭光的《海德格尔与美学》（上海三联书店，2004 年）

等书，为第三条外部线索，即广义的宗教线索或神学线索提供了一种类似的探索方式。如同我们要通过存在论差异来重构海德格尔思想，并指出这种重构暗合某种外部神学因素的启发一样，《海德格尔与美学》教给我们讨论海德格尔思想与某种庞大学科的关联时需要具备的视角与注意事项。而梁家荣的《海德格尔与基督教》（载于《本源与意义——前期海德格尔与现象学研究》，商务印书馆，2015年）等文对了解海德格尔确实受到基督教神学潜移默化的影响与启发有特别的作用。第五类，是海德格尔与东方文化的相关思想的对话研究，如张祥龙《海德格尔思想与中国天道》（中国人民大学出版社，2010年）与赖贤宗《海德格尔与禅道的跨文化沟通》（宗教文化出版社，2007年）等。第六类，是关于海德格尔的传记式研究，如张祥龙《海德格尔传》（商务印书馆，2007年）。最后两类的相关文献中，也有关于差异问题的讨论，以及与外部线索暗合的某些提示，在具体文本展开中具有借鉴意义。

在外部聚焦范围内，关于差异作为形式指引的文献，德国研究者萨弗兰斯基在《海德格尔传——来自德国的大师》（商务印书馆，1993年）中讲述了海德格尔思想发端时期形式指引问题意识形成与其基督教体验的内在关联，海德格尔的相关著作在刘小枫先生编撰的《海德格尔与有限性思想》（华夏出版社，2002年）与《海德格尔与神学》（香港汉语基督教文化研究所，1998年）等诸多文章中都有讨论，类似文献有助于思考形式指引与差异的关系。而菲利普卡贝勒的《海德格尔思想中的"天主教""新教""基督教"及"宗教"诸概念：影响与局限》（载于《海德格尔与其思想的开端》，商务印书馆，2009年）、王新生的《试论海德格尔"存在—神—逻辑学"批判的神学维度：兼论其对卡尔-拉纳的启发》（《哲学研究》，2010年）等论文，从基督教神学层面谈论海德格尔从基督教思想中获得决定性启发，实际上海德格尔哲学的很多思考方式甚至概念不过是现代神学自身发展的注脚与重述。关于"此在"的文献与《存在与时间》的相关释义著作，上面已经提及。关于《同一与差异》与《哲学论稿》的研究并不多，后者大多集中在 Ereignis 的翻译上，前者虽然对《同一与差异》的某些章节有一些讲解文献，比如王庆节关于"哲学是什么？"的讲稿（《经典通识讲稿——海德格尔与哲学开端》，生活·读书·新知三联书店，2015 年），但整本书的内在逻辑与章节关联性以及概念之间的关联性都有待展开。张志扬的《偶在论谱系》是从差异问题入手，通过海德格尔哲学重构西方哲学史的某种尝试，它与李章印的《解构—指引：海德格尔现象学及其神学意蕴》（山东大学出版社，2009 年）的贡献类似，都在于试图通过对差异的某种解构或对形式指引的主导概念的把握来重新解读海德格尔哲学的内在思路，后者最后还展开了对海德格尔式神学思路反思的尝试，但他们两位的问题恰恰同样在于，在对经典原著的重述中建立理解，虽然历时性的线索铺排得淋漓尽致，但共时性原则使用不够，而外部性的探讨虽然是张志扬先生擅长的，但有时又似离题稍远。另外，关于从此在到有，从有再到分解的过渡文献，赵卫国的《时间性与时·间性》（中国社会科学出版社，2008 年）、王恒的《时间与永恒：后期海德格尔的时间性疏论》（《江苏行政学院学报》，2005 年）与黄裕生的《时间与永恒：论海德格尔哲学中的时间问题》（江苏人民出版社，2012 年）有某种启发性的梳理，把《存在与时间》与《现象学基本问题》《时间与存在》内在的以时间为主轴的差异问题关联起来，对差异体现为此在、差异体现为时空游戏，以及差异作为有等本书将要展开的相关论述都有重要的参考意义。最后，更外部的相关文献涉及对哲学论稿的研究文献，参见波尔特《存在的急迫——论海德格尔的〈对哲学的献文〉》（上海书店出版社，2009 年）及大量二手文献目录。而对于所有存在论差异问题的变体的研究，我们也不可能面面俱到，只能以把握住有需要的很小的范围来进行资料提取与整理。

1.3　方法与结构

鉴于本书的研究论题及其特点，笔者在尽可能全面地阅读海德格尔关于存在论差异以及此概念的相关变体的一手著作的前提下，结合外文文献与相关讨论，集中对存在论差异的三个表述——"存在论差异""分解""本有"——进行重点阅读与梳理。海德格尔的存在论差异思想并非集中在一本著作中，其延伸变体也在很多其他著作中有所体现，尤其后期著作有的并非专门谈论差异问题。例如海德格尔在对前苏格拉底的残片的阐释（参见张振华《斗争与和谐——海德格尔对早期希腊思想的阐释》，商务印书馆，2016年）中，对逻各斯、思维与存在的同一性甚至缝隙（Fuge）问题的讲述，看似是在回应古希腊哲学的问题，但更本质上依然是在其独特的差异性思维中展开的结果。因此，在广泛涉猎与重点精读一手文献的基础上，笔者将基本以海德格尔著作发表的时间线索为指引，以存在论差异问题本身各种变体的发展演变线索为逻辑，对存在论差异这个核心问题进行重构。本着对海德格尔原著的精读这一原则，本书以对海德格尔的差异性思想运作的过程各阶段的特点进行描述性介绍为主，以引进其他哲学家的相关争辩并适当地表达自己的观点为辅。在结构上，本书将按照时间顺序与存在问题的演变逻辑为线索重构的理论框架来对海德格尔的存在论差异问题进行研究。

下面简要介绍章节的结构与全书行文的内在逻辑。全书分七个章节，除去第一章绪论与第七章结论部分，文章主体部分共分为五章。

第二章主要从形而上学史与神学史两个路径，概括、考察差异问题的历史渊源，并通过对文本《这是什么——哲学?》的分析，试图理解海德格尔所探索的既非形而上学又非本体神学的"第三条道路"，即爱智之学。第一节，指出差异问题在形而上学传统中如何表述。第二节，通过对埃克哈特的简要论述，指出差异问题在神学史中如何体现。第三节，通过对《这是什么——哲学?》演讲稿的细读分析，体会爱智之学的内核。通过本章，差异问题先行作为一个充满意义的原始路标被描述出来，作为后面几章展开的思路基础。

第三章的主要内容是对早期海德格尔形式指引—作为差异的此在—历史性此在这一推演理路进行深入分析。第一节，我们要谈差异问题更隐秘的可能性起源，即源于早期基督教的宗教体验。形式指引成为差异问题不断变形的重要方法论，而形式指引与作为"有"的体验问题之展开，对于我们切入差异问题具有根本性意义。第二节主要是对形式指引问题进行明确的阐述，此问题的重要性在于沟通体验与存在论差异的原初境遇。第三节主要是勾勒《存在与时间》中的存在论差异的提法，如何紧紧扣住"此在"来谈论存在与存在者的不同，并通过对此在生存论的展开得到某种通向差异之源的时间性视野。第四节，我们主要讨论《现象学与神学》中海德格尔如何实现了对突破差异的既非内在又非超越的"第三条路径"的探索，而这种探索一直伴随着新教神学对他的某种深刻而持久的影响。

第四章主要对转向期的海德格尔差异问题的进一步的概念变体进行探讨。第一节，对《论真理的本质》中关于差异问题的段落进行分析，提出真理本质与差异的关系。第二节，对《哲学论稿》中的赋格概念进行尝试性阐释，借鉴赋格音乐理论的提示，探索赋格作为差异概念变体的启发意义和未来哲学暗示。第三节和第四节，分别对海德格尔阐释荷尔德林的《荷尔德林和诗的本质》与《荷尔德林的天空与大地》两篇论文进行细读分析，指出差异问题如何与作诗活动相关，并被表达为天空与大地的原始争执。第五节，结合《转向》这篇重要文章，指出海德格尔的转向（Kehre）确实存在，而且是对他一直深刻关注的差异问题的深化拓展。

第五章第一节紧扣《形而上学的存在—神—逻辑学机制》一文，对差异的概念变体"分解"概念进行阐释，并对分解问题的难点进行某种与根据律问题相关的讨论。第二节集中于《同一律》一文，讨论作为"同一与差异"中差异变体的"本有"问题的延展启发，这种启发体现在某种不同以往的宗教关怀，即本有对"最后之神"的突进所带来的神学深处的思考。第三节则对海德格尔批判黑格尔的《思想的原则》一文进行解析，尤其是重新理解其中矛盾律和根据律的相关问题，此问题直接关系到对差异问题的最隐秘土壤的探索。第四节则对《一个序言——致理查森的信》与《致小岛武彦的信》这两封看似微不足道的回信进行解释学阅读，进而体会到为什么差异问题从始至终贯穿于海德格尔的整个问题意识，并且在与东方世界的某种对话中推进延展。

第六章主要从德里达与列维纳斯的角度来探讨差异问题在后来的法国思想中产生的影响，以及这两位法国哲学家如何深入扩展了海德格尔思想的深度与广度。从海德格尔发端的"存在论差异"思想，经过前期体验结构分析到形式指引方法论的析出，到早期与中期关于此在时间性、存在历史等的讨论，再到后期对"分解"与"本有"的探究，都直接或间接影响了法国哲学的这两位伟大思想家。德里达的"延异"思想的诞生与列维纳斯的"有"（il y a）思想的深刻论述，都既受益于海德格尔思想，又某种程度超越其视野。在德法现象学演变的复杂思想背景中，差异问题具有重要的研究意义与学术价值，而此价值离不开某种对更本源式的宗教情怀的内在沉思与回应。

在最后的总结中，我们重提"回到存在论差异"的口号，以表明研究海德格尔思想自身需要我们不断回归对差异的领会，这种对思想本身发言的应答具有重要的启示意义。

下面我们以本书的三条主要线索对全书的整体结构做个说明。

第一条线索为历时性线索。海德格尔从早期开始就反对一般流俗的到时性时间观，这就是说，按照历时性的时间线研究存在论差异问题并不能被海德格尔接受，因为他对于时间的领会是在某种向着未来筹划的回到过去的当下之阐释。海德格尔不同时期的存在论差异表述虽然不同，但并不意味着后期就一定比前期更具有真理性，如同海德格尔自己说的一样，只有理解了他后期的思想才能更好理解前期的思想，而不通过前期思想想要理解后期又是不可能的。在文本的推进上，文本自身遵循了时间顺序，而问题本身却不能拘泥于一般的历时性研究。但不可否认的是，主体生活在流逝的一般到时性时间中，历时性线索就成为必然需要遵循的一种思维方法。我们需要考虑海德格尔自身思想演变的过程，包括前后期那个重要的所谓转向的过程。但更重要的是，如果把海德格尔当作一个不断辛勤运思的哲人形象，历时性思考就意味着，他不但是其思想的创造者，也是把包括笔者在内的所有思考者带入思考的那个人。因此，他的思想具有未来性，如同其思想深厚的过去性一样。经典的历时性研究是可能的和必要的。

第二条线索是共时性线索。共时性研究乍看起来是结构主义与解构主义都喜欢运用的研究方式。从思想本身的角度来看，海德格尔整体思想有某种尚不齐全却又相对完整的把握，不同时期的概念都是对同一个核心问题的把握，而这种把握又体现为在各种拓扑学思想地形图上标出路标。只有在共时性中，差异思维才能更好地萌生。通过对海德格尔不同时期的差异着的同一个思想内核的表述与探索，我们获得了某种全新的研究海德格尔思想的谱系。这种谱系虽然可能在局部是断裂的，但整体上来看却别有一番滋味。共时性研究作为一条线索，对于存在论差异及其变体的各种运行有某种把捉力，是可以使用的线索。

第三条线索是外部性线索。外部思想是某种比较性思想，其实依然是差异性思想的某种表达方式。后来的解构家例如福柯、德里达等就非常喜欢使用外部思想或者陌异化的方式来审视当下历时性与共时性交织的思想在场。海德格尔在《同一与差异》一书中已经提出了"外部"这个概念。"外部"是某种与思想深层对话的必要路径。本书的外部性线索体现在宗教学的某种大背景中，基督教神学的背景理解将是最重要的参考系。根本上，这条线索是为了在海德格尔的概念内部无法很好理解的关键位置进行某种外部性突入的差异性比较，这种思想的比较对话有可能帮助我们打开新的视野。本书试图通过使用存在论差异概念重构海德格尔的某种整体性思考，应用目的也在于尽可能充分地讨论其此种重构居然建立在某种神学思路的隐秘背景中，进而反思海德格尔如何从神学中获得思想与方法的重要启示，又不完全遵循后者，甚或可为外部性的宗教思想源地——神学处提供新鲜的思想血液，但同样也可能存在一些严重问题。

第 2 章　差异问题概述

在细致探究差异问题之前，本章试图在整体上对存在论差异问题做一个概括性的描述，主要尝试从形而上学史与神学史两个角度切入所要探讨的差异问题的纵向思想背景，以便为更好地对差异之宗教来源与差异概念变体之后续展开详细讨论做某种解释上的先行引导。

2.1　形而上学史中差异问题的表述

顾名思义，存在论差异（die ontologische Differenz）就是"存在"与"存在者"的差异。这个概念最早出自《现象学的基本问题》讲稿，后来在《同一与差异》中，存在与存在者的差异被称为"区分"（Unterschied）。探讨存在论差异实际上是要追问关于"存在"之意义的各种纷繁复杂的展现方式是如何达成的。学界曾一度将"存在论"翻译为"本体论"。当我们在说到"体用"关系的时候，就是在试图谈论本体。本体论是关于接近本体的路径与方法的探讨，不同的路径有不同的方法，方法原则上是无尽的。我们在谈存在论的时候，实际上依然是在谈本体论。但这里似乎有一个问题，即从字面意思来看，"本体"究竟"存在"吗？当我们说存在论时，似乎有一种阅读上的假象，让我们觉得好像本体是必然存在的，实际上本体到底存在与否，还是一个未知数。除非我们设定不存在也是一种存在方式，否则存在论就不能被理所当然地接受为一种非亚里士多德的东西，即是说，在亚里士多德那里有某种关于本体一定存在的"希腊式乐观"①。如果从存在与存在者的角度区分，体用之间的区分同样可以被认为是存在论差异的一种表达方式，就是本体与作用之间的关系。本体是存在领域，存在作为存在者的绝对状态，而作用是存在者展现的方式，即现象。因此，当海德格尔探索"基础存在论"的时候，他其实是试图探索某种比形而上学更本源的、具有超越性的、在非存在意义上的本体领域以及此领域延展作用的界限。②

　　这时候我们就会发现三种不同层面的本体论或存在论。在海德格尔的思路中，第一种本体论是一般形而上学，包括传统的亚里士多德哲学系统与神学系统的进路与表述。第二种本体论是存有论③（关于 Seyn 的非 Ontologie 之 Denken）意义上的，它与前一种"存在学"（关于 Sein 的 Ontologie）意义上的本体论不同，着眼点在于直接面对从本体争夺出存在问题之前的存在问题的前表述时刻，存在（Sein）问题是从存有（Seyn）中酝酿和争夺出来的。第三种本体论是本有（Ereignis）自身，我们喜欢用的"本体论"讲法有这样一个关联意义，即，真正纯粹意义上的本体论恰恰是本有思想，但这里却不能简单说是"本有论"，因为"本有"本质上无法从"论"的角度被研究，而任何关于"本有"的把握都不可避免地陷入把握的形而上学式尝试。三个层次的本体论展开的例证，让我们发现：西方形而上学是存在论问题，而存在论问题是一个遗忘存在本身，即遗忘"存有"的问题历史。在这个历史之外，尚有一个真正的存有论的历史，例如，在苏格拉底—柏拉图—亚里士多德之外的赫拉克利特—巴门尼德—阿那克西曼德的历史，后者就是从 Sein 回归更源头的 Seyn 的历史的展开。显然，即使回到了前苏格拉底，运思的经验依然没有终了，运思的"本有"之事并没有停滞它的差异化运作。

---

①　基托：《希腊人》，徐卫翔译，上海：上海人民出版社，2006 年，第 10 章。

②　王庆节：《超越、超越论与海德格尔的〈存在与时间〉》，《同济大学学报（社会科学版）》，2014 年第 25 期，第 24—39 页。

③　参见孙周兴：《何谓本有，如何本有？——海德格尔〈哲学论稿〉的关节问题》，《世界哲学》，2010 年第 3 期。

因为在东方世界的另一些文化领域中，同样有着与前苏格拉底的 Seyn 思考接近的或者迥然不同的回归本有之路。①

故海德格尔思想中本有（Ereignis）的差异化运作，在某个时空点或谓"历史性"中被释放，而这种释放过程又是关乎此在的，在西方世界被命运性地表述为从 Ereignis 到 Seyn 再到 Sein 的过程，它体现为从纯粹的思到前苏格拉底哲学再到亚里士多德式形而上学的一个差异运作过程。形而上学把存在当作一个对象性的物来研究，这种研究就是把本体拉扯进某种人类理智的绝对自信中，让存在（Sein）变成存在者（das Seiende），让存有（Seyn）不再可以历史性地延展与表述，进而使存在问题变成某种不言自明的东西。对存在论差异的"遗忘"就"命运性"地发生了，即巴门尼德在听取命运女神的指引时候就被引导了。海德格尔要问，"无"（Nichts）为什么不能存在，"无"的意义如何展开呢？（虚）无本身是存在的，但它的存在方式又体现为怎样的存在特征呢？这个问题的艰难之处，不但是传统形而上学无法探询的，也是巴门尼德之后的形而上学路径无法通过对象方式把握的，它看似是最空洞的问题，但确实是让海德格尔绞尽脑汁的问题。对存在的遗忘变成了存在者被存在遗弃，《哲学论稿》从存在角度将其表述为：存在的离弃状态。②

其实，在西方传统形而上学史中，对"无"的沉思某种程度上是被忽略的。在《形而上学导论》与《形而上学是什么》中，海德格尔从正反的不同侧面切入对"无"的存在方式的思考。问"无"的意义，用海德格尔的话说，就是问"为什么存在存在而无不存在"。这么问，依然会让发问者陷入窘境，因为我们不可避免地一定要去探讨那个在场的、持存的存在者光彩夺目的存在意义，可是，那不在场的存在者呢？"无"到底是不是一个存在者呢？是怎样与存在发生关联的存在

---

① 张志扬：《偶在论谱系：西方哲学史的"阴影之谷"》，上海：复旦大学出版社，2010年，第60页。
② 可参考《哲学论稿》第二章"回响"中关于"存在之离弃"的沉思。海德格尔：《哲学论稿》，孙周兴译，北京：商务印书馆，2012年，第117—119页。

者呢？它的存在意义"是"什么呢？这类似语言游戏的询问："无"的存在是什么呢？无，或是"没有"，或是"不是"。那么，"不是"的"是"究竟是什么呢？意义何在呢？这是更原始的区分问题，就是从存在论差异问题而来的更加原始的差异问题，是本有差异化运作的难点所在。

这个差异化过程，就是从本有而来的"下降"（Untergang）[①]过程（从 Ereignis 到 seyn 再到 sein 的过程），在德里达那里就被推进到了极致。为什么犹太人喜欢把这个差异本身推到极致状态来思考呢？这和列维纳斯思入的此在之生存是从集中营濒死体验的生存有隐秘关联。犹太人天命式地对"本体"具有某种守护力，他们以决然的信心坚决守护着那个作为"格位"的本体本身，不允许任何僭越行为，这如同他们常常喜欢戴的小帽 kipa（犹太人喜欢戴的小圆帽，kipa 原义为遮盖）代表人与上帝的绝对界限、对上帝的敬畏，让人类永远可以在与存在或本体的绝对差异中知道自己的位置。这也是犹太教思想对本体的一种绝对性坚守的意志，这个意志不允许任何独立的对本体的占有与形象化。实际上，这种非形象化并非没有发生，在犹太人的《摩西五经》中，神的形象并非绝对的抽象与格位化。海德格尔反犹太的一个重要思想渊源或许难逃此处，无论海德格尔的信仰是从公教转化到新教的，还是根本上连新教都不是，而是某种荷尔德林的"新神话"意义上的"未来宗教"[②]。如果说海德格尔的思想有某种宗教性，则在海德格尔的宗教中，本体是可以历史性地化身成最后的神式的呼唤"基督再来"的，或者至少他自己也认同自己是"将来者"（其实，"将来者"又暗示了某种全然陌异的即将出现在存在者领域的不可名状之物），即某种意义上的先知，或是施洗约翰之角色。海德格尔把"弥撒亚主义"在《哲学论稿》里发挥了出来，但同时他又不完全是德里达那种弥撒亚主义的近乎原教旨的立场，认为弥撒亚永远都不会前来，

---

① 此处可参考《查拉图斯特拉如是说》中，查拉图斯特拉作为圣者"下山"的隐喻。参见尼采：《查拉图斯特拉如是说》，孙周兴译，上海：上海人民出版社，2009 年。

② 海德格尔等：《荷尔德林的新神话》，莫光华译，北京：华夏出版社，2004 年。本书中有关于荷尔德林所代表的德国浪漫派与新宗教的相关评论。

或是本雅明式的历史"哀悼剧"①。海德格尔这里，他依然相信"只还有一个上帝可以拯救我们"（参见海德格尔的《明镜》访谈）。

德里达将从海德格尔那里借鉴来的 Differenz 即差异一词重新化用在法语中。虽然他自己说，他"延异"的思想实际来自 Abbau 这个德文词，但很显然，该词无论释为拆除还是解构，都与存在论差异思想有本质性的联系。德里达试图在法文之中析出"延异"的概念，展开法语差异经验的思想。但他在使用的过程中，更倾向于从后期海德格尔的思路去拓展，仅仅从文本与语言问题入手。此相关项的问题确是从当时法国思想最关注的问题入手的，结构主义从雅各布森与索绪尔的语言学理论那里学了太多方法论的东西。我们发现，德里达使用的"延异"这个概念具备了更多可阐释性和可操作性。他对"不在场"的关注尤其突出，后期甚至提出了"幽灵性"这种概念，恰恰就是在对"无"本身的差异化运作有所表达。"无"的存在意义的幽灵化作用，是某种无法割舍或无法"哀悼"的经验。当我们问"幽灵"的存在意义是什么，该问题本身就已经不是传统形而上学所能处理的了。某种程度上，德里达也受到了拉康影响。如果幽灵是过于抽象的类似神秘主义的概念，那么"潜意识"就是众所周知的了。在精神分析中，这种对"不在场"的潜意识的研究与探索，某种程度上，已经跳出海德格尔而在从弗洛伊德以降的精神分析领域得到推进。es gibt 的问题在精神分析学的探索中同样是非常重要的议题②，尤其是关于 ES 与 es 问题。这里面需要说明的是，对 es gibt 的核心问题的探索，还是落在"存在论差异"问题上，只是在这个部分，海德格尔的思路有某种不得不避开先验意识领域的倾向，即避开胡塞尔的倾向，使得海德格尔无法考察先验意识领域或者精神分析学所探索的潜意识领域。然而，对于潜意识问题，在场者恰恰是由不在场所决定的，在场性当下所展开的"肉

---

① 可参考秦露：《文学形式与历史救赎：论本雅明〈德国哀悼剧起源〉》，北京：华夏出版社，2005 年。

② 吴琼：《雅克·拉康——阅读你的症状》，北京：中国人民大学出版社，2011 年，下册第7 章。

身性"，包括"知觉性"都与欲望生产有千丝万缕的联系。这种关联通达的"传送"，海德格尔只能将它放回历史性来考虑，而考虑此种历史性不得不通过神学相关问题展开，比如基督性作为历史性的意义等问题，此则是海德格尔思考可能的局限。

我们进一步发现，在《哲学论稿》中，海德格尔谈论的"传送"所倾听历史的他者总是让我们觉得很神秘主义，这似乎还是太宏观了，以至于像某种神圣的天命似的，这些传送之消息本就无法离开那个作为他者欲望的根本聚集处，即话语。后来，海德格尔也不得不考虑语言本身的道说。强调语言对词语的回归，也是为了探明什么是那种在此－在中发生的天命的道说。这种道说难道不是他者的话语，而这些话语构成了此－在作为"欲望主体"的更真实的当下？这个"更真实"实际上并非更真实，而是更加"虚拟现实"了。自身性不是主体性，这种自身性与对他者话语的传达与接受是什么关系呢？由于他者——几乎所有匿名的他者——的欲望一股脑地聚集过来，让这个此－在，这个作为本有差异运作的聚焦位置，得以发生其历史性意义，在场性本身反倒不是最关键的，不在场的部分却在"寂静"中兴发并有待"兴有"的那些词语成为对语音的在场之霸权。这也是为什么德里达会强烈地批判逻各斯中心主义是一种语音中心主义。因为在语音聚集兴发的瞬间，逻各斯依然会占据耳朵并实施语音霸权主义。

本有其实是非因缘、非自然的。如果说因缘，则是说一定有个原因，或者有一大堆原因组合起来成为一个原因整体，这个原因启动生命本体。若是没有推动力，没有设计者，怎么可能呢？相反，自然是说一定没个原因。无论多完美的设计都可以是凭空出现的，它是自然而然地存在于彼的，过去如此，现在如此，未来也必定如此。自己就是自己的原因，这就是自然，根本不需要设计者，更不需要推动力。既然这两种情况都不是，那第三种情况就不可想象了。一方面，本有肯定是有个设计者，也有个推动力的，这是非自然；另一方面，本有肯定是自足的、不假外求的、回返自身的，这是非因缘。那它究竟是什么？当我们这么问的时候，就像一个探照灯只能照射黑暗中的一部分一样，那个所谓的整体，我们根本无法在此问答逻辑中达到。那么问答逻辑达不到又是因为什么呢？是逻辑机制自身的自我纠缠，还是逻辑就不是那个东西本身呢？后者意味着根本没有个东西可以达到，一切纠缠结构都是虚幻的；前者意味着，虽然非常纠缠，但正是自我纠缠本身有一种使达到无法实现的特性。比如用手电筒照一盏灯，你无法把灯照得更亮了，当然也无法让黑暗更暗，确切地说，就是无法通过照明这件事谈论关于黑暗的所有内容。我们发现，逻辑纠缠机制自身是有边界的，而这个边界的基础并不在其自身。也就是说，边界是边界之外的某个幻影留下的痕迹——一个刀疤、一个裂痕、一个伤口，边界自身无法论证其圆满性。如果你凝视边界，边界就开始颤动，开始变得不稳定，开始从直线变成曲线，从差异变成模棱两可。

差异在对差异的强制凝视中变成虚化的东西。事情本身是事情当下就是的那样。当下是，过去是，未来也是。如果这个"是"被用作判断词，那么，这个过去、当下、未来就无法被把捉，这种无法被把捉却当下在着的东西恰恰就是"是"溢出的东西。所以，Sein 被翻译成"是"，只可能对了一部分，不可能是全部。是着的一定存在，可存在的不一定就是。是，是由某种强行让在场的善良意志决定的，一旦在场，存在恰恰就不再全然是其所是了。事情本身是 Ur-etwas（原初之物），用康德哲学说是物自体。日常的 etwas（某物），可以是任何东西，甚至你的幻象也是某物，但那个原初的某物，在康德看来是不可知的。那么，只有在形式指引中才能发现存在论差异，差异就表现为存在是存在，存在就是存在者，后期海德格尔就试图通过形式指引直接凝视差异本身，即作为差异之差异。但是，我们会困惑：存在者不是存在，存在不是存在者。这里我们看到了一个形式逻辑中基本定律的概念式体现：A 等于 A，A 不等于非 A，A 或非 A。这里的情况就是，排中律实际上占有了主导地位。表面上，似乎同一律是最根本的，然后才有了矛盾律，接下来才是排中律，但在实际的存在经验中又是如何呢？我们是先"差异"还是先"同一"的？我们是先"分别"出差异的不同项，还是就不同的单个项目在同一性中把握它们呢？这个问题，其实是非常重要的。因为排中律问题涉及的是充足理由律的问题[①]，换句话说，就是根据之为根据是如何被给出的。在对存在让与的给出中，我们到底先对同一性进行把握还是先对差异性进行把握，抑或是两者同时把握，这是很重要的问题。

关于存在论差异的思考，海德格尔前期和后期的差异其实很大。传统形而上学讲存在论差异的时候，其考虑方式是："这是什么？"在诺曼底的《这是什么——哲学？》讲稿中，海德格尔说这种追问方式本己地就是西方哲学的方式，更确切说，是希腊人独特的追问方式。这种传统意义上的追问，将"存在"变成了一种至高的、超越的、不言自明的具有绝对性的存在者，或者说，在存在者整体上将其把握为一个绝对者。把存在变成了对象化的存在者，对存在的讨论和研究就变成了对具体存在者的拷问。把存在处理为最高的存在者，而且这个最高的存在就好像是不言自明的，甚至是无需讨论的，如此就遗忘了存在本身，遗忘了存在与存在者之间的最重要的差异性区分。存在从差异变成了至高无上的同一性、唯一性、超越性。这是某种从差异回归同一的人类倾向，是怎样的思维情怀导致了如此的思维倾向呢？或者说，为什么遗忘会发生呢？海德格尔认为是本有的离弃和拒绝给予的命运。如果这是一种宏观的解释的话，在微观的角度，我们问的是：是什么使得此 - 在变成了此在，并进一步退化为人类。可伴随着福柯说"人死了"，现在世界的步伐却是从人类进一步"进化"（实则是"退化"）为某种技术物。这难道不是理性的僭越，抑或是人类中心主义所带来的一种灾难性的退化吗？

后期海德格尔进行的反思更加深刻，差异问题成为形而上学的基本机制，这个机制类似一种知识生产工具。后继者福柯甚至认为，"主体性""人""性"等这些概念都是这个逻辑学机制生产出来的，他称其为权力机制，权力生产知识。权力运作自身如何与知识本身相互勾连？当然，我们甚至不可能期望形而上学不

---

① 可参考张柯：《"根据律"与"康德阐释"——论后期海德格尔思想中的"根据律"问题》，《中国现象学与哲学评论》，2014 年 01 期，第 175 页。

遗忘存在论差异，因为对象性地把捉事物的方式必然使我们与存在本身"交臂失之"。用海德格尔自己的话说就是，为了真正思考存在本身，也就对存在本身"泰然任之"。虽然在思考存在者作为存在的时候，会面对存在者讨论存在问题，但从根本上来讲，这种思考并不是思考存在本身。也就是说思考作为存在者的存在和思考存在本身是不同的，这是非常重要的一个区别。存在本身在形而上学之中居然没有被直接思考，这太让人惊讶了！存在者光彩的外表有一种魅惑力，让我们眩晕，以至于无法集中心力去思考存在本身。无论如何，存在本身就这样作为一种没有被思考的、被缺失的、被欠缺的、被背弃的、被遗忘的状态而被呈报出来。本有使得"存在本身"在形而上学历史之中以一种被缺失的状态本现（wesen）了出来。本有本现出来的那个到底是什么呢？迷失的歧路吗？我们发现，我们只思考存在者之存在，但我们没有思考无的存在。那个缺失的，那个没有被我们直接思考的存在本身的意义，恰恰是"无"的意义。存在本身因而首先就是"无"。

形而上学史无力去思考"无"的意义，就陷入了虚无主义。差异问题后来就不再是解构形而上学的基本原则，而是成为从形而上学的"主导问题"思想进入"基本问题"探寻过渡的历史性通道了。通过存在论差异，那个我们没有真正思考的东西就是"无"。对"无"的思考，就将我们传送到另一个开端中去，而进入纯粹的另一个开端的思考的经验恰恰是要对"无"本身进行思入的一种经验。但什么是关于"无"的经验？当我们说"关于"的时候，又陷入了形而上学。本来我们似乎在逻辑上是不可能有关于"无"的经验的，但在实际具体的个体生命的生存论境遇中，确实有"无"的经验，比如感受到虚无与孤独的时刻，是非常真实的关于"无"的时刻。那一刻的经验到底是什么，又如何去展现与描述呢？如此，海德格尔就开始思考所谓的"离－基深渊"："离－基深渊"作为那个"无"，那个作为"差异之差异"（Unterschied）本身，那个"裂缝"（Fuge），那个争执着的"天—地—人—神"四重整体的"之间"（Zwischen），在那个"时－空游戏"不断"分解"（Austrag）和"合成"（hamarnica）中本现其自身，并跳跃（springen）入另一个开端。思考差异就要思考无，即对"无基础"（Abgrund）的

"离－基深渊"进行思考。①

差异还需要思考"形而上学的存在—神—逻辑学机制",这个形而上学自身的存在—逻辑学机制和形而上学自身的神—逻辑学机制,实际上是两个不同层面的问题。神—逻辑学机制更倾向于柏拉图主义,而存在—逻辑学则更倾向于亚里士多德主义。如果说尼采主义是"颠倒的柏拉图主义",它试图把神—逻辑学机制彻底打翻并宣扬说"上帝已死",那么对于《存在与时间》时期的海德格尔,人们认为他不过是重复了亚里士多德的某些观点而已。有趣的是,基督教神学家中也有人说海德格尔讲的是基督教思想的一个翻版,而海德格尔成为某种"颠倒的亚里士多德主义",后期的海德格尔则对这个"颠倒的亚里士多德主义"有深刻反思。他最终试图跳出这个怪圈,也就是跳出逻辑学机制的这个怪圈,进入纯粹思想的境界,他试图寻找不再陷入任何传统形而上学的逻辑学机制的沉思方式。我们发现,前期的"存在论差异"问题与后来《哲学论稿》中的"存在论差异"问题是非常不同的。前期是要提出存在论差异以唤醒人们对存在论差异的遗忘,但后期则不是,随着运思的深入,海德格尔考虑到底是什么东西使差异成为可能。这种存在论差异的思维方式是否从根本上来说是有问题的?后来的差异问题恰恰是要克服差异,而并不是继续在差异中思考。当然,这里不在差异中思考本身从是把本有运作不再当作存在问题领域的差异运作的立场来审视的,就是说,存在论差异与存在论差异的生成并不一致,后者不能再被简单地称为"存在论差异",这种不同,也就是海德格尔不断需要改变差异名称的关键。因此,差异的概念变体层出不穷就不难理解了。

最后说一下对后来法国现象学的影响。存在论差异来自拉丁语 *differre*,意思是承载出来,就是说在区分的同时又对区分进行一种承载。换句话说,这里面必然有一种同一性。海德格尔为克服这种希腊文翻译成拉丁文时所产生的思想上的

---

① 可参考《哲学论稿》中"离－基深渊"的论述。海德格尔:《哲学论稿》,孙周兴译,北京:商务印书馆,2012 年,第 405 页。

置换和改写，一定要把这种同一性化解掉。他最终放弃使用 Differenz 这个词。有趣的是，后来法国哲学家德里达喜欢使用这个词汇的某种法文变体，并对这个词做了非常深刻的阐释和运用。正因为本有在居有的过程中，对不同的历史性民族的征用并不相同，所以德里达在进入他的哲学运思时，由于不得不在法语中思考，因此需要居于它的语言传统中重新筹划他的生存，甚至对他关于神圣者的思考进行某种历史性的组建。这是德里达天才的发挥，《延异》一文洋溢着那种流动的天才。德里达居住在拉丁文－法文的传统中，可拉丁文的翻译过程暴力地改变了古希腊人本真的存在经验并在中世纪经院哲学中被固定在某种神—逻辑学机制中，再在笛卡尔哲学那里演变为主体性哲学。同样用法语思维的还有布朗肖、巴塔耶等，巴塔耶谈内在经验问题是对差异问题的某种独特探索路径，当然我们也不能忘记德勒兹的《差异与重复》[①]。更重要的是，当列维纳斯在谈有什么原初的东西存在（es gibt etwas）时，他发现的关键词是 il y a 的这个奥秘词语。在法语中，要表达"有"之存在让与的时候，就是列维纳斯思考的 il y a，进而他得出了某种并非"本有存在学"，而是"死有存在学"[②]。这是犹太思想家在现象学上的一个历史性的伟大突破。

2.2　神学史中差异问题的表述

神学理论博大精深，自阿奎那以来，对差异问题的沉思在中世纪哲学并不少见，就连海德格尔早期做的博士论文都是关于司各特的，而这些关于范畴问题的探讨深刻影响了后来海德格尔对洛采的学习与对胡塞尔现象学的深入研究。但本书更多想提及的是海德格尔隐秘中必定受其影响的一位神学史大师——埃克哈特大师。我们试图简要地谈论埃克哈特大师对海德格尔在存在论差异问题上可能

---

① 可参考潘于旭：《断裂的时间与"异质性"的存在：德勒兹〈差异与重复〉的文本解读》，杭州：浙江大学出版社，2007 年。

② "死有存在学"，这是对列维纳斯对"死亡现象学"之考察的一种权且称法。

的启发。首先我们要了解一下这位大师。埃克哈特作为"中世纪神学中最醒悟的人"，一生都在身体力行地悟道与讲道，某种程度上成为一种"将来者"①的形象。这一评价来自黑格尔的赞赏：埃克哈特是将来的先行者。存在论差异，如果我们回归到基督教的传统思想中去考虑，就成为一个非常经典而深刻的大问题，即关系问题。海德格尔也说了这个关系问题，但中世纪的关系问题，根本上说，是人与上帝的关系问题。如何与上帝重新合二为一，是基督教神学从古至今殚精竭虑的核心问题之一。中世纪哲学认为通过信仰耶稣中保并行道德的善功便可以达到某种程度的合二为一，即让差异问题得以解决。关系问题与差异问题是紧密相连的。

在经院哲学那里，人与上帝的关系就是被造物与造物主之间的关系问题，即人多大程度可以分有上帝的形象并通过基督可以获得拯救。阿奎那与奥古斯丁不同，后者是早期教父哲学的代表，其体现是柏拉图哲学，而阿奎那则是通过亚里士多德主义来展开其神学的。阿奎那比较喜欢从亚里士多德的因果关系等理论来思考存在问题，即上帝的存在与人的存在之间的关系问题，融合信仰与理性为一体。存在问题在阿奎那那里是极其重要的根本性概念。存在这个概念涉及很多方面，比如伦理道德、意志自由乃至行为等。通过亚里士多德哲学的提示，阿奎那发现事物的存在，那个在场状态或者说被造状态，可以通过形式、质料、行为与意图来外在决定，而内在决定则是灵魂问题。但灵魂自身也同样具有亚里士多德意义上的"四因"属性。人的灵魂与其他事物的灵魂的特性是不同的，人的灵魂本质就是理性。在中世纪神学思想中，理性是上帝给的，理性能力的行使也是遵循上帝的意志。上帝与人是有区别的，在阿奎那那里，如果说潜能，那么上帝是潜能（energeia）而人是现实性，作为被造物，人是那个已经完成的被造物。

从这个意义上说，上帝与人的区分，那个差异是本质性的。因为上帝是给出

---

① 可参考海德格尔：《哲学论稿——从本有而来》"将来者"章节，孙周兴译，北京：商务印书馆，2012年，第422页。

存在的那个神圣者，而人是接受者，接受到那种从上帝发送而来的给出。埃克哈特大师认为上帝本身就是存在，而阿奎那认为上帝是给出存在的那个神圣者，上帝的作用和行为是存在。埃克哈特大师认为存在是最大的，没有事物不在存在中活动，比如火在木头上燃烧。因此，上帝就是存在，存在就是上帝。上帝存在于一切事物中，上帝是每个事物的存在。因此，他得出的讲法是：每个被造物都在上帝的存在中生存。上帝因此就在人的存在中存在，上帝与我们并不是绝对分离的。上帝爱所有的存在者，因为他在一切存在者中存在，他就是存在本身，故他爱他自己。奥古斯丁与埃克哈特其实都在讨论如何与上帝合一，如何从二回归一的境界。

我们看到了埃克哈特大师与众不同之处。既然存在中就有上帝，那么我们按照我们自身的存在样式去体会上帝的存在就好了，并不一定固执在修道院之内外，因为在万物中我们都可以找到上帝的存在，关键是我们是否具备发现上帝存在的眼睛或倾听上帝存在消息的耳朵。这种意义上的"得见上帝"，是早期基督教的那种神秘主义灵修大师的立场，比如斐洛就曾经说过"得见上帝"，而那种得见就是与上帝无二无别地融为一体。斐洛说人最终可得见上帝[1]，这不光是一个隐喻解经的问题，而是实际通过灵修可以做到的真实。其实，更早期柏拉图的"看见理念"，也很可能是在灵修经验上谈的，在看见理念的同时已经与理念神秘地合一。就如古印度人说"我看见了你"，并不仅仅意味着我看见了你那个美丽的外观样貌，而是通过那个样子，我认识了你的心，我们的心彼此感通起来。一种抽象和凝固的观念，当被你实际看到后，那就成为一个活灵活现的东西。你有时候误认为它是个精灵，或者觉得那个东西是客观存在的，其实这都依然是幻象。在生活中，我们有时候会对喜欢的人说"你真好"，这句话并不仅仅意味着一个价值上或道德上的好坏善恶判断，而是表达了一种我对你的生命感的深刻体认和感激之情。

---

[1]　范明生：《犹太教神学是东西方文化的汇合——论斐洛的神学》，《上海社会科学院学术季刊》，1991 年第 2 期，第 14—23 页。

这就好比当我说你真好的时候，我愿意与你为伴，与你的心相互依靠。这种得见上帝的真正意义因此并不外在于我们的存在，而就在我们的存在当下发生并给出它全然丰富的意义。

我们知道，埃克哈特大师非常重要的神学理念是：自我放弃，自我弃绝，德文是 Abgeschiedenheit。[①] 他把自我弃绝的人比喻成一个独身者，或者处女，他们是那种清空了自己并且随时准备接受的人。自我弃绝的人是贫穷的，正因为这种贫穷他才能是富有的。为什么呢？因为如此他在精神上才有可能接受那种纯粹恩典性时刻，他不拣择与怀疑，他对上帝有着全然的信托。经上说，只有一个是必不可少的，那就是自我弃绝。这意味着，其他的都不是最重要的品德，对于人类来说是如此，对于基督徒来说更应如此。这种 Abgeschiedenheit 并非逃避世界，或者去山中隐修。去山中隐修这点埃克哈特也并不反对，但他认为那只是形式上的宁静，或者叫外部的宁静，不是内在的真正宁静。实现自我弃绝是重要的，至于是否去隐修并不是最重要的。上帝允许人类经历各种各样的善的生活，甚至罪恶的生活，以便在罪恶中获得反面教训而回归纯善的上帝的怀抱。正因如此，人就应该活在当下，即不是逃避当下的生活，而是知道这当下的生活就是上帝指引给你的那个最具真实性的生活，就是最适合你的生存论组建方式，你应该信任这种从上帝而来的给予。埃克哈特说，人们在世界统治的轨道上，越来越把自己固定在可理解的、可支配的产物中。人自己束缚了自己。而且，他也被他自己建立的合理的制度所束缚了，于是最终再也无法摆脱这种束缚，无法去他想去的地方了。他已然被束缚在他的身份上，在那里他没有自由。[②] 大师讲的这段话极其深刻，而且非常像海德格尔所谈论的问题。我们注意到，这段文字如果套用在技术问题上，恰恰就是"集置"[③] 问题的一个缩影。

---

① 参见《埃克哈特大师文集》，荣震华译，北京：商务印书馆，2003 年，第 3—4 页。

② 同上，第 124 页。

③ 海德格尔：《技术的追问》，载于《演讲与论文集》，孙周兴译，北京：生活·读书·新知三联书店，2005 年，第 13 页。

研究差异问题，总要考虑同一性问题，当然要考虑同一律问题，或者根本上说是要对逻辑基础问题进行反思，首先，同一这个词英文就是identity，这词还有"身份"的意思，比如我们平时说身份证：identity card。身份，我们现代人的身份问题，怎么就与同一性问题纠结在一起了呢？这个身份与差异性运作又有什么关系呢？身份，当然是主体的身份，后来法国哲学家福柯的此在解释学干脆换了个词，叫主体解释学。他要做的就是在历史上考察主体的身份特征是如何一步步被解释确立的，是通过理性因素还是非理性因素，是通过权力因素还是知识因素。比如性，它是如何从主体中走出来成为知识对象，成为某种具备同一性身份的被摆置物？在这种摆置中，主体越发把自身变成可理解的、可计算的、可编程的，如此根本上是让自身变成可支配的，而这种支配恰恰把自己束缚起来。科学技术或者政治制度都是在这种自我摆置中被"谋制"出来的，而这些谋制在技术的配合下，变成了束缚人性的东西，乃至最后人甚至无法从中解脱，无法弃绝了。人无法去成为他的可能性，那个作为存在本身的无限的可能性。这就是说，我们不再自由而很难回到上帝领域，与上帝合二为一。如此，人被束缚在他被塑造的、被摆置的那个身份、那个同一性上；人要与人自身同一，人要在体验其人性中的过程中达到某种更人的东西。就是尼采所谓"人性的，太人性的"。然而在太人性的地方，恰恰是没有人的，如同在有历史学的地方是没有历史的，在美学盛行的时代艺术创造却相对匮乏一样。很显然，古希腊时期没有那么多美学，乃至在文艺复兴时期也没有那么多的美学，但却有真正的艺术家，群星璀璨。

那么，如何能让一个有身份的主体从其同一性之身份中解脱出来呢？从人变成此在就是一条道路。在埃克哈特这里就是"自我弃绝"，按海德格尔的思路来说，就是让自己变成一种否定性的东西，一种自我抑制的东西。埃克哈特说：让自己变成穷人。因为穷人没有什么需求，他什么都没有，他不断地无化；因为什么都没有，他就成为某种无身份的东西，他就不断成为可能性本身，摆脱摆置的命运，他在有无之间，他不断地进入无本身。当他清空自己，让自己贫穷，他才开始第一次接受馈赠，也才真正有可能听见存在赠予的呼求，他开始第一次通过自身的贫穷创建回归上帝的通道。埃克哈特说，人应该是空白的，只有当他达到了不再有感觉的境界，就没有什么能迷惑他了。[①] 当此在不断地舍弃自我，放下自我，那么"你从你的自我中走出来，上帝才能走进你的内在"。这种放下自我，并不是让你失去自我，而是让你发现真我，解脱假我。真我就是存在，也就是上帝，你要融入上帝，必然要让自己解脱假我。这里面有一个非常严肃的问题——同一性问题，就是存在论差异与同一性的关联问题。存在与存在者是同一的吗？按照埃克哈特大师关于存在的论述，存在与存在者就是同一的，造物主与被造物是彼此需要的，是同一的。真正的身份是这个同一性的身份，而不是那个被摆置的身份。既然上帝完全地成为我，那我也肯定完全地成为上帝。在存在论差异问题这个点上，就变成了存在必定完全地成为存在者，而存在者也必定存在。存在本身并不是某种超越存在者的"超级存在者"，它并非幽灵式地存在于存在者的头上或脚边，而是存在者就在存在中，而这种在之中关系又不简单是一种空间的包含关系。

故埃克哈特大师认为：人与上帝、存在者与存在是同一的。上帝不是死了，能死的就还不是上帝。上帝就是无。海德格尔问：为什么存在存在，而无反倒不存在？无存在。这个表达恰恰可以意味着：上帝存在。上帝是一个名字，这个名字也可以叫存在，因为这个名字并不是真正的上帝，只是一种形式指引意义上的关联或存在论差异。但我们不能固执地认为，上帝就是存在。当我们说上帝是无的时候，其实上帝完全可以不是存在。这是非常难理解的一点。因为，如果上帝一定是存在，或者说上帝一定是与存在同一的，那么不存在、无的存在恰可不依赖上帝而存在。显然，无就是上帝，万物都是存在，无也是存在，故无也依赖上帝而存在，但它所依赖的上帝并不是在无之外的。可是，如此也不能说，上帝就全然不是存在，同样的道理，如果上帝是全然的不存在，就是说上帝是全然的无，什么都没有，并没有释放任何作用，那么万物从哪里来？万物的动力和原因又是

---

① 参见《埃克哈特大师文集》，荣震华译，北京：商务印书馆，2003 年，第 6—7 页。

什么呢？上帝显然不是全然的无。按佛教的讲法，无与有的这种差异二重性关联，可以叫真空妙有。上帝是真空妙有。无始无终或无有原因，这是在上帝是无的层面谈的；如果在上帝是存在、上帝是有的层面谈，则上帝就是开始和终点，上帝也就是第一原因。如果我们非要继续发问，上帝是什么，就和问哲学是什么一样，对象性地对待这个被问及者，我们就要回到我们的发问结构中去。上帝是存有，或者上帝既是有也是无。上帝是那个最根本的东西的名称，但这是不得已而命名的，所谓：名可名非常名。《十诫》第二条：不可直呼上帝之名。同一性，永恒的同一性，永恒的身份，只有一个却永远有无数多个。那一个总是以无数多个的形态去展现其自身。亚里士多德说：存在以丰富性展现自身。《法华经》云：众生应以何身得度者，观世音菩萨即现何身而为说法。《维摩诘经》云：佛以一音演说法，众生随类各得解。埃克哈特大师遂引用奥古斯汀来说明："当他什么也看不见时，他就看到了上帝。"[1] 上帝什么都不是，所以他什么都是，他最强大，他什么都可以成为，都可以让其归于寂静。如此，上帝是荒芜，也是黑暗，在无的意义上，他恰是光明之可能的来源。既然上帝是无，那么弃绝自身的人，就与上帝合一。当人也不断成为无，变得贫穷，让自己清空，如此恰恰与上帝就连接起来。

根据神学史，阿奎那认为上帝与人的关系是给出与接纳的关系。上帝是给出者，人是接纳者。那这个给出与接纳的过程中，有一个中间地带，就是传递本身发生的那个地带。从给出者而来的东西就是天命的传递，也就是历史性的传递。这个思路其实也在后期海德格尔的思考中得到体现。在阿奎那的路径中，比如，光是空气与太阳之间的媒介，教会是上帝与人的中介，甚至耶稣基督是人类与上帝的中介。基督这个中介，在基督教角度看，是最根本的中介、担保与和解。它的发送从上帝而来，即从圣父而来，并且历史本现为道成肉身的形态，生活在我们人类之中，充满的都是恩典，从死里复活。死是存在论差异的截然分离状态，复活是对这种分离状态的修复。从全然的修复中，上帝与人的关联重新接通。海

---

① 参见《埃克哈特大师文集》，荣震华译，北京：商务印书馆，2003年，第372页。

德格尔复杂的地方在于，他看似并不是不赞同这个部分，但同时又赞同埃克哈特大师的另一个部分，即后者并不承认上帝与人之间有绝然的分裂与差异，如此也就不承认有一个必然的中介。这是新教与公教之间的基本区别，后来的路德新教改革某种程度上就是把这个埃克哈特式的理念推到了顶峰。大师认为：传递者和接纳者其实是一个东西，是一个实体的内在运作机制而已，根本不是首先区分开来的两个东西，而是从一开始就没有分开的一个东西的两个看似分裂的方面。上帝与人的本质都是存在，这点是同一的。这是本有的差异运作。

因此，人在理性地认识上帝的时候，如同上帝在认识人一样。上帝需要征用人，人需要回归上帝。这个思想与亚里士多德风格的托马斯主义截然不同。这个思想路径恰恰是海德格尔要继承和发扬的，很可能它才是本有思想得以发生的最隐秘的源泉。人通过本有而获得此在，人在存在中被本有居有。托马斯主义的那种关于传送的差异方式依然存在在本有思考的前瞻与回响中，可在根本上它又归属于本有的思考。本有根本的思考恰恰是跳跃与建基部分所达到的。回响和传送因此就是在阿奎那意义上谈论的，而跳跃和建基则进入了埃克哈特意义上的沉思内部。只有如此去切入《哲学论稿》，才有更好地获得对本有展开的沉思之更广阔理解的可能性。存在最后变成了"有上帝"，有上帝就是给出上帝，在存在者的存在中，一切情况下，一切发生中，给出上帝，哪怕是给出一种不给出状态。不是说不给出一个给出，这是不可能的，而必然是给出一个不给出，即，给出一个无。在存在的离弃状态中，在拒绝给出的集置状态中，同样是一种给出，一种存在天命般的历史传送的极限状态。

如果说，上帝是有——绝对的同一，那无就是差异——永恒的二重性运作。我们发现了两种二重性。[1] 为什么说有两种二重性？因为有无的二重性，与在存有意义上谈的存在与不存在，并不是一个问题。起初也好，太初也好，根本还谈

---

[1]　张志扬：《偶在论谱系：西方哲学史的"阴影之谷"》，上海：复旦大学出版社，2010年，第 44—48 页。

不上有无，那是本有之源，说是上帝的绝对领域也可以，说是差异的绝对差异之源也可以。但是，一旦生成发生了，从本有而诞生了有，存有起来了，那才有了作为对立二元的有无的关联，这是第一种二重性，可以叫生灭的二重性、原初的二重性。之后才有了对无的克服的存在者层面的有无关联，那个也可以称为第二种二重性：价值的二重性、善恶的二重性。这也就是为何无论尼采怎么超越善恶，在海德格尔看来，他依然无法超越价值评估的问题，也就是说，他无法真正从存在者整体领域跳跃出去，面对纯粹的存在论差异，面对原初的二重性，即那个生灭领域的二重性问题。其实，我们谈到这里时就发现，并不一定如同海德格尔说的那样，当尼采获得同一者的永恒轮回这一伟大思想时候，他已经开始跳入生灭领域了，他实际上并不如同《权力意志》里谈到的那种价值形而上学的残余。且慢，我们要考察，到底尼采说的同一者是什么。尼采理解的同一者究竟是什么，直接关系到他是否真的跳出了形而上学。显然，尼采关注的同一者是权力意志，海德格尔的同一者呢？他要和尼采划清界限的关键是讲清楚他的同一者，抑或在海德格尔那里，不再有同一者了吗？后期海德格尔在《同一律》中关于同一者、同一律的探索因此是重要的。

回到埃克哈特大师谈的"无"的问题，即无作为上帝，就是差异问题。从巴门尼德和赫拉克利特开始，一多关系问题就是存在论差异问题的一个体现方式了。存在存在，不存在不存在。巴门尼德听从命运女神的指引，把无给处理掉了，走上了所谓的真理之路。柏拉图那里，无被看作存在的对立面，他实质上是继承了巴门尼德的思路，无就成了排中律问题。同一律是 A 等于 A，矛盾律是 A 不等于非 A，排中律则是 A 或非 A。反正就是两个，要么是 A，要么是 B；B 当然就是非 A，那么 A 不是 B。在矛盾中，这个矛盾本身就是无。什么意思呢？因为 A 等于 A 才是符合论的真理，同一的才是真理，而矛盾的才能"是"起来，否则就无法"是"起来。无法是起来即无法存在。其实不是的不一定不存在。这个问题在现代性中才越发变得严峻，但在古希腊还尚未表现得那么严峻。排中律问题是思考神—逻辑学机制要面对的核心问题。

无，既然是矛盾律所揭示那个部分，而无很显然不在现实中存在，因为它不是，不是就尚且不存在，那么它是在理念世界的这种存在。在柏拉图看来，理念世界就成了无的家园，理念世界这个时候反而变成了真正的存在，因为他发现，现实世界是变动的，是既存在又不存在的，如同赫拉克利特说的那样，这并不符合巴门尼德的思路，因而是意见的世界；而真理的世界当然就是存在的，而不可能是变动的，它必然是不变的、不动的、毕竟存在的。到了亚里士多德那里，这种无被他拉回了个体中，不再向外找，而是向内找，找那个内在于个体的无在哪里，那个不变的存在，那个不被外在的变化所改变的实体是什么。于是，那个东西也是无，亚里士多德用的词是"潜能"，当然是潜能，因为它是可能性的源泉，它代表了把所有可能性样式展现的那个绝对性。所以，无在柏拉图师徒那里都是概念世界的东西，无论是外在的还是内在的。在新柏拉图主义即普罗提诺那里，一切都是从一而来，是一诞生了一切，而这个一当然就是无，因为能创生一切的只能是无，如此才能促使一切得以多样地展现。其实这是外化的柏拉图主义的一种亚里士多德式潜能化表达。到经院哲学就谈论上帝了，而用无来谈论上帝虽然艰难且备受争议，但埃克哈特大师等所坚持的领域作为否定神学的路径，一直影响到后来的黑格尔、海德格尔甚至德里达。与奥古斯丁的不同在于，埃克哈特大师在谈论"一个"即实体的时候，他认为我们每个人的那个"一个"，与基督的那个"一个"是没有区别的。而早期教父奥古斯丁则认为，耶稣是不同的那一个，我们凡夫的那个"一个"与跟上帝连接的"一个"，与基督从上帝而来的那"一个"还是截然不同的。这个问题却是大问题。因为在东方传统的思维中，儒释道思维都有一个基本的倾向，我们的那一个与圣人的那一个并没有本质上的不同，所谓人人皆可成圣。虽然实际上圣人的确非常非常地不同，他们作为历史性此在而诞生具有其非凡的意义，但我们每个人如果按照这些非凡者指引的道路前行，同样可以成为与其无二无别的非凡者。埃克哈特大师的思想与阿奎那截然不同，而比之他与奥古斯丁的不同，阿奎那与奥古斯丁之间的不同倒并没有那么突出了。难怪大师会被当作异端被中世纪法庭禁止那么久，或许因为他的思想太过超前了，以至于倾听者的出现竟然要等待许多个世纪。

后期的海德格尔不再透过差异来思考存在与存在者关系，而是面对存在本身来直接思考和表达我们对存在本身的那种领会。实际上，es 也来源于一个东西，那个东西是差异的原始领域。es 并不来源于差异，更不来源于在区分之后产生的存在者一方或存在一方。从根本上说，es 来源于那个在差异未经差异之前的"存在本身"。这里说存在本身也有问题，因为未经分离之前的那个领域连存在本身都谈不到。那里不但有"存在""不存在"，进而还有"曾经存在""尚未存在"和"将要存在"。所以，在那个原始的领域，实际上 es 依然有三种状态，三种状态彼此之间相互传送，相互和鸣协奏，彼此之间产生回响（Echo）。那个过去的东西、那个现在的东西乃至那个未来将来这东西，这三个部分，实际上都在差异尚未区分之前。在尚未区分之前的原始境遇中，它们彼此游戏，这一部分的游戏才是真正的"天—地—人—神"四维上下的游戏。对 Austrag，我其实更愿意翻译成"解分"（参见《老子》），因为本有或者解分实际上是一个事情的不同侧面，而不是它们两个在彼此协奏回响；并不是 Ereignis 与 Austrag 在传送回响，而是它们本身就是送达的回响（Anklang）。解分实际上更是表达那个缝隙的原始争执的"解其分"。故而《道德经》云："挫其锐，解其纷，和其光，同其尘。"[1]

我们知道，世界和此在之间，它们的关系是"亲密性"（Innigkeit）[2]。这并非意味着它们彼此靠在一起，而首先意味着它们彼此之间有一种要分离的趋势，通过分离才能彼此需要和相互照应。任何"区分"，就如同世界和世界之中物质或人的区分似的，如同存在与存在者之间的区分一般，或存在者和此在的区分一般，都需要一个"之间"的位置（Ort）。从空间到位置有着很大的不同。位置是一个空间性尚需被建立的标识性区域，它并不意味着一定具备空间性，或者那种

---

① 参见《老子道德经注校释》，王弼注，楼宇烈校释，北京：中华书局，2008 年，第四章注释。

② 参见海德格尔：《荷尔德林和诗的本质》，载于《荷尔德林诗的阐释》，孙周兴译，北京：商务印书馆，2000 年，第 39 页。

空间性不一定是物理测量意义上的空间。比如网络空间、虚拟硬盘空间、微博空间，这些空间性就只是一个位置，而并非某种实际的物理意义上的数据测量物。世界与此在的"亲密性"需要一个相互归属的位置，一个"之间"的位置，即 Zwischen（middle，中间）；Unter-schied 在之间，叫分 - 离。在这个位置上，时 - 空展开游戏，天地人神开始共舞。此种共舞是本有居有的过程，而自身本身需要一个开始筹划的兴起，而这种兴发具有本真的时间性，而这种时间性恰恰是由此在的历史性决定的。

　　汉娜·阿伦特在《海德格尔八十岁了》中曾经谈到过类似的感受，这种"亲密性"，或者说"遥远的切近性"[①] 其实很好理解。阿伦特讲到，比如我们只有离开了家乡才开始思念家乡，只有离开了亲人才会对亲人有更多的思念。甚至在我们刚要离开家乡的时刻，在登上火车即将启程的时刻，家乡猛然间变得清晰可见，亲人的样貌和眼神变得熟悉和真实。亲密性因此需要一种区分。区分类似于一种在分离中不断同一的给予状态。这个区分自行显现，它是作为一种遮蔽的涌现而本质化出来的。换句话说，任何的区分，它本身涌现出来，是最原始的自然发生过程。它是在一种自行遮蔽的方式中涌现出来的。区分的这种既斗争又和谐、既差异又同一的本质化过程，也就是本有运作的过程，是真理的差异性二重性本现。真理二重性是由两个层面来表现的，通过对 *aletheia* 的分析，海德格尔讲的是去蔽和遮蔽的关系。那么，"区分"这个概念或存在论差异这个概念也应该有两重意义。就是说，有一种作为本有运作的"存在论差异"，还有一种存在意义上的存在论差异。前一种说法其实很奇怪，但确实是真实的，就是说，有和无之间的差异是一种，而在有与已经有着的存在者之间的差异是另一种，这是两种差异类型。对于本有，有无的显隐二重性是一体进行的，可以说是遮蔽着的解蔽，或在解蔽中遮蔽，此二种说法都是正确的，而这么讲的时候，就是在谈本有，本有必须这么谈才是有效的。而在形而上学历史中，存在与存在者差异的区分或在这种

---

① 奈斯克：《回答：马丁·海德格尔说话了》，陈春文译，南京：江苏教育出版社，第 197 页。

区分下诞生的真理的二重性问题，遮蔽和解蔽并不是一体的同时运作。换句话说，存在和存在者就变得并不是同时运作的了，这里隐藏着一种下降，这种下降就被称为存在论差异。存在论差异是本有区分之后下降了的低层次区分，或叫二级区分。这意味着，我们要不断地解开各种各样的遮蔽。表面上，透过对存在者光亮外观的沉迷式研究，我们不去遮蔽任何东西，但却实际遮蔽了一个最原始的问题，即存在意义问题，而这个存在意义问题却是最原始和核心的问题。如果遮蔽了这个，之后的所有解蔽都必然陷入虚无，因为没有从根本上把握住问题的关键。同样地，我们不问本有的意义，我们问的是本有是如何运作的。其实，如果问本有的意义，也不是不可以回答，比如词语、道路、逻各斯、真理、历史、存在等等，这些都是本有的丰富意义，但问题不在于用任何具体的词语把握本有多样性的姿态，这些具体的存在词项如何展开自身的动态诠释才是重要的，而这种展开都是历史性的。

存在，在被遮蔽了之后，我们进入了某种被遮蔽的命运。这种命运带给我们的恰恰是我们需要不断地去揭开遮蔽的东西。正因为我们遮蔽了某种东西，这才使得在揭开遮蔽的过程中不断地需要这个"揭开"过程的运作，而更需要的是：光明。光明（Licht）与澄明（Lichtung）是不同的，在宗教经验中，光常常体现为 Licht 的样式，但并非全然不存在 Lichtung 的时刻（Nichtung）。所以，最原始的无遮蔽状态就看似是光明的。形而上学最原始处的那个原初的遮蔽是某种光明的东西。这不是说它本来是光明的，而是说它被"光明化"了。它不是那个根本性的光明，或者光明本身；它是因为太黑暗了，所以需要把光明带来。这光明不是本有，而是本有分裂的东西，我们是通过光明把本有遗忘的。不管怎么说，最原初的仿佛于走入"迷途"的那个最源头处的遮蔽——我叫它第一次遮蔽，恰恰是被允许的，是被直接给出的一种不给出状态，是一种本真的本有居有之过程。本有，让予的是一个关于希腊的命运，这个命运也是欧洲的命运，如今变成了世界的命运。所以第一次思想的命运，就是作为第一次开端而发生的。这第一次开端所发生的结果一直延续至今。作为一个虚无主义的结果，它实际上恰恰在于从一开始就是虚无的。并不是说这种虚无本身是光明，而是说某种照明的光亮把虚无照亮。这种光亮强迫虚无不再成为虚无，逼迫虚无成为"有"。通过此点，我们发现，到底是什么东西使那个第一次被遮蔽的状态可以保持如此长久。那个东西一定不是某种黑暗的东西，而是某种神圣的光照。[其实，虚无、空无（Nichtung）与空明（Lichtung）是真理二重性本现的一体两面。]

2.3　第三条道路:《这是什么——哲学?》分析

在传统形而上学与神学之外，海德格尔另辟第三条道路。在法国诺曼底，他做了著名的《这是什么——哲学?》演讲。让我们来看看他是如何展开第三条路的思考的。哲学是什么? 这是个老生常谈的问题，实际上，却一直没有个答案。只要是学哲学的人，都曾经被问及这个问题，或者自问此问题。但哲学家们对哲学是什么都有各自的探讨和想法，都有各自的意见与诠释；关于哲学是什么的问题，并没有一个统一的、一劳永逸的、绝对的答案。"哲学是什么?"这个问题为什么对于海德格尔是重要的呢? 因为，他最喜欢问的问题就是"存在是什么（Was ist Sein）?"这个 Sein 的一个系动词形式就是 ist，其实就是问: Was ist "ist"? 如此，当我们问哲学是什么，即 Was ist das — die Philosophie 的时候，das 暗示了一种此 - 在的形式指引，在这指引结构中，有能指引、所指引与指引本身，换句话说，就是能、所与能、所之间的关系过程。这个过程本身就是 das 这个 da- 的过程，而 da- 的过程本身又是此在为此自身的过程，即存在论差异的过程，或者说本有的差异化运作过程。所以，此处的 da- 特指了哪种此 - 在（Da-sein）呢? ——die Philosophie，即哲学。很显然，这里的哲学，既有传统意义上的哲学，也有海德格尔所推崇的沉思意义上的哲学，即思想，那种从本有之经验而来的思想本身。

哲学因此就在一个能、所与关系三者的三位一体中运作着，这是非常严格的现象学展开。我们可以问，当探索这个此在的时候，我们能获得什么样的关于这个此在在此展开其生存的视野。哲学本身不一定在时空视野的控制中，但都无法逃离时空本性。在哲学中，或者就哲学本身而言，所谓的哲学活动，那个能思与所思乃至运思本身的三位一体运作是如何展开的呢？相信《存在与时间》开篇就被海德格尔提及的基本现象学思路大家都不陌生：能问，所问，问的过程，以及将被问出来的那个东西。同样地，能思的是人，所思的是物、事情，运思就是对事情的思考，而思考的出发与结果都是为了思考出来点什么，可以叫思考的意义。

然后我们看到，规定（Bestimmung）与情绪（Stimmung）有关，所谓的情绪情调实际上是一种从思而来的本己规定。当我们进行某种思考的时候，我们在规定的时候就首先开端了一种基本的情调。在这种基本情调的规定中，我们开始"上路"（wegen）。这说明，我们一定要把握住海德格尔现象学方法的核心，即，当我们要了解"哲学是什么"的时候，我们一定是打算对象性地把握这个问题。über 这个词的意思是"关于"，当我们说关于什么的时候，我们就是在对象性地把握这个课题，我们想讲出来一大堆这个课题的知识性的内容，而这些内容可能从根本上来说完全与在对象中把握的东西无关。"关于"本身反而是"使变得无关"。

当我们要考虑差异问题或本有问题的时候，比如说"关于本有"，这种讲法就是试图把本有作为一个对象来考察，而这种考察恰恰会错失本有。所以，海德格尔说，当我们站在哲学之上（über，之上、关于等）的时候，我们恰恰可能站在了哲学之外。① 换句话说，我们试图站在其上研究而实际上我们却站在这个东西之外研究，也即根本无法与此东西融为一体。这个东西变成了无用的，我们不是在它具体的用法中研究它，却好像在研究一具死尸，而不是活生生的有机体。所以，海德格尔说："但我们这个问题的目标乃是进入哲学中，逗留于哲学中，以哲学的方式来活动，也就是'进行哲思'（philosophieren）。"② 这说明，即使对哲学这

---

① 参见海德格尔：《这是什么——哲学？》，载于《同一与差异》，孙周兴等译，北京：商务印书馆，2011 年，第 4 页。

② 同上。

个事情，我们依然要用动态的哲思的方式来切入它，才可能达到与这个东西一同带向其本质。清晰方向就是面对哲学这个方向，在哲学内进行哲思，而不是偏离到哲学之外。

海德格尔强调：哲学应该是一种在我们内在而直接触动（nous touche）我们的东西，从它本质深处而来的触动。但这种触动并不是一般情感方面的。哲学既要触动我们，我们要进行哲思，但又不可能是情感方面的东西，就是说，哲学本来是关乎理性的，而且是"理性的真正指导"[①]。这意味着，哲学从根本上不是情感的东西，不是非理性的东西。但海德格尔说这个不对。因为，我们尚且需要问：什么是理性（ratio）呢？谁给了我们权柄说，理性一定是什么呢？这种权柄可以使理性成为哲学的主人吗？理性是逻各斯，而逻各斯与哲学的关系如何？哲学是关于逻各斯的学科，而逻各斯的一般意义上的理性意义不是逻各斯的本义。海德格尔说，逻各斯的本义是采集。哲学是对逻各斯负责的，而不一定对理性负责。同样地，如果说哲学是非理性，或者说就简单地等同于情感，那也是不对的。很显然，逻各斯是那种在话语的采集中、在词语的聚集中把事物之为自身的自身性带上前来的东西。所以，这种东西又不可能全然是情感的东西，因为情感本身还不足以说明其自身的澄明特性。海德格尔的意思是：哲学，既不是理性的，也不是非理性的。可是，既然哲学是本质性的触动我们的东西，既不是理性的也不是非理性的，那哲学究竟是什么呢？触动意味着一种特殊的情感，而这种情感又不是一般感性的东西，这就很奇怪，这种特殊情感不是非理性的，那它究竟是什么呢？如何上路呢？如何得到这个问题的答案呢？其实，就在眼前，就是哲学这个词。海德格尔让我们重新考察哲学这个词。

唯有爱智学，纯粹哲学才是"第三条道路"。哲学的希腊文是 philosophia，动词化后即进行哲思，德语为 philosophieren，那么哲思的路呢？哲思的路就在眼

---

① 海德格尔：《这是什么——哲学？》，载于《同一与差异》，孙周兴等译，北京：商务印书馆，2011 年，第 4 页。

前，我们通过这个已经从古希腊而来的词来进行哲思。但我们是不是已经掌握了它？并没有。我们在看似了解它意思的意义上用它，实际上，我们并不全然知道它的意义。不过我们发问就是走上了哲思之路，而这种发问会带给我们什么呢？这与追问存在问题的思路其实是一样的。我们都在用存在这个词，但我们并不知道它真正的意义，可也不能说我们完全不了解它的意义，因为我们已然在使用这个词。同样地，我们在哲思，或者我们在思考"什么是哲学"，但我们并不知道到底什么是哲学，可如果我们一无所知，或者我们压根不知道哲学这个词——Philosophie 或者 *philosophia*，那我们根本也无法问出哲思问题。我这里要强调的是：此 - 在（Da-sein），此时此刻变成了什么呢？——此 - 在，变成了哲学，或者说哲思、运思、思想本身。《同一与差异》第一篇讲的就是"思想是什么"，狭义上来说，就是"哲学是什么"。关于这个部分，当我们把核心的问题析出的时候，我们就发现相关的文献有《什么召唤思？》和《黑格尔的经验问题》。《什么召唤思？》是海德格尔经典文献中谈论思的一篇，而召唤其实就是 heißen，翻译成"叫"。海德格尔对词语的敏感和使用超越哲学家，甚至超越很多诗人。召唤思恰恰就是讲什么东西在召唤（叫）思，因此这和说什么是思考、什么是哲学，有着千丝万缕的联系。而关于思想的经验，他要问的即是：这种首先通过感悟而获得指引的达乎词语的现象学或存在论阐释是如何发生的？这个发生性的经验是什么呢？这部分就是《黑格尔的经验问题》中要讨论的，而《同一与差异》一书中，海德格尔预设的最核心对话思想家就是黑格尔。

哲学这个词从古希腊人那里产生，并规定了希腊人乃至欧洲人的命运。而如今随着全球化的展开，欧洲人的这种命运恰恰变成对全球人的一种强力规定性。还需要关注的文献是《黑格尔的希腊精神》（收于《路标》）。海德格尔很明确地指出："'哲学'本质上就是希腊的。"[①] 即，哲学从本有而来，本有征用或居有

---

① 海德格尔：《这是什么——哲学？》，载于《同一与差异》，孙周兴等译，北京：商务印书馆，2011 年，第 6 页。

了希腊人，使哲学这个东西得以存在。哲学虽然在中世纪受到了基督教的某种牵引，但根本上依然是希腊式的。也就是说，只有西方人真正使用了哲学，或者从事过哲学。这并不一定是一种赞美。中国没有哲学也不是一种贬低，中国在没有哲学的同时可以有思想。而这就是说，本有并没有把哲学这种存在征用为中国人的存在方式，却居有为希腊人的存在方式，且是唯一的存在方式，那个一直贯穿西方命运的方式。倾听哲学这个词的呼声，我们会回返式地进入对西方历史的回忆，而这种回忆本身就是重塑、替补式的改写。通过从对未来憧憬的指引而来的回返之历史重写，我们对历史性的当下有所承担。在回返中，就产生了一种对话，一种与过去的对话，一种从未来来而先行回到过去的对话。海德格尔忧虑的是，哲学不但从起源上是希腊的，连"这是什么"这个追问方式都是希腊式的。这意味着一个困难，即，我们如何能摆脱希腊式的追问方式而进入对问题的把握中呢？有没有其他的追问方式或展示方式，我们可以借以把握到同一与差异问题，以便更进一步了解存在的意义呢？

当我们问"这是什么？"时，我们不可避免地进入了希腊人的世界、希腊人的发问方式、希腊人所命定的那种命运中。*ti estin*？这是苏格拉底发明的问题提法。希腊人问：什么是勇敢？什么是正义？什么是节制？什么是美？*ti* 的意思是"什么"，而 *estin* 的意思是"是"。翻译出来就是：（这）是什么？不同时期的 *quidditas*（什么性），即关于什么的那个属性，是不同的。不同的哲学家，对 *ti* 有不同的解释。*ti* 是 was，也就是 Washeit。讨论这是什么的时候，讨论的实际上是一个规定，给出一个划界，给什么划一个界限。这个划界是在寻找关于这个 *ti* 的属性、范畴。从亚里士多德到康德的范畴表就是对 *quidditas* 的一种尝试性增减。海德格尔说，柏拉图就试图对 *quidditas* 做出解释，他的最根本的解释是：*idea*，Ideen。我们要知道，当我们追问这个 *ti* 的"什么"时，我们究竟在问什么。柏拉图认为我们在问 *idea*，就是在问这个事物的理念，问什么理念规定了事物成为事物，问的其实是事物作为一个存在者的存在者属性。亚里士多德则说我们问的是 *ousia*（实体），我们在问 *ti* 的 Washeit（什么性）的时候，我们问的是它的实体性是什么，范畴规定是什么。后来的康德、黑格尔甚至尼采，都是如此追问的，他们分别给出了 Ding an sich、Geist 与 die Wille zur Macht 的不同解释。形而上学家总是重新给出对 *ti* 的规定。在 *ti estin* 中探索 *ti*，这在海德格看来是一种对存在者的探索，而不是对存在本身的直接拷问。

海德格尔因此说，对于哲学是什么，形而上学史确实给出了形形色色的答案，但是关于 *ti* 的规定，却没有真正达到哲学作为哲学或者说存在之为存在本身的探问。这是最关键的一点。这意味着存在论差异的必须性，任何时候重提存在论差异都是极其重要的。形而上学的历史变成了一个关于终极存在者规定性的"意见展览会"，但根本上说，却并没有进入真正的历史性。历史性是一种超越历史的东西，它在海德格尔的运思中第一次被倾听，至少海德格尔自己是这么认为的。所以他说："此问题是一个历史性的问题，也即一个命运性的问题"[①]。此处的历史性是 geschichtlich，意味着一种传送着的历史性，而非作为知识展览会的历史账目的历史学（historisch）意义上的东西。海德格尔甚至说："更有甚者：它不是'一个'历史性的问题，它就是我们西方—欧洲的此在（Dasein）的这个历史性的问题。"[②]换句话说，这种命运性并不是中国的问题，而首先是西方的问题，是西方自身命运性的历史性问题。故而，当我们与哲学的关系越发疏远的时候，我们才有可能真正觉醒一种思想。

为什么追问"哲学是什么"这个问题是重要的？就好像追问"存在是什么"是重要的一样，这里有一个"圈子"，就是解释学循环问题。关于哲学同样有这个解释学循环。就是说，哲学不是此在，哲学是存在，但哲学不是存有本身，而是存有居有的希腊人所带来的东西；哲学是从存有而来的，或者说，是从本有而来的。哲学因此关乎存在，而哲学家关乎此在。很显然，这里的结构非常有趣了。

---

① 海德格尔：《这是什么——哲学？》，载于《同一与差异》，孙周兴等译，北京：商务印书馆，2011年，第8页。
② 同上。

存在与此在的关系如果还是一般化的、形而上学化的，那么对于哲学与哲学家的关系，就非常明显需要先弄清楚一个问题：此在与哲学家是什么关系？这个问题并不是那么容易的。应该这样区分：传统的形而上学家作为哲学家，从事的是哲学，即形而上学，这种哲学家归属于此在；但海德格尔这样的思想家，按照他的思路，也是哲学家，或者更愿意被称作源头哲学家、思想家、运思者，他归属于此－在，而不是一般意义上的此在，他是一个特殊此在。此－在因此有一个特性被我们析出，即：此在的特殊样式，即为此－在。本来，如果仅仅是特殊样式，那么非特殊的一般样式，或者《存在与时间》中的平均状态的样式，此在似乎应该是更根本的。但后期海德格尔不这么想，很显然，思想与作为思者的此－在，艺术与作为艺术家或诗者的此－在，物与作为艺术作品的此－在，这里面有非常根本的区别。这种差异化区别恰恰是我要讲的后期海德格尔关于差异思考的艰难之处。如果此－在仅仅是关于特殊存在者的，换句话说，此在于《存在与时间》如果简单地理解为"人"的话，此－在就是特殊的人、思者或诗人。且慢，如果结合对《艺术作品的本源》与《物》的考察，我们发现，此－在是又不仅仅是生命有机体，它作为一个 da-，在人的意义上就是绽开它的生存，而作为一个作品就是带来一个世界，作为一个诗人就说道、说词语，作为一个思者就是运思，它还作为一个物——与众不同的物——而存在。

海德格尔说："希腊语，而且只有希腊语，才是逻各斯。""在希腊语中，其中所道说的东西以一种别具一格的方式同时就是它所命名的东西。"[①] 这句话不容易理解，就好比说，当我们说"人"，希腊语讲出来这个词，是为了命名这个词，而这种命名道说的过程，也就是语言发生的过程，居然本身在发生中就组建了这个叫作"人"的东西。这似乎非常难体会。就好比堆积木，希腊语有一个塑形的作用，即，我们可以想象有一个机制可以对应希腊语同步呼出的词义而进行有机

---

① 海德格尔：《这是什么——哲学？》，载于《同一与差异》，孙周兴等译，北京：商务印书馆，2011 年，第 9 页。

塑造，当词语呼出完毕，关于这个词语的被塑造物就完成了，或者说，就被造好了。这意味着，这个词语本身就是造物主意义上的存在，通过呼出词语，存在者被制造完成。这是非常神奇的一个过程，虽然它目前只能存在于我们刚才的想象中。进一步，如果真的如此，如同海德格尔说的那样，这意味着什么呢？这意味着，"词"，就是约翰福音中"太初有道"的那个 Wort，海德格尔《通向语言之途》中用的是 Sagen，不管是哪个"词"，它就成为某种造物主意义上的存有。甚至它尚且作为本有而不表现为存有的存在形态，因为，它可以不呼出，以至于"不叫"（nicht heiße），而此时此刻，这个"不叫"的"不呼出"词语恰恰又可以表示为一个静态模式"叫不"（heiße Nichts），即，"道可道，非常道"之上帝之舌紧张之时。同样地，"名可名，非常名"之时，即是呼出词语的命名时刻。希腊文在呼出之前，创造的完成已先行到达，本有的差异化生成已先行居有了词语。故海德格尔说："它所陈述的东西是摆在我们眼前的东西。通过希腊地被倾听的词语，我们便直接寓于眼前的事情本身，而并非首先寓于某个纯粹的语词含义。"[①] 这是说，希腊文其实是有视觉化因素的，换句话说，希腊文是在言说中视觉化，通过视觉化配合观照而使得物化发生的语言。我们先悬置可能的词义，直接面对希腊文的原文通过字面意义所显示的那种光亮，我们就读出希腊文的形象，而那种形象是超越特定的词语含义的东西。

爱智慧的人（aner philosophos）不是一个哲学的人（philosopher）。赫拉克利特这种人就是爱智慧的人，但你不能说他是哲学家，他还不是后世所谓的哲学家。热爱智慧，这是两个部分，海德格尔就要追问，什么是热爱，什么是智慧，乃至热爱这种品质是如何与智慧关联起来的，与什么样的智慧之关联才可以算得上热爱意义上的智慧。海德格尔说，philein 的意思是热爱，希腊文的意思是 homologein，即协调、使一致，以 logos 的方式去说话，如此来应合于 logos。这

---

① 海德格尔：《这是什么——哲学？》，载于《同一与差异》，孙周兴等译，北京：商务印书馆，2011 年，第 9 页。

种应合本身就是与智慧相互协调，与智慧相一致。协调的希腊文是 *harmonia*，即和谐、连接。这种和谐意味着"一物与另一物相互结合起来，因其相互支配而原始地相互结合起来"①。这种理解才是热爱的本意。所以，爱智慧，就是与智慧有一种热爱。热爱的意思是一种连接、应合，一种和谐状态。其中有两个东西，或者多个东西，是不同的个体之间的关系问题。热爱是一个关系问题。不同的相互决定的东西之间，有一种彼此的问答、呼应、和谐相处。它们彼此支配却又彼此亲密地结合。这是热爱的真正意思。而智慧（*sophon*）是什么意思？海德格尔说，智慧是赫拉克利特的用法，这个用法更早更古老，也更有可能帮助我们看到其本源处的意义。在赫拉克利特那里，智慧就是"一是一切"（*hen panta*，可译为：一即一切，一是一切，一与一切，一一切等）。②在海德格尔这里，*hen panta*其实就是存在论差异这个最核心的问题，差异问题也是他一辈子运思的秘密钥匙。他解释道：*panta ta onta* 作为所有存在者，或者叫存在者整体、大全；而 hen 是一，一个，唯一，统一一切的那个。一切存在者都在一切中统一起来。所以，sophon 就变成了一切存在者在存在中统一起来。"存在是存在者"，这时候的 ist 是动词，就是聚集（versammlt），有就是 *logos* 的意思，即"存在把一切存在者聚集起来，使存在者成为存在者"，这时候存在的意思是聚集，是海德格尔在阐释赫拉克利特时候谈到的采集与聚集之义。这时候，存在是什么？就是逻各斯，是聚集，即把大全聚集在当下这一刹那的那个唯一性。

希腊人最惊讶的，莫过于一切存在者在存在中聚集，即如维特根斯坦曾经指出的，不是如何发生是值得惊讶的，而是竟然发生了才是最值得惊讶的。而且，从全世界可持续的古老文明看来，居然只有希腊人最惊讶这个事情，这个事情本身海德格尔认为就更加是命运性的、最值得惊讶的了。其实这种说法有点问题，

---

① 海德格尔：《这是什么——哲学？》，载于《同一与差异》，孙周兴等译，北京：商务印书馆，2011 年，第 10 页。

② 《华严经》所谓：一是一切，一切是一。相即相入，事事无碍。*hen panta* 恰恰就是华严佛学的根本宗旨。这意味着，热爱智慧从根本上说，就是学习华严。

并不是其他的文明没有感受到那种连接的智慧，也不是他们不够惊讶，只是他们在展现惊讶时候所表现的侧重点不同，而这种不同就是"基本情绪"或存在调性上的不同，即本有差异化运作所给出存有的那种不同。甚至不同的文化系统都是命运性地坚守了自身的调性，以至于排斥其他文化调性而独立生存与发展。普罗泰戈拉等人领导的"智者运动"，某种程度上促成了对希腊式惊讶的保护，可这种保护越剧烈，就越区分出了爱智慧者与智者。区分是在把爱智慧者转化为哲学家的过程中发生的，看似保住了爱智慧者，实际上却使爱智慧者变异成了哲学家，进而在这种强有力的保护中，使爱智者对智慧本身的关注不再是在协调与连接"一即一切"的意义上展开了，而是在沉迷于被聚集的光明的在场意义上被命运性地展开了。爱智慧中的"热爱"，就变成了追求和渴望，变成了一种思念与仰慕，也只在这种爱的渴望中保持着其内在的生命力。因此，海德格尔说："于是，热爱智慧即上面已经指出的与智慧的协调，即连接，就成了一种思慕，一种对智慧的欲求。"[1] 欲求必然是对某物的欲求，所以存在就变成了存在者。而原始的和谐与连接，就变成了某种不平等的、霸占性的、主奴关系的或至少是恋人的关系的欲求展开方式，以此来追求智慧。而这种爱智慧的追求方式，就是后来人们说的哲学。如此来看，如同在柏拉图《会饮》那里，哲学居然蜕变为由爱欲（eros）支配就不难理解了。

存在变成存在者，如同思想变成了哲学，思想家变成了哲学家。赫拉克利特与巴门尼德不是哲学家，但却是思想家。他们与逻各斯相互契合，与"一即一切"相互协调。思想变成哲学的标志是柏拉图主义的，而亚里士多德追问的就是：存在者是什么？存在者存在被规定为存在者的在场状态，就是实体（ousia）到底是什么？那个在场的当下自在自为的东西是什么？这种在场性在柏拉图那里是理念（idea），在亚里士多德是潜能（energeia）。于是，哲学就成为寻找第一因的

---

① 海德格尔：《这是什么——哲学?》，载于《同一与差异》，孙周兴等译，北京：商务印书馆，2011年，第11页。

学问，即寻找存在者在场根据的一种学问。而实际上，哲学本来应该是一种进行 *hen panta* 连接的生命活动。知识论这个词语，就是 *episteme*，本来的意思是胜任能力，一种看、听、思的能力，即"注视着某种东西并且将注视中所窥见的东西收入眼帘并保持在眼帘中"[①]。这意味着，你要善于观看，同时又要在观看中，善于把观看的东西加以保持。但如果知识不是这种胜任能力，而是一种寻找根据的知识寻求，那存在本身与知识有什么关系呢？存在本身其实与根据问题有千丝万缕的关系。

当我们思考存在本身的时候，我们总是不免陷入根据的思维——第一因的思维，这是一个逻辑思维的起点问题。但实际上，这种思维并不适合我们理解存在本身的意义。要知道，从亚里士多德到尼采有一种内在的同一性，即对存在的遗忘，使得我们无法有效地面对存在本身，而只能盯住存在者不放。"哲学是什么?"这个问题，如果说，各种哲学家都有自己的答案，那么我们必须和他们展开对话，一个深层次的对话；在对话中，我们才有可能展开一个应答，虽然我们尚且不太清楚这个应答的全部。我们把哲学家们曾经的应答当作一种知识来学习，这是一种结果；我们把与他们的应答展开一种内在的对话，则是另一种结果，而这另一种恰恰是运思意义上的展开。因此，海德格尔说的对话，是与古人对话，一种在对话中达乎自身的过程。这种对话完全可以在独白中完成，在文本细读、阐释与创造性书写中完成。虽说是对话，这种情况却不能说就是柏拉图式对话录或黑格尔式的辩证法，虽然它或许具有辩证法的某些本质性特征。

对话来自存在本身的呼求，就是说，存在"叫"什么呢？叫我们呼应它的"叫"。海德格尔说："我们与哲学家的讨论也就必定是由存在者之存在所呼求的。"[②] 如果我们可以倾听到那个呼求、那个叫，那么"存在叫什么"这个问题，

---

① 海德格尔:《这是什么——哲学?》，载于《同一与差异》，孙周兴等译，北京：商务印书馆，2011年，第13页。

② 同上，第15—16页。

就有可能展开其深刻的意义。因此听见呼求的"应合"（ent-sprechen）也就有可能把"哲学是什么"这个问题的答案展现出来。所以，回答（antworten）从本质上说，是一种应合。这个 antworten 因此不再简单是一个概念式的符合式答复，而是对存在本身的应答。当这种对"哲学是什么"这个问题的应答是出自存在本身时，我们就发现问题的提问结构变得异常重要，即那个发问特征与回答特征就成为一种内在关联的本质性的结构。那么，什么是解构就是非常重要的。关于解构（Destruktion），海德格尔说："通向我们的问题的回答的这条道路不是与历史的断裂，不是抛弃历史，而是对传承下来的东西的居有和转换。这种对历史的居有就是我们所谓'解构'（Destruktion）的意思。""解构的意思并不是摧毁，而是拆解、肃清和撇开那些关于哲学史的纯粹历史学上的陈述。""解构意谓：开启我们的耳朵，静心倾听在传统中作为存在者之存在向我们劝说的东西。通过倾听这种劝说（Zuspruch），我们便得以应合了。"[①] 这些关于解构的提示非常重要。

顺此，我们必须要倾听，倾听存在的劝说。存在劝说我们，就是说，存在叫（heißen）我们，存在呼唤我们。道说也好，呼唤也好，叫醒我们也好，都是本有居有的过程，都是历史性的，在劝说中使我们进入历史并成为历史性的而非历史学意义上的东西。解构需要一种倾听，因此需要好的耳朵、好的听力去听见。有一种可能就是听错了。哲学作为一种应合，是对存在者之存在的应合，而这种发生过程并不是一劳永逸的。虽然我们总是在某种应合中的，但这却并不意味着我们已然听见了存在的劝说，即，应合真正要我们听见的东西。因为，如海德格尔所说："这种应合以不同方式发生，依存在之劝说如何说话，依这种劝说被倾听与否，依被听到的东西是被道说了抑或被保持着沉默。"[②] 此处的提示意味着，应合虽然看似发生了，但存在劝说到底是用什么方式劝说，这是不一定的；就算劝说

---

① 海德格尔：《这是什么——哲学?》，载于《同一与差异》，孙周兴等译，北京：商务印书馆，2011 年，第 16—17 页。
② 同上，第 17 页。

发生，是否有人听见，也是不一定的；而听见了，是否被说出或者依旧还被保持为不说的沉默之中，依然同样是不一定的。

"应合"（ent-sprechen）就是 dis-pose，后者在法文中就是被分解、被澄清的意思，那种从存在者之存在而来的分解与澄清。分解作为一种应合，应合于存在的劝说。"道说（Sagen）合辙（协调）于存在者之存在。"[①] 是存在本身规定了言说，言说从存在而来。应合因此就在一种协调中被道出，而不是仅仅代表某种偶然性的言说。在应合的这种协调中，或者说合辙状态（Ge-stimmtheit）中，才有了某种定调（Be-stimmtheit）的可能。如此，应合变成了这么一种东西，即，应合本质上是一种情调（Stimmung），或者说情绪调式，一种风格意蕴意义上的东西。这里的情调不是一般的音乐中情感体现的偶然情感状态，而是一种必然性。"道说的一切精确性都建基于一种应合的倾向（Disposition）。"[②] 应合总在某种趋势中，某种形式指引的引力趋势中发生，这种趋势是具有必然性和精确性的。柏拉图曾把"惊讶"作为一个哲学家基本的情调来考察，并认为惊讶作为决定性的开端是非常必要的。在海德格尔，惊讶是哲学的第一个开端，而另一个开端则并非惊讶。开端的希腊文是 *arche*。开端的意义其实很多，它表示某个东西从某个东西而来，而那个来源占据了支配的地位。如此，作为惊讶的情调的开端，恰就起到了支配的地位。"惊讶承荷着哲学，贯通并支配着哲学。"[③] 亚里士多德同样指出"惊讶"本身对哲学活动的发生有无法估量的决定性意义——它决定了哲学活动过程的那个开端。

存在的"基本情调"并不是一种仅仅作为原因，在开始之后就必然被抛弃和遗忘的东西，而实际上是某种不但不会消失而且会一直起作用的东西，它的作用永远是处于支配地位的。只要形而上学还存在一天，这个以惊讶而开端的形而上

---

① 海德格尔：《这是什么——哲学？》，载于《同一与差异》，孙周兴等译，北京：商务印书馆，2011 年，第 18 页。

② 同上。

③ 同上，第 19 页。

学历史就总是保持在开端建立起来的那种基本情调中。惊讶是 patos。一般来说，我们翻译成：热情、激情，情感的爆发。但实际上，patos 的意思本来应该与下面这些意思相关：承受、遭受、承担、实现、获取、得到、规定等。所以，我们说到另一个开端的基本情调时，这个情调的翻译可能依然是有问题的。或许它表达的意思更多是另一个开端的基本承受、基本承担、基本获取和实现、基本规定等等。在惊讶中其实有一种抑制、一种压制，那是一种从存在者那里倒退的姿态。惊讶，这种情绪、这种情调就是一种 dispositon，即"势""形势"，或者说"倾向"。为何说这种倾向是很重要的思想？因为在这种倾向中有一种存在本身的显露消息流出。海德格尔说："在这种倾向中并且为了这种倾向，存在者之存在自行开启出来。"[①] 希腊人的这种被本有居有的开启恰恰是就在一种倾向中发生的，也就是说，在一种形势中发生，这种形势某种程度上就是命运，它是不可抗拒的必然性。

然而，海德格尔讲到笛卡尔时间的却不同，他问那个作为确定之物的存在者是什么，而不是就存在者的存在而问存在者是什么。他对存在者可以作为自身而独立安立而保有自信。笛卡尔追问的是"确定之物"（ens certum）、确定之物的确定性（certitudo）是什么。这与中世纪经院哲学追问又不相同，后者的追问依然保留了被造物的限度，而以"怀疑"作为基本情调开始的笛卡尔哲学的路径却把这种限度彻底打破了。"怀疑"协调于对确定性寻求的基本要求。因为我思是不可怀疑的，所以怀疑的起点就定位了，存在者的 certitudo 就成为可以从我思自身找到基础的情形了。自我（ego）就毫无疑问地成为"能怀疑"的起点。存在理应如此被遗忘掉。存在者本来归属于存在本身，如果说应合劝说，也是存在者应合于存在的道说。而笛卡尔这里有一个扭转，存在者应合于自身，存在者就是自身的确定性基础，在存在者之内，即在不可怀疑的自我这里，就有存在者的确定性

---

① 海德格尔：《这是什么——哲学？》，载于《同一与差异》，孙周兴等译，北京：商务印书馆，2011 年，第 20 页。

或者说展开所有存在者之怀疑可能性的开端意义。这时候，存在本身成了存在者，更确切地说，是存在者自身的那个自我的确定性，那个什么都可怀疑并从自我出发展开怀疑而自我本身却无论如何不可被怀疑的确定性本身。如此，不但遗忘了存在，甚至遗忘了存在者。因为，在这种我思中，我之为我，其实不是最重要的，那个能思的主体才是最重要的，至于是不是人类，是不是我，这并不必然。正因为这样，笛卡尔哲学所带来的现代性问题一直到现在可以大步发展为：连人这种存在者实际上都不是至关重要的，人工 AI 技术、克隆技术等的发展，让那个不可怀疑的自我从我思中进一步剥离。实际上，只要是可思，具有可不断深化思考的持续性，甚至可模拟和控制思考的，那么我之为我的存在意义，是不必考虑的。

从笛卡尔哲学开始，自我就成了一个主体，主体哲学就开始了。一个从抽象自我、从主体出发定义客体、为世界立法的世界观就此展开。笛卡尔哲学寻求一种自我肃清，即，在理智中达到一种对自我确定性的把握。因此真理也就必然在之后与确定性这个东西紧密联系在一起，进而联系的还有可计算性，可预测性，归根到底都会涉及一个基本态度，那就是理智至上。人类通过理智活动，就是笛卡尔式的反思活动，可以自身为自身立法，并且完全处在自明清晰的状态中。这是人类对自身理智能力的狂妄。我们发现，笛卡尔们认为，理智知识可以获得的确定性，是衡量真理的最根本的标准。对怀疑的诉求，对确定性的狂热追逐的信念，就成为近代哲学的基本情调，而这种定调从一开始就起到了支配作用。那个一切都可怀疑的基本态度，恰恰是现代人处理事情的基本态度。而这种态度的本质，却是人类的狂妄与无节制的理性滥用。越是表示怀疑，越是追求更高的确定性；越是看不清楚，越是需求更高清的虚拟效果。近代哲学到底终结了吗？就是说，笛卡尔主义到底终究在何处还是悬而未决的。主体哲学哪怕变异成后主体哲学，即所谓的后现代主义哲学，从根本上说，它依然没有真正与我们告别。它如同我们的影子一样，总是跟从我们，越要告别越走不远。对这一点，海德格尔有深刻的洞察："也许有一种基本的情调在起作用，但它对我们来说还是隐而不显的。

这或许是一个标志，表明我们今天的思想还没有找到它的清晰的道路。"[1] 抑制的情调中有怕和敬畏，也有希望和信心，但无论如何，就算去掉这些情绪，回归到纯粹计算中，那里依然有一种信心，一种对数理逻辑自明性的信心，比如大数据云计算。

关于爱智学，在全文的最后，海德格尔说："哲学就是那种特别被接受并且自行展开着的应合，对存在者之存在的劝说的应合。"[2] 这番话可以换一个说法，即，哲学是在某种特殊性中被接纳，并通过自身而得到启示的那种应答，应答于道说本身的特殊性、历史传送的历史性生成，而这种历史性传送本身是从道说本身而来的一种劝说，哲学是对这种从本有而来的劝说的协调与合辙应答。哲学是以这种应答于存在的劝说的方式存在的，否则哲学就不存在。当然，不应答本身也是某种应答，即使存在本身并不给出什么，或者离弃，或者拒绝本现，哲学家都会对此作出某种应答，而这种应答的合辙发生为一种基本情调的展开，此种展开是历史性的。故海德格尔说"哲学以应合方式存在。"[3] 应答是与道说相关的，是从词语而来而扎根于语言的。一般人们会说，语言很显然是服务于思想的，怎么会倒过来呢？什么是思想服务于语言呢？其实这里的语言是道、言、名。道是更原始的语言，就是那个上帝之道、圣言，从圣言而来，那么语言与其说还尚未思想，毋宁说是一切思想运作的原始基地。海德格尔说：语言说话。道在道说自身的同时就是开端之创建，而此时还不必有思想的发生。思想的经验最终因此更原本地归于语言的经验。对大道劝说的倾听与讲述的经验，乃至沉默的经验，恰与思的经验紧密相关。

海德格尔的希腊经验大概不是从他后来不太愉快的希腊之旅得到的，而应是从希腊语和德语的语感经验中分析得到的，但我们又不能说只是语言简单地掌控

---

[1] 海德格尔：《这是什么——哲学？》，载于《同一与差异》，孙周兴等译，北京：商务印书馆，2011年，第21页。

[2] 同上。

[3] 同上，第22页。

了他。如果没有海德格尔对存在本身的经验，这种仅仅从语义学上获得的语言经验，并不足以让他有足够的勇气与智力宣称对希腊人的经验的把握或比任何现代人更加真切与深刻。海德格尔因此对语言的本质进行沉思，即，对道进行沉思，道的本质是什么？如此才有可能为应合"哲学是什么"的问题提供道路。可是，道可以通过沉思而得到吗？如同问，哲学可以通过形而上学得到吗？或者说，原初思想可以通过哲学得到吗？如果说哲学是一种通达语言的方式，那么诗歌是另一种。它们同样都对语言负责，通过语言并回归语言，在语言中生出并消亡于语言。倾听语言的劝说即存在的劝说，诗人的方式不一定逊于哲人。进而，还有海德格尔无法企及的部分可以被延展出来。比如问"什么是语言"，在画家眼里，色彩可以是一种语言；在音乐家眼里，音符是语言；在建筑师眼中，线条与造型同样是语言。如此来说，诗人并不是唯一与哲人并驾齐驱的，以其他方式切入的人，同样可以有其他关于大道语言的倾听与窥见的方式存在。如果广义地说什么是诗或者什么是思，那如同说什么是语言一样，是无法很好定义的。但狭义地定义却是可以的：诗与诗歌不同，思与理论不同，语言与言语不同。

海德格尔认为，不但讨论语言本质问题是重要的，而且沉思诗与思关系问题也是至关重要的。虽然诗与思并不相同，但它们却有某种亲密性关联。这也是海德格尔与荷尔德林关系的一种隐喻，故他引用荷尔德林的诗句："居住在遥遥相隔的两座山上"。诗人与哲人的不同展现方式，都是亚里士多德意义上的，"存在之为存在多样地闪现出来"[①]。

总之，这一章我们从思想史角度深入概括了差异问题，并从形而上学与神学两条路径，对差异问题与宗教经验、与无、与本有等问题的关系进行了一些勾勒，为后面的深入解说打下基础。前面讲到许多关于上帝与人的关系问题，甚至后来我们谈到了虚无与光照问题，但其实本质上还是为了讲差异问题，这是神学史内

[①]　海德格尔：《这是什么——哲学？》，载于《同一与差异》，孙周兴等译，北京：商务印书馆，2011 年，第 22—23 页。

的一种独特的表述方式，既然是在宗教内部产生了这种探索与思考差异的路径，宗教体验中出现关于差异问题的哲学式思考就并不稀奇了。而通过对爱智学的海德格尔式勾勒，我们越发能体会到其努力踏上的既非内在也非超越的第三条路的思想端倪。

第 3 章　差异问题的前期思考

这一章我们要讨论的是形式指引产生之前的那个关于某物存在的体验之"有"（es gibt）的发生问题，即，差异的那种原初给予之体验分析是本章的起点。通过某种对那个领域体验的分析，形式指引的方法被提炼出概念形式，在《存在与时间》中更简洁有力地体现为此在（Dasein）。伴随海德格尔给出的关于此在的生存论解释，《现象学与神学》谈论历史性此在那从新教精神而来的基督性问题就变得容易理解。那种关于原初体验的"有"给出了我们对其把握的最起始的方式，那就是形式指引方法，而这种方法后来更有力地被表达为直面存在问题的此在的生存论分析。进一步，历史性此在就生存论分析更加与体验有内在关联的宗教问题产生千丝万缕的联系。我们首先来看看体验问题在海德格尔那里是如何展开的。

3.1　体验结构分析

海德格尔早期弗赖堡文献《体验结构的分析》开篇说 gibt es etwas 的结构就是：它给出某个东西。它是什么，给出是什么，某个东西又是什么？[1] 通过无人称句体会存在意义，要明白无人称句的一般含义，这个句子所指引的存在意义基本

---

[1]　参见海德格尔：《形式显示的现象学：海德格尔早期弗莱堡文选》，孙周兴译，上海：同济大学出版社，2004 年，第 1 页。

结构，而此处涉及的就是差异的基本结构，我们细读文本就是要了解，差异的体验（Erfahrung）是如何诞生的。差异之体验又是存在之体验，本质上并不是一种心理作用，但又不能说体验本身完全与心理作用无关。海德格尔表述为：当我在体验，当我体验某个东西，当我提出一个问题并朴素地投入对这个问题的体验时，我没有意识到这个过程，或者说，体验此时不是作为一种发生事件而存在的。所以，朴素的体验不是一个心理过程，也不是一个生理过程。① 当人们反驳它是一个心理过程的时候，其实是把体验量化了，或是把体验本身实体化了，只有实体化了才能被测量、计算和对象性地认识。但体验作为它自身，它已经、正在、将要给出的差异经验本身并不能如此被认识。体验触及的那个差异本身，具备生生不息的生命力。这是所谓"纯粹体验意义上的纯粹动因"，就是那个不被实体化与对象化了的，用他的原话，叫作不被"物化"了的东西。那个关于差异本源的体验，那个东西，它的动因并不是在具体的某个东西上，它就是存在本体的状态，如果说它有动因，那它自身就是自身的纯粹动因。② "体验"这个词如今已经被磨损了，这是说，到底什么是体验，哪个部分与体验的本义联结，人们已经弄糊涂了。后来海德格尔不愿意多谈体验问题，但在《哲学论稿》中依然把对体验与经验等问题的展开当作一个"从本有而来"的重要概念路径。③

海德格尔说了非常经典的一个判断："决定性的关键在于：质朴的观审（Hinsehen）找不到诸如一个'自我'（Ich）这样的东西。"④ 这就是说，当进入对差异之源的直接体验过程中，自我是消亡的。观审者并没有自我，体验却可自行运行，在体验流中是"无我"的。这里我们借助佛教的空性经验境界来帮助理解

---

① 参见海德格尔：《形式显示的现象学：海德格尔早期弗莱堡文选》，孙周兴译，上海：同济大学出版社，2004年，第3页。

② 同上，第4页。

③ 体验与经验的问题艰深，可参考海德格尔：《哲学论稿——从本有而来》，孙周兴译，北京：商务印书馆，2012年，第137—141页、第166—173页，"回响"章节的相关部分。

④ 海德格尔：《形式显示的现象学：海德格尔早期弗莱堡文选》，孙周兴译，上海：同济大学出版社，2004年，第4页。

海德格尔为何如此讲述。他的意思是说：当进入空性境界时，如果你所感受的那个本体是无人称的，也就是说你感受的生命本体是"无格位"的，佛学的讲法叫"无人格性法身"，那么你会体会到"苦、空、无常、无我"，你依然会体会"无我"的状态。这时候并不是说意识熄灭了而是意识的分别作用熄灭了，意识不再物化为具体的事物，而只是作为意识流存在，或叫体验流。但如果，你所体验的生命本体的那个东西，所谓原初之物，是有格位的，类似体会到他是父亲一样的人性化的格位法身，那么我们所体会到的境界则是"常、乐、我、净"。这里似乎有一个悖论，但其实在灵修者看来并不是悖论——这里的无我变成了我。这个我，按照唯识学，是指那个不起分别作用的"恒审思量"的意识流本身，即末那识的作用。但是，当法身有了格位，具备了人性，这时候真理本身就不再是与人无关紧要的了，而"无人称句"进而也就变成了某一种模式，而不是通达存在意义的唯一模式。在这个意义上说，仅仅从无人称句来通达存在本身，进而展开对存在本身状态的领会的路径还是有偏差的。

　　海德格尔接着说："让我们守住体验本身的意义，抓住有着的东西。"[1] 这就是说，让我们守住对空性的体验，试图抓住那个体验正在发生着的，给出那个东西的意义，即有着的东西。什么东西有着呢？空性本身有着呢！存在本身有着呢！这也意味着，它自身无法通过自身来澄清本己，因为它本身就是清楚的，因此它就是不是要来理解的，作为不可理解性而被惊讶地保持住，就是对它的一种最原本的理解。我们可以问，是否真的有什么东西呢？我们要追问的不是问某个东西是否如何的那个性质与具体特征，我们只是要问，是否有呢？是否某个东西有呢，怎么有呢？有就是存在。这还是在问，某个东西是否存在呢？作为有，它如何存在呢？海德格尔问，那"什么叫有?"什么叫有，即什么召唤有，这个叫就是彼此叫、彼此召唤，是某种存在与存在者之间的惊奇应答，一问一答。什么召唤有，

---

[1]　海德格尔：《形式显示的现象学：海德格尔早期弗莱堡文选》，孙周兴译，上海：同济大学出版社，2004 年，第 5 页。

有又召唤了什么呢？我们看看在语言中我们怎么使用有，就可以渐渐明白，什么召唤有。所谓召唤就是说有的多样性用法。海德格尔在问过具体的有什么东西之后，开始问，是否有一般的东西。就是 etwas 这个东西，一般意义上的东西，有没有呢？那会是什么呢？当追问"一般东西"的时候，一般东西总是与具体东西相互联系，就和苏格拉底在问美本身的时候，即一般的美的时候，回答者总是回答具体的美。其中似乎有一个机制，即在探寻一般东西的过程中，总是会不断地回溯具体的东西，而这种回溯可能是必然的。在一般东西中存在着与具体东西的名词关联。一般的东西，某物（etwas）应是与具体的名词概念的设定有关联的。破除具体事物的名相，即破除具体事物的概念名词的最底层设定，是进入一般性的关键步骤。换句话说，当我们不断被苏格拉底从具体的美反诘到一般的美本身时，如果对路的话，我们即将能够体验一般的美是什么，那个一般的美的体验，已经不落在概念反诘的整个思维运作中了，而是在思维运作的顶点，那个无法继续运作的空档。进入空档，进入那个场所（khora），对一般的东西的体验才开始发生。海德格尔并不认为真正的体验是"某种态度"的采取，也就是说，朴素的体验并不是某种态度，因为在直接的直观中并没有像一个"自我"这样的东西，而只有一种"关于东西的体验"，一种"向着东西的生命"。[①] 没有自我，也就没有对象，进而就无法对象性地认识，所以不能说"我体验"就是"我采取态度"这种模式。体验是关于某种东西的体验，那不是具体的东西，而是某种一般的东西，那个一般性是纯粹的被给予性，它是朝向我的，而不是我朝向的，所以"我体验"本身就是向着某种东西的发生状态，那个充满生命力的状态。谁向着呢？只是向着而已，我已经消隐。那么，既然我已经消隐，我作为追问者的作用何在呢？那我还是不是一个追问者呢？反驳的意见是，那个体验的经验，对那个东西的体验，难道不是保持在我所能体验的范围中才是可行的吗？换句话说，那个体验是关于我的，当然是

---

① 海德格尔：《形式显示的现象学：海德格尔早期弗莱堡文选》，孙周兴译，上海：同济大学出版社，2004年，第6页。

因为我追问才发生的，没有我，如何可能有体验发生呢？一般来说，人们很难理解若没有"自我"，则如何可能发生一个体验过程，但实际上确实会发生，这是问题体验问题的难点。海德格尔这篇文章就是讲这种可能性并试图找到其结构。

海德格尔精辟地指出：当我们问"有东西吗？"，即问"它给出什么东西吗？"问这个问题的时候，这种发问所带来的体验，难道是对着具体的你我来说的吗？明显不是。具体的你我，也无法把握这个问题所体验的全部。"有东西吗？"的发问所带来的经验，当我们体验到这种存在的经验，它与个别的我们自己无关，与我是什么的自己无关，所以"es 与我的自我毫不相干"。"恰恰因为体验意义对于我的自我（作为这个那个的我）是不相关，以这种其实以某种方式必然的自我关联以及自我，是在质朴的观审中看不到的。"① 正是因为在体验中，体验本身并不是关于自我的，不是关于具体的哪个自我的，才使得体验必然是自我的，也是关于自我的，但在一般的体验中，你却无法察觉。这里确实好像是同义反复。一方面你说，这个体验不是关于自我的；另一方面，你又说正因为它不是关于自我的，不是关于所有具体自我的，而它恰恰就是关于自我的。这一点其实不难理解，在一般的东西与具体的东西的那个辨析中，我们发现了这个部分，这也是亚里士多德关于实体问题的讨论的要点之一。正因为那个一般的东西，不是关于具体的，那么这个一般的东西才成为实体，而必然是关于具体事物的。但在朴素的关于具体事物的体验中，我们很容易无法看到那个具体事物的一般性，即实体性。

体验本身可以脱离所有的具体存在者，但脱离之后，体验还是存在，而且当下就存在。在于哪里？就是存在于正在体验的这个我。是我在体验，并不是别人。因此，那个当下的朴素的体验本身，是脱离了一切其他具体事实联系的，但又必然属于我的那个东西。那个东西在发生中。这意味着，那个东西的体验，并不是来自具体的周遭世界，而是在结构上，周遭世界是由体验不断充满意义的。所以这个体验

① 海德格尔：《形式显示的现象学：海德格尔早期弗莱堡文选》，孙周兴译，上海：同济大学出版社，2004 年，第 7 页。

就既是我的又不是我的，而"我"也同样既是"我"，又不是"我"。这种荒谬结构非常令人惊讶，这种惊讶带来了哲学运思的诞生。到这里为止，我们发现海德格尔在努力帮我们分析出一种纯粹的思，思的体验或叫思的经验。这种经验意味着，思是当下发生的某种境界，这种境界并不是指向具体某物的，而是指向一般某物，而这个一般某物本身又必然是关于我的，是我在思，是我在体验中。因此，我的思与我的存在发生了关联。思既然不指向具体的某物，它指向的一般某物就是实体，而思指向的实体应是真实的，那我应该是真实且完成了的；但在思着的我并不是完成的，而是有待去完成的存在者，我只是存在着，但并没有完成存在。实体问题与存在问题、我思问题与我在问题沟通了起来。与笛卡尔的"我思故我在"不同，海德格尔指出，我与思是不必然相关的，而我与在则是必然相关的。思本身不一定是我思，完全可以用一种不指向我的思。这个思就是存在的经验，即那个东西的经验，体验要体验的那个。当思配上我的时候，存在也就成为某种存在者。

当我们问"有东西吗？"是在对某个自我给出那个经验，但具体是哪个自我并不重要，哪个自我都可以用那个经验。这时候，在"有东西吗？"这个问句中，我们体验到的存在经验是一般性的，是没有具体自我的经验。很显然，这个经验是非人性的，与人越来越疏远（Ich-fern）了。这将是问题所在。按照这种方式运思下去的必然结果，就是无人称句在存在意义方式的路径上，出现了一个怪物：纯粹的思，纯粹的给予，某种意义上的纯粹的 es。一个一般的，与任何具体自我、具体人性无关的经验，这个经验可以是空的经验，或者存在的经验，也可以说是差异之源的经验。这个经验看似也是生生不息的，是不断生成的，但依然还不够，这个经验里因为没有人，没有生命感，所以，最终还需要突破，必须要发问：是谁给予的？要给谁？是如何给予的？

为什么要谈这篇文章？因为海德格尔"把体验刻划为发生事件（Ereignis）"[①]。

---

① 海德格尔：《形式显示的现象学：海德格尔早期弗莱堡文选》，孙周兴译，上海：同济大学出版社，2004 年，第 10 页。

从这里可以清楚地看到，Ereignis（本有）到底是什么。是关于体验发生的那个事件，用佛教传统的话说就是空性境界。让我们再分析一下，这个本有状态到底是怎么一回事。什么是空性境界呢？就是个体与生命本体达成联系与沟通的时刻。你会发现，所有具体的事物都不是那个本体，而只是本体的一种作用显现。但本体是什么呢？本体不可说。但你对本体有一种体验，这种体验是即幻即真的。这种体验不指向具体的东西，而是指向一般的东西。但这个一般的东西与当下正在入于空性境界的自我直接关联，而这个关联导致当下的自我成为某种无我的东西，即当下这个个体性作为真正意义上的实体（自身为自身的意义源泉）而展开的非个体性的体验。这样绕来绕去似乎还是无法说清，这就是"不可说"的意思。不可说实际上并不是不能说，而是只要一说就会进入某种限制；限制不在于那个本有经验，而在于通达本有经验的语言与逻辑方式的限制。我们的语言有多少限制，我们对本体的道说方式就有多少边界；我们的逻辑有多少限定，我们对于本体的体验方式就多大程度被逻辑框死。所以，本有有时候被认为是某种"发生事件"，什么事件发生了呢？——空性事件发生了。但这种事件发生了有什么意义呢？它就是意义本身。意义从这种事件的发生直接涌现（physis）出来。并不是说本有是具体的某个东西，而是本有在居有（eignen）的过程中，意义在涌现。本有居有的过程是刹那性的，所以，存在本身实际的基础存在论也本来就是刹那性的，是关于心念最原始状态的。某种意义上可以说，本有是关于内时间意识的心念生灭状态的问题。[1]

　　所以，海德格尔讲"体验不是实事，不是一个像某个过程那样生硬地实存、开始和终止的实事"[2]。体验与体验者的关系不是简单地一一对应的对象关系。体验无始无终。海德格尔这里谈的体验不仅仅是发问的体验，而首先是发问的体验，

---

[1]　可参考张庆熊：《熊十力的新唯识论与胡塞尔的现象学》，上海：上海人民出版社，2006 年，第 41 页、第 58 页。又马明：《胡塞尔的内时间意识现象学研究——从〈内时间意思现象学〉到〈贝尔瑙手稿〉》，复旦大学博士论文，2010 年。

[2]　海德格尔：《形式显示的现象学：海德格尔早期弗莱堡文选》，孙周兴译，上海：同济大学出版社，2004 年，第 8 页。

即运思的体验，他把这种运思体验运用到所有现象中。这就有很大的问题。因为在本体上，当然可以说本体是无始无终，并不是生硬的实存，没有个开始与终点。可是，现象界的现象本身却是本体的一种作用，作用是有开始与终点的，而且作为一种假有而实存。虽然这种实存并不是真实的，但也不是一般意义上的虚无。海德格尔过分地关注本体体验所得的那个差异本身了。但是，现象学实际上应认为现象就是本体，现象背后没有本体。现象本身既然就是本体，那么就根本没有本体界的存在，自然一切现象本身也没有起点没有终点，必然无始无终地运行下去。这里的问题是：海德格尔到底是否相信现象背后有本体呢？如果说没有本体，那么那个体验的东西是什么呢？如果说有本体，那个东西本身又应该就是一种现象而已。这里的疑难就是，只有现象没有本体是否可能。

在《体验结构的分析》第二节中，海德格尔在论及周遭世界的体验时，说这个所谓的本有体验的发生并不是一种很特别很新奇的体验，它其实就是我们生活中最基本的体验。实际生活中，我并不一步步分析式地看到讲堂、讲桌、书这些东西，而是几乎是一下子就看见了这个讲桌。我是在一种背景中看到了这个讲桌。我是一个老师，所以我一看到这个就知道这是一个讲台桌，但一个黑森林的农民就会觉得是一个箱子。同样地，文献中海德格尔自己举例：若一个塞内加尔的黑人突然看到这个，他就会觉得这个东西是有魔法的，他不认识这个东西，他脑子中是一大堆没有意义的"综合法尘"的堆积物。海德格尔的看与塞内加尔人的看是不同的，如果非说有相同，那就是看本身，有某种东西被看到了，这个部分是相同的。所以，个体性的看并不能作为体验的基础，就好像我的看并不比塞内加尔人的看更根本一样。但无论如何，塞内加尔人的看依然是一种把讲台桌当作某种有意义的物的看，"即使他把讲台看作某个在此存在的单纯东西，这对他来说也具有某种意义，一个带有意义的要素"①。这个塞内加尔人把这个讲台桌看作某

---

① 海德格尔：《形式显示的现象学：海德格尔早期弗莱堡文选》，孙周兴译，上海：同济大学出版社，2004年，第10页。

种东西，一般意义上的东西，但不知道拿它如何的东西，他手足无措。通过上面的分析，我们发现，周遭世界中有一个一般性的东西给予了我。这个一般性的被给予的东西，并不是具体的什么东西，也不是什么物件、对象、要素之类，而是一种意蕴（das Bedeutsame）①，它就是那个原初的东西。"意蕴乃是原初的东西，是直接给予我的，并没有通过一种实事把握而造成的任何思想上的拐弯抹角。"② 这个地方海德格尔指的就是在刚才的讲台桌的观看经验的比较中，某种在不同的差异中同时存在的不可还原的东西。那个东西就是原初被给予的东西，在周遭世界被给出的原初的现象，他称之为意蕴。

回顾一下，现象学方法的看的操作方式：你要盯住一个生活中一般的现象看。当然，什么是现象学中的现象，什么现象可以作为现象学的现象来审视，这都是值得考虑的。这种现象必然是关于大家的，如果是非常个人化的，根本无法产生任何差异性的比量，那么类似的绝对个人化的现象是无法作为现象学的现象被观察的。在一般的现象中，接下来的步骤是，悬置对现象的先天判断，包括存在的判断与文化的判断。在存在判断这一点上，在胡塞尔那里是必须将之悬置掉的，但对海德格尔来说存在并不是问题，即使是无，无也是存在的，只是它存在的方式并不是实存而已。实存是说用实际的看得见摸得到的手段把握它。如此，对于同一个现象，在现象学的看的过程中产生了不同的差异性观点、不同的视角面。接下来的一步很重要，是在可想象的不同的差异的比量中，找到一个不可比量的部分，即那个对于任何差异比量都直接被给予的绝对性。那个东西可以成为原初的现象基地，或者意蕴，作为事实被把握的纯粹现象。现象学的步骤其实是，在许多可能性中，也就是说，在许多的视角面中，去观看同一个现象。先认准这个现象，然后展开视角面，视角面是可能性，然后在不同的可能性的关于现象的观

---

① 海德格尔：《存在与时间》，中文修订第 2 版，陈嘉映、王庆节译，北京：商务印书馆，2016 年，第 121 页。

② 海德格尔：《形式显示的现象学：海德格尔早期弗莱堡文选》，孙周兴译，上海：同济大学出版社，2004 年，第 10 页。

看中展开描述，把各种描述排列下来，再找到所有描述中那个关于现象的不可描述的部分，或者说所有描述中必然被描述的共性的部分。这就是说，先确定一个个体，再通过不同的个性展开关于个体的个体性描述，然后在这些描述中寻求那个共性描述。把这个共性描述作为基本的地基，重新还原到对个体的基本描述上，展开对个体现象本质的基本描述。

那么，为什么它世界化（es weltet）与它价值（es wertet）并不相合呢？因为世界化的发生时刻并不一定意味着价值的生成。原因在于，它们展开的层面其实不一样。前者是在有无层面，而后者比有无层面更具体一些，也更加复杂化，是在善恶层面。故尼采的重估一切价值某种程度上是为回归世界化做好准备，通过对价值的去价值化，让世界重回世界化的原始领域，试图让世界重新进入另一个开端的开展。不过，如此理解也只是海德格尔解释的尼采思考，而非尼采本身。

在第三节中，海德格尔进一步对体验结构进行描述，描述那个过程与发生事件即本有到底是如何："我的自我完全从自身而来，一道在这种观看中回响。"[1] 这是在表明，自我在一种不是非自我化，或者叫无我化的进程中，成为自我。这个进行过程本身是一种回响，回响就是回光返照的意思，即，自我自身赢取自身的意义，是在不断"回返"中达成的。我的自我是在不断成为非我的过程中完成自我的。我们发现这种讲法其实很像黑格尔，但与黑格尔不同的是，海德格尔认为，在自我不断非我化的过程中，自我的起点并不是低级而抽象的，而就是最直接的世界本身，世界本身并不能说是逻辑的低级阶段或者抽象的原始起点。世界就是丰富的自我不断无我化过程的背景与处所。因此，只有在当下的自我不断回光返照的过程中，才有对于周遭世界的体验的发生，世界也才展开为世界的样式。"我根本不再是有所确定的自我。"[2] 在本有的体验中，"我"成为一种被禁止的东西，

---

[1] 海德格尔：《形式显示的现象学：海德格尔早期弗莱堡文选》，孙周兴译，上海：同济大学出版社，2004年，第11页。

[2] 同上。

就是说，我被规定为不能再是某个确定的我，我必须是开放的我、未完成的我。"作为体验的确定只还是体验的一种残余，它是一种脱弃生命。"① 这是说，当我们进入本有体验的时候，我们为了确定体验而做的努力都会成为一种失败的东西，因为这种确定本身就是在脱离生命活生生的发生状态。用一种可勘定的、可被认成自我的假象来确定体验，这本身就是对体验的一种背离，已经不在体验之中了。

正因如此，海德格尔接着说道："对象性的东西、被认识的东西，本身是疏远的，是从本真的体验中被提取出来的。"② 本有的过程本身会在我们的对象化的自我化中自行消失，而这种消失，使得所有的对象化都变成了一种客观化，所有的本有发生之过程，都被还原为最低限度的自我关涉状态。也即是说，当我们用一般形而上学思维的时候，它会在认识的过程中把现象学思维赖以产生的那个东西遮蔽掉，并使得事物的本质不再是那个在前状态中给出的东西，而是在理论中被自我论证的东西。可是，在一般形而上学的思维方式中，我们不在具体世界中的某个东西中运作，而是在某个类似"平滑空间"的概念空间中运作，这种思维方式就导致，仿佛我们的体验必然是在某种孤立的类似纯概念或纯数学的空间中进行的。其实不然，我们的体验本身是在真实世界的背景下进行的。一般意义上的理论思维，也就是形而上学的思维方式，是脱出生命（ent-leben）；而体验，真正现象学式的思维，是要展开生命（er-leben），也就是要活出生命，而不是脱离生命。③ 海德格尔相信，一定有什么东西发生了。但这个发生又不是一个过程，而是一个事件。事件这个概念表面让人费劲，其实是这样：如果事件发生了就会有一个过程，作为过程而发生，它就会有起点和终点；但如果是一个事件，那么它就是另一个层面的东西，是无始无终的，只是碰到了这么一个事件，事件是偶然进入了我，是有什么发生找到了我，而不是我这里发生了什么。"体验并没有在我

① 海德格尔：《形式显示的现象学：海德格尔早期弗莱堡文选》，孙周兴译，上海：同济大学出版社，2004 年，第 11—12 页。

② 同上，第 11 页。

③ 同上，第 12 页，译注。

面前消失。"① 本有体验按照它的本性，就好像一种客观的东西摆在面前一样，一旦发生就不会消失。海德格尔的回看过程，与其说是观，不如说是在定（海德格尔谈观入在者时，已隐含了某种"毗婆舍那"的运用）外看，也就是说，他需要用逻辑与语言来看，他需要描述那个体验到底是什么，如何发生的。那个体验并不是过程，而是一时具现的。"在质朴地理解体验之际，我并没有看到什么心理的东西。"②

本有体验本身并不是心理体验，而是一种存在体验。这里谈论体验就是为了考察差异经验产生的原初场域。差异的这种思维，或者说哲学原初的思的经验来源如何聚集又如何启动，宗教学内部会认为体验本身是非常重要的不为人知的来源。按照唯识学，本有这种空性体验的发生，虽然不是一般意义上的心理体验，但是无为法层面的心理体验，但这个体验又不是简单的心理层面的东西，而是深层心识涉及的体验，是真如无为法层面的体验，比心理学层面的体验更加细微而不易琢磨，这部分是海德格尔还无法涉及的。因此，他说："发生事件（Er-eignis）也不是说：仿佛我是从外部或者从无论何处居有体验的。在这里，'外部'与'内部'就像'生理'与'心理'一样，都是毫无意义的讲法。"③ 这段讲解非常精彩！在体验中，内部外部这种二元对立已经被消除，只有一种存在者与存在合一的经验，这种感觉可以说是超越身心二分的一种与生命本体合一的经验。这种经验一旦发生就还会找到，但是否能够一直保持是不一定的。海德格尔说体验没有消失，那说明他还沉浸在那种合一的经验中，讲解不过是对那种经验的概念性回忆，但概念不是既有的，故而需要激活旧概念的用法或干脆在阐释中创造新概念。如此体验就是本有，即发生事件（Er-eignis）。本有就是那个体验，体验就是本有。这是最开始谈本有的一个切入点。文章的最后，海德格尔是有所警惕的，他所谈论的体验也不过是一种实物，这是没有办法的，因为只要想去谈论，就必然对象性

① 海德格尔：《形式显示的现象学：海德格尔早期弗莱堡文选》，孙周兴译，上海：同济大学出版社，2004 年，第 13 页。

② 同上。

③ 同上。

地谈论，想要不对象性地谈论 etwas 是不可能的。

通过细读这篇文本，我们初步理解，类似空性的那种差异化体验本身可能才是海德格尔所有运思源泉的事实性基地。若我们姑且愿意接受海德格尔作为思想家的伟大，在笔者看来，海德格尔的差异性思考具有宗教性背景，这种从宗教而来的差异性体验方式是形式指引方法诞生的重要策源地。体验在某种宗教恩典性时刻突然发生并从外部切入，哲人在对体验的表达中才不断地寻求并创造概念，进而为表达对差异化本源的领会而一直运思下去。对体验的形式化尝试，将带我们进入对"形式指引"这个概念的初步把握，这是下一节要谈的重点。

3.2　形式指引

让我们把视角转向《宗教生活现象学》中的相关篇章，其中关于形式指引的内容非常重要，为了解形式指引这个差异变体如何形成其独特的概念形式提供了方便。当年海德格尔本来是要讲保罗书信，但几乎有一半时间是在讲解形式指引，甚至引起了选课学生的不满，以至于他不得不在学期后半段讲解保罗书信，但这也侧面证明了要理解宗教生命这种特定此在的生存论建构，须从形式指引这一方法入手，对此方法的领悟对于理解存在作为差异问题至关重要。在文本中，海德格尔如是说：在存在学[①]方面，哲学关联的是意识的原初构成。意识对象都必须服从原初的构成形式。什么是原初的构成形式呢？其实就是意向性结构。意向性本身作为一种形式是先行存在的，而且按照胡塞尔的讲法，应该是意识所要关注的问题域。海德格尔提示我们对胡塞尔的"形式化"（Formalisierung）与"总体化"（Generalisierung）的区分有所领悟："总体化说的是依照种类的普遍化。"[②] 就是在共相意义上说，一级共相与二级共相不同。打个比方：红色的苹果。这个红色

---

① 孙周兴先生将 Ontologie 翻译成"存在学"，传统翻译成"存在论"或"本体论"。

② 海德格尔：《形式显示的现象学：海德格尔早期弗莱堡文选》，孙周兴译，上海：同济大学出版社，2004 年，第 67 页。

与黄色、蓝色，都是一级共相；而所有这些东西与其他的一些东西，都可以叫属性，这就是二级共相。前一个叫总体化，后一个叫形式化。在一般属性中，你无法找到红色，但你可以找到色彩属性这一栏目。这意味着，色彩属性本身对于红色是一级共相，而属性之于红色就是二级共相，也就是形式了。例如，通过红色和色彩属性二者，我们直接揭示红色的形式本质是什么。对形式的述谓就不受具体的事实制约，但这个形式又不是无起因的。形式的起因从具体之物而来，但又不在具体之物中。因此，形式就成为某种因缘式的姿态关联[1]，此时，现象学的看所要看到的那个东西，就变成了一个在姿态关联中呈现的东西。"对象是一个被给予的、合乎姿态地被把握的对象。"[2] 这个意义上说，形式化与具体的内容无关，而只是从纯粹的姿态关联而来。这种思维本身的问题是，到底形式本身是个实体，还是就仅仅是空洞的形式本身呢？如果并无内容可言，只残留了形式，那形式是可独立实存的吗？实际上，这种没有内容的形式的存在本身是一种幻象。这部分，传统形而上学却不容易接受。好比形而上学无法承认数学公式真理的存在是一种幻象，其实笔者这里说幻象是类似佛教所谓亦幻亦真之义。

海德格尔接着讲，形式指引中的形式并不是与内容对立的那个形式，也就是说，不是一般意义上说的那个被构形的形式，而是更原初意义上的、在体验中获得的实事领域的形式。也就是说，如果体验的对象，即那个本有的领域是某种形式的话，实际上它的确可能是某种形式性的东西，但体验本身与形式区域的关联并非形式化了的。这里的区别就是，是否可以被陈述。一般的形式化当然可以被陈述，但形式指引原初区域并不能被陈述，因为它是最一般性的区域，我们无法对其中的所有对象做出陈述，但形式化的区域就并非如此，可以通过形式化而陈述所有对象。这样看来就非常清楚了：形式化情况恰恰与普遍性联系在一起，而

---

[1] 海德格尔：《形式显示的现象学：海德格尔早期弗莱堡文选》，孙周兴译，上海：同济大学出版社，2004年，第68页。

[2] 同上。

形式指引的情况并不是与普遍性联系，而是与个别性联系，而那个个别性的一般性却是不可说的。个别性的一般性本身也可以说是一种普遍性，但与形式化的普遍性又不同，它是实体性意义上的普遍性。不同的东西，它们有共性的地方，但它们彼此只是属于其自身的那个部分，那个原初的事实领域的个体的一般性却是无法抽象的，也无法道说。那么问题来了：被经验之物如何在意识上被经验呢？若是把意向活动（noesis）与意向相关项（noema）^①当作一对在现象学意向中启动的能所结构的话，那如果能、所本来是分开的，就会被问及一个内在的隐秘过程，即能是如何与所相联系，并且构成了经验的。能所本来就是一体的，根本不存在没有能的所，也根本不存在没有所的能，这个能所之间的意向性结构是必然的。意识是对某物的意识。换句话说，能必然是对某个所的能，而所必然是某个能作用下的所。在这个意义上说，意向性就是意识本来的结构。差异本身离不开意识中的能所结构，更离不开意向性本身，其在海德格尔这里换成了某种存在论层面的探索进路。

被经验物、能经验者、经验本身三者也并不是简单的三个东西，其实在经验本身的开展中，能经验与被经验都是在经验的发生作用中出现的，哪怕是没有实际经验的空洞经验。没有被经验对象的状况中其实也是有对象的，只是那个对象是无而已。经验自身也应当有这种意向性的结构。如果说意识一定是对某物的意识，那么经验也一定是对某物的经验。当经验轮空的时候，经验的对象就是无。这时候若分析起来，将可能有两种无出现，一种是空洞的无，还有一种是实在的无，即空性的无，即海德格尔说为什么有存在而无不存在的时候讲的无。而空洞的无之经验也并不能说没有意义，那是虚无主义的经验。其实，虽然我这里说的好像是经验问题，但根本上依然是思的问题，因思本身就是一种经验，而思本身这种经验必然也是要回归到意识领域的意向性结构上去的。如果意向性是作

---

① 高建民：《胡塞尔"noema"概念的双重内涵与双重维度》，《社会科学家》，2013 年第 8 期，第 30 页。

意结构的话，那么触，也就是身体的知觉，也具有意向性那种特征，即身体感受本身也应具有意向性结构。以佛教唯识学做类比，意向性就是心识五种遍行作用的"作意"作用，遍行贯通一切处，故梅洛庞蒂谈的身体意向性是很深刻的洞察。[①] 当我们说思考一定是对某物的思考时，思考实际上是第六意识的分别作用，也就是说，分别作用本身一定是与某物相关的分别，并没有不涉及任何一物的分别。思也是如此，思是更深入的想，是不再加入分别的想，但这种想是第七识的作用，它依然是对应某个对象存在的，只是它所对应的存在是更加细微的第八识，它的结构也是对某物的思。[②] 或者说，思必然是对某物的思，其实这就是在谈差异问题。

　　构成是一种形式化的过程，而意识具有构成的作用，但它并非唯一的作用。把意识的构成作用当作唯一任务的就是黑格尔哲学。接下来海德格尔讲，形式化如何也是一种排序，或者，为什么说总体化是排序。因为当我们说红色、白色、黄色所有都叫颜色的时候，这所有的颜色排列在一起，并且各自是各自从一个对象到另一个对象的规定。而形式化呢？形式化是说，颜色是属性。那么还有什么是属性？很显然，长宽高也是属性。而长宽高与红白蓝之间并不是并行排列的。形式化不受对象的具体内容影响。当红与长被同时叫作属性的时候，它们二者是被当作一种一般对象，即认识所朝向的东西。所以说："'一般对象'的意义说的只是：理论的姿态关联的'朝向目标'（das Worauf）。"那么，"形式化原初地只是通过这种构形（Ausformung）而产生的排序"[③]。形式化并不直接构成区域，而且排序实际上也是原初的，应该用"混沌"来说更好一点。形式化的原初区域，如果还有某种排列，那么那种排列可以形式化，只是尚未形式化。但形式指引所

① 杨大春：《杨大春讲梅洛－庞蒂》，北京：北京大学出版社，2005年，第132页。

② 张庆熊：《熊十力的新唯识论与胡塞尔的现象学》，上海：上海人民出版社，2006年，第138页。

③ 海德格尔：《形式显示的现象学：海德格尔早期弗莱堡文选》，孙周兴译，上海：同济大学出版社，2004年，第71页。

指引的那个体验领域实际上是混沌领域。所谓的混沌是说，那个领域虽然看起来是混乱的，但本身也具有理性，只是那个是蝴蝶效应意义上的理性，那种因果的直接关联性效果也不是简单的一对一的效果，而是取决于体验所把握的生命原初条件。体验混沌的那个无极——本有状态——因此是不可预测的。而且，对本有的体验极端依赖于初始条件，初始条件一旦设定就会形成不同的因果关联形式，细微的扰动就可以导致完全不同的形式化结果。讲到这里，我们发现本有体验的那个部分说是混沌也未尝不可，但混沌本身只是一个方面，这个方面是在说本有二元而分之前的那个非理性的层面，它是在非理性的局面下的一点理性因素的延展。反过来，本有也有纯粹理性层面的部分，就是被我们比喻为设计论的造物主的部分。那是绝对的理性，但那个理性中又蕴含了一点非理性，不然二元分裂根本就无法展开。这种阴阳未分的交融状态是体验空性经验的丰富内在。所以，数理本身可以从原初混沌中形式化地得出，可原初混沌却不仅仅是数理逻辑问题。它更像一个数学家，有数学的所有精确理性特质，也有作为一个人的基本非理性因素，比如愿望。于是，数理科学就被形式化地分离了出来。

在现象学中，范畴直观当然首先关于形式，而在胡塞尔那里形式就是内容。在范畴生成的过程中，形式与内容是统一的，但其实这只是一个关于意识的问题。当我们问及质料时，当海德格尔谈论存在而不涉及质料层面如何在意向性中被组建等问题时，就会显得捉襟见肘。那什么是现象学意义上的现象呢？"什么是现象？现象本身就只能在形式上得到显示。每一种经验（Erfahrung）——作为经验活动（Erfahren）以及作为被经验者（Erfahrenes）——都可能'被纳入到现象之中'。"[1]在且仅在形式上得到显示的那个东西就是现象。这种说法似乎很奇怪！为什么只在形式上得到显示？那质料呢？质料本身就完全忽略不计了吗？仅仅在形式上得到显示的就是现象。如果这种观点是海德格尔的真实想法，我倒是发现

---

[1]　海德格尔：《形式显示的现象学：海德格尔早期弗莱堡文选》，孙周兴译，上海：同济大学出版社，2004 年，第 72 页。

了他没有涉足伦理学的一个关键原因，即这种形式指引的方法本身或说来自亚里士多德的关于形式的教诲对他的理解所带来的影响本身就有缺陷。这意味着，映入海德格尔眼帘的现象，就根本是一种形式而没有质料。现象学家眼中的现象就变成了不够真实的现象，因为现象学家只盯住了现象的形式指引所展开的真理。可现象很显然不仅仅是形式，而且首先不是形式。在经验中首先发生作用的是质料运作。如果是这样的话，海德格尔自己就会出现矛盾。这或许同样是亚里士多德的矛盾。一方面海德格尔在讨论体验或者经验的那种原初性，那个被给出的东西，这部分其实不能离开经验，而经验难道是去经验一个形式吗？如果海德格尔的体验仅仅是一种形式，那么那个东西只是被海德格尔分析出来的，而不是他实际经验到的。但是我们又发现，其实他应该不是仅仅分析出那个东西的存在，而是实际体验感受到了那个东西的存在。所以，那个东西并不仅仅是形式性的。但是，这里他又说，现象仅仅是某种形式性的，是在形式上得到显示的。这就是一种矛盾，此矛盾来自海德格尔对亚里士多德的过分依赖，也是哲学思维难免的自身界限。

海德格尔用一句话表明，他对经验的限定是经验也是一种现象，而经验活动与经验对象或叫被经验者都可能是一种现象。现象因此是在三个层面展开的，所谓的内涵、关联、实行就是能所与过程。也就是说，现象是在能所与过程的三个方面中展开的。那么，体验本有的那种经验，如果作为一种现象，它的展开必然也是从这三个方面而来的，即本有经验的内涵、本有经验的关联、本有经验的实行。海德格尔认为，这个本有经验的显示是一种形式指引。比如，本有经验无论是否被经验者所体会，都只能显示为具体的语言中的提示，比如"有某物被给出"（es gibt etwas）。这一下就明白了，海德格尔所理解的现象是非常深刻的。他所理解的现象就是本质。而且，这个现象背后是没有本质的，现象自身所显现的那个形式可以说是现象的某种本质性因素，但那个东西依然与现象一起构成了作为本质的东西。问现象的内涵，就是问体验到底是什么；问现象的关联，就是问体验与什么相关；问现象的实行，就是问到底体验是如何体现在具体标记中的。现象学在海德格尔看来就是对现象在内涵、关联、实行三个方面的整体上的阐明。阐明意味着描述与解释，也就是说，他所理解的现象学是在对一个现象，在内涵、关联、实行三个方面做描述与解释，即在能、所、过程三个方面做出描述与解释。内涵就是意向作用，关联就是意向相关项，实行就是现象运作的过程，也即是意向活动本身。这种对现象的界定，实际上并没有背离胡塞尔的基本道路，只是把胡塞尔的那个意向性结构用在了现象本身而不仅仅用在意识上。更确切地说，海德格尔把那个结构用在了生命，即此在，或人身上。人作为一种现象，如果要考察人，则需要从能、所与过程三个方面进入，也就是描述并阐明人作为人的内涵，即人的意义；人的关联就是世界，世界的内涵与意义因此也需要被揭示，进而与人关联的当然不仅仅是世界的意义，还有烦恼、死亡、痛苦、欢乐等的意义；进而人这种现象如何成为自身，如何在世界中操劳，也就是人的生存，这个生存过程本身的意义就成为有待揭示的东西。

虽然我们认为，如果按照亚里士多德古典路径，形式—存在学就无法涉及质料，因而也就无法规定那个"什么"（was），根本就无法预先判定什么是需要研究的对象。实际上纵观哲学史，形式成为支配性因素，那种对事物的客观性的形式规定成为哲学最基本的规定，形式就成为比质料更本源的东西了。但越是本源越是空洞，看起来越是形式化越是脱离生命本来的实事。而且，它进一步就"掩盖了实行因素，而且片面地以内涵为指向"①。这就好比无法在一开始就规定人；就算规定了人，也是形式意义上的人，而不是关于人本来面目的那个质料与形式尚未分离的人。过分强调对形式的人的研究，就无法展开海德格尔所谓的第三部分的实行，即，无法展开那种对具体的人的生存论问题的探讨。形式指引就是要指出这种偏见的不足，必须避免这种过分以内涵为指向的偏见。我们因此看到，形式指引中的形式，并不是一般意义上与质料对立的那个形式，而是有质料成分

———————

① 海德格尔：《形式显示的现象学：海德格尔早期弗莱堡文选》，孙周兴译，上海：同济大学出版社，2004 年，第 73 页。

在的原始形式，那个被经验的原始状态。可是，如此为何还要叫形式呢？形式指引是为了让现象保持为一种敞开性，让各种关联的意义保持为不确定，而不是预先被给予。实际上，现象的关联与实行是不能预先被给定的。当现象的内涵被保持为形式之时，关联也就被保持为开放的可能性，而实行也就同样可以在不确定性中被展开。难怪形式指引是在防御（Abwehr），就是防御关联发生断裂与实行被提前预订。实际生命有沉沦的倾向，而这种防御并不是没有意义的，它本身就是从对沉沦倾向的体验中得到的一种姿态。我们从沉沦中把现象拯救出来，如此现象如其所是地显示自身，让现象的内涵不断地充实，关联不断地丰富化，实行不断地更新。"形式指引具有现象学阐明之开端的意义。"[①]就是说，它具有现象学描述与阐释开端的那种引领性意义。现在，试着把形式指引的原则运用到历史这个现象中去，那么会产生什么效果呢？历史的内涵、关联、实行三者之间是如何运作的呢？这就意味着，我们要问：我们如何描述历史，进而展开历史的内涵与意义；我们如何发掘与历史关联的那些关联项，进而发掘到底什么与历史关联，是什么组建了历史；历史的进行，那个当下的历史活动，在历史中并书写历史的人，他的生存是如何展开的，什么是人的历史性生存，什么是历史的真理，真理如何又是历史性的。一般人们对时间性的理解，是对时间问题的一种误解。时间的原始经验要求我们不要在流俗的时间中讨论时间。我们要追问的是"在实际经验中时间性原始地是什么？什么是实际经验中的过去、现在、将来？"[②]也就是说，历史首先是一个时间性问题，而重新思考时间是什么，才能更好地展开对历史是什么、历史与什么相关、历史如何组建自身这些问题的探讨。

上面关于形式指引的非常抽象的辨析旨在说明：形式指引是从体验而来的差异性现象学方法论。对它的清晰认识，为下面讨论此在与存在本身之差异，乃至

---

① 海德格尔：《形式显示的现象学：海德格尔早期弗莱堡文选》，孙周兴译，上海：同济大学出版社，2004年，第74页。

② 同上。

历史性此在中神学讨论之于"历史性此在"的问题提供理论方便。我们将在下面两节先对差异化的最重要概念——"此在"——做一个简略的交代，而此种交代主要集中在对《存在与时间》导论的概括性提法，细读文本并审视其导论篇章中关于发问结构等问题的基本提法，让我们看到此在是如何被析出存在者领域并进入海德格尔理论诉求中的。我们将不难看到，此在作为一个在时间性中承前启后的差异要点，虽然表示为存在问题，但依旧是从差异问题展示出来的结果。

3.3　《存在与时间》中的"此在"

毋庸置疑，《存在与时间》是海德格尔的成名作。有人认为此书是人类学著作[1]，有人则认为此书更像是某种披着存在论外衣的神学著作[2]。本节转到《存在与时间》，是为了谈论"此在"。谈论此在是为了观审存在论差异的内在秘密思路，它是如何在关于此在的生存论建构中得以凸显核心意义的。而通过此在之 Da- 来展开对本真时间性视野的展布，本就是对形式指引这种防御工具更成熟的攻击性用法，虽然其问题也随之非常明显地出现，那就是看似无法抹去的在场形而上学的残留意识，而这种克服恰恰需要通过后期对存在论差异进一步的跳跃式反思与克服而得到重新创造性阐释，以便在阐释中使差异问题越过存在论差异而直面差异本身。在《存在与时间》中，海德格尔谈到：存在是存在者的存在，所以要问及存在的意义，就要由存在者问意义；在所有的存在者中，只有此在具有提问的能力，而这种可以问及存在意义的存在者就具有了优先地位。人这种存在者是可以追问存在意义的，所以自然而然地就此在（人）进行阐释。在《存在与时间》中，此在就是人的存在，但又不是一般人类学或者哲学中的人，而是某种带有宗教意味的人，因为他会沉沦，会畏惧，会操心，但这恰恰是海德格尔不同意的。

---

[1]　"转向"问题的争论，参见柯小刚：《从〈存在与时间〉到〈哲学论稿〉》，《现代哲学》，2011 年第 1 期。文章载自：《古典文教的现代新命》，上海：上海人民出版社，2012 年。

[2]　参见陈治国：《海德格尔的形而上学解构与神学的三重关系》，《山东大学学报（哲学社科版）》，2012 年第 5 期。

此在对世界操心（Sorge），对他人操持（Fürsorge），对事物操劳（Besorge），而此在在世界中的这种现身情态本身，其根本思维结构的指引就是从发问结构的现象学分析而来的。此在因此不断地敞开自身，也就是对自身的生存获得启示。敞开永远在开拓中，而开拓的区域就是无蔽的澄明之境，当然这里的意义与后来的解蔽（aletheia）还是有微妙的分别，此处是从此在出发而谈的，而不是直接就存在本身。这个过程就是存在去"在"（动词用法）的过程。那么，要审视此在作为存在论差异的核心要点的意义，首先，我们要回顾一下《存在与时间》导论开篇是如何展开对存在问题的讨论的。实际上，对于导论对存在问题产生之策源地的清晰细致文本阅读，将为我们更稳固地把握此在的意义提供基础。

其实讨论此在就是把存在论差异聚焦到了一个点上，这个点就是 Da-。Da- 作为原初之物体验发生的境遇，被概念化地把握为"在此"。①《存在与时间》导论第二节，海德格尔把重提存在问题安置在重新学会发问这个关键点上。也是在这一节中，海德格尔开始关注存在问题的提法。他说我们要首先讨论一下存在问题自身的形式结构，就是说，我既然问出这样一个问题——"存在是什么？"那么我是如何问出来这个问题的？我先要弄清楚，所谓的"问问题"究竟是什么意思，一般意义上的提问（问答）基本的形式结构是什么。他说："任何发问都是一种寻求。任何寻求都有从它所寻求的东西方面而来的事先引导。"②我们再来看发问这个现象，这个现象也必然有寻求现象的形式轨迹，寻求需要一个寻求者和一个被寻求物，通过找的过程，结果是寻求者把被寻求物找到了。同样地，发问的结构是"就……而问"，类似于"就……而找"。所谓寻求的意思就是在某种形式指引下，我们慢慢展开对要寻求之物的领会。"任何发问都是一种寻求。任何寻求都有

---

① 海德格尔：《存在与时间》，中文修订第 2 版，陈嘉映、王庆节译，北京：商务印书馆，2016 年，第 193 页。

② 同上，第 9—10 页。

从它所寻求的东西方面而来的事先引导。"① 日常生活中，我们寻求一个东西，意味着我们先有关于我们要寻求的东西的某种概念与认识，我们必须对我们要寻求的东西有所理解，比如，我要找一个苹果，我要找一部手机。我们说话不会这么说："我要找。"找是必然有一个动词宾语的。这就是说，那个被你寻求的东西先行指引你去找它，让你可以发起寻求的这个行为。但这里也并不是说，一个苹果对你讲话，仿佛它能够表达一段话，以表明需要你来找它。这里倒是仿佛苹果对你有一种吸引力、魅力、诱惑力，或者说是某种魔力，它散发出来一种把你抓过来的力量，让你去寻求它。

发问的结构是"就……而问"。发问既包含了问题本身，也包含了被问的东西。就存在意义问题而发问，"问之所问是存在（是）"②；问存在的意义，即问存在的意义是什么。发问是生命自性的功能，我们必然可以发问；我们能问，是我们本己的特征。但发问也有区分，发问可以是问问而已，一般性地问问；也可以是根本性地问，比如问生命的意义是什么，问存在的意义是什么。但是这种根本性的发问，必然要在能问、所问、问题都明晰的时候，才能真的问出成果。换句话说，人是一个发问的存在者，人要是想问出来存在的意义，恰恰需要人透彻明白人为什么能问，问题自身是什么意思，被问及的东西是什么意思。这些都明白了以后，人才能真正知道"问问题"这个事情的意义。接着，我们之所以要问存在的意义，这正是从存在自身发出来的一种呼求。类似于问：是是什么？（为显示本真发问的艰难，这里我们故意问：是是什么？而实际上应该写为：存在是什么？）当我们想要问"是"的时候，我们已经对"是"有了某种领会，我们已经在用"是"这个字，不然我们无法问出这个问题；但当我们问的时候，我们并不真的知道"是"的意思。同样地，能问者并不知道"是"的意义，但若是全然不

---

① 海德格尔：《存在与时间》，中文修订第 2 版，陈嘉映、王庆节译，北京：商务印书馆，2016 年，第 9 页。

② 同上，第 10 页。

知道，他甚至不能说出这句问话；但若说他真的知道，为何他又要问这个问题呢？"什么"所能给我们的东西，已经先行从"是是什么?"中的第一个"是"进入第二个"是"了，这样我们才理解了是"什么"。我们不能否认的事实是，我们虽然不能很准确地定义和说出"是"的意义，但我们毕竟已经领会了"是"的意义。

顺此，海德格尔问道："有哪些方式可能或必然使存在的意义变得晦暗，可能或必然阻碍鲜明地照亮存在的意义?"[①]此处说的事实是某种不能确定的、摇摆不定的现象，而且，它所给出的只是字面的意义。我们虽然某种程度上也算领会了"是"的意思，但实际上还是远远不够的。可我们不要认为这个现象不好，也不要认为把"是是什么"真的固定下来，独断论地给出的结果就一定是好的。海德格尔决定暂时不讨论这个现象，因为这个现象还不能一开始就被廓清。他的意思是，只有凭借更丰富的存在概念才能更好地把这个现象描述出来——现象，即为什么我们总是如此平均地、含混地甚至表面地领会着存在却又不确切地知道存在的意义。这种现象到底意味着什么? 是如何可能的? 有哪些方式必然会让我们不断地进入这个平均的状态中，而或多或少地、必然或偶然地阻碍我们对存在意义的展开? 其实，阻碍因素有很多，比如：常人，事障与智障，各种善恶心所，心本身的五遍行的作用，不相应行法的时、方、数，各种范畴，有所建立的心理（得），真实与虚假的执着，名言文字的执着，真理作为实体性的某物之执着，甚至思本身希望能有效地彻底地把此问题解决的执着，即思本身就是一个非常强大的阻碍。[②]那么，什么是"平均且含混的领会"? [③]平均且含混的领会必然存在着各种各样的法执，那些流行的意见充斥着我们的领会。有如此多的法执的领会充斥着我们关于存在意义的平均领会，它们若是作为真正意义的源头，又不

---

① 海德格尔：《存在与时间》，中文修订第 2 版，陈嘉映、王庆节译，北京：商务印书馆，2016 年，第 10 页。
② 参见世亲所造《百法明门论》，窥基解疏，莆田广化寺版，2012 年。
③ 海德格尔：《存在与时间》，中文修订第 2 版，陈嘉映、王庆节译，北京：商务印书馆，2016 年，第 25 页。

能自证为真。

故存在者的存在不是某个具体存在者，这就是差异，我们不能用存在者的标准来要求存在本身。存在本身不具备存在者的性质。所以，不能通过某些存在者来解释存在本身，不能用一些存在者解释另一些存在者，并以为就此解释了存在本身。那应该如何描述存在本身呢？它需要一种属于自己的展开方式。如同存在的那种差异真理的展开方式是独特的，存在本身展开的方式是有别于一般存在者的揭示方式的。要问存在问题和存在的意义，问这两个问题本身也需要一种不同于存在者的概念方式。重新获得这种概念方式是困难的，因为它有别于那种流俗的、用来规定存在者意义的概念方式。问意义就是逼问。从人身上逼问出人性来，进一步逼问出神性来，这都是从存在者身上逼问出它的存在之义。但逼问的过程会出现的问题是：存在者会歪曲它的自性，会认假为真，把不是自性的东西说出来，如同人是会说谎的。这就意味着：若想让存在者不歪曲地说出他的存在本性，你必须让他像他自己那样地存在，让他就像他自己那样地活着，他以他独特的方式给出存在的意义，即他的自性是独一无二的。进一步，所谓的存在着，何处何事不都存在着，我们到处用这个"存在者存在着"，在各种说话的文法中，都有着"存在者存在着"这个词、这个用法。我们选择先从哪里开始呢？从理解人的存在开始思考是最有意义的且是很现实的，因为我们之所以能在这里探讨这一连串的问题，是因为我们是人。我们作为人在思考，我们思考了这个"是是什么"的问题并给出提问。但海德格尔在这里并没有用人这个概念，也没有用生命的概念，他后面用了此在（Dasein）的概念。而在《存在与时间》中，此在可以理解成人的存在。

海德格尔提示，发问的结构就包含了比如审视、理解、生成概念、选择、通达整体性等，这些都在发问的结构中存在。我们看清楚发问的结构，就能看到我们自己的结构。若是可以彻底解决存在问题，那就是说让各种各样的存在者都能得到启示般的光明的透彻可见。存在者的怎么存在恰恰就在于他的怎么提问：他如何发问，他就如何存在。因为发问本身的结构就是存在者存在的结构方式。海德格尔在这里提出，我们这种存在者的特殊之处不是劳动，不是语言，不是政治，而是发问。言外之意，其他的一般存在者不能发问，人类可以发问。此在在这里专指人类。我们需要先就此在的存在来说明存在的意义。这里似乎有一个好像是循环的怪圈：一方面，我们似乎只能用存在来规定存在者，存在不同于存在者；另一方面，我们似乎必须从此在来讨论存在的意义。这不是循环论证吗？循环论证是说：只有在解答最后答案时才能得出的东西在问题的解答之初被当作理所当然的前提使用了。在科学研究领域，这是典型的循环论证。那海德格尔如何克服解释学循环呢？海德格尔说：根本就不存在什么循环问题。因为人完全可以在不知道生命意义的前提下活着，存在者完全可以不清楚存在的意义却实实在在地存在着。若这是不可能的，那一切存在论（本体论）的探讨从哪里来？之所以探讨本体论，恰恰是因为这个处境，即不知道本体是什么，不清楚本体的意义，但已然存在着、活着。但存在论的问题在于，它们虽然也涉及存在问题，但存在总是作为一个存而不论的东西悬置在那里，作为一切知识的前提。存在论哲学家从来没有想过存在的意义到底是什么，可不可以知道，如何知道。存在作为前提，不是那种非此即彼的前提性的东西；它可以渗透进存在者中，我们就是那平均的存在领会的收纳者。即使如此，我们不知道这个作为前提的东西究竟是什么，但它依然不能说是我们平均地领会存在后作为结果出现的东西。它是作为前提与条件出现的东西，它是根本性的条件。我们若是没有它，甚至不知道如何生活，但生活中的我们并不确切地知道它的整体意义。循环论证的逻辑无非是由逻辑定律内在规定的，但实际情况是，某些后来得出的东西，竟然成为可以得出这些东西的条件。

我们拿鸡生蛋还是蛋生鸡这个似乎仅仅在存在者层面流行的比喻来说，该过程就是不断循环的过程，好像没有意义似的。实际情况是，鸡本身不会提出鸡生蛋还是蛋生鸡的问题，而人会提这个问题。鸡生蛋循环悖论中的人的处境与鸡是不同的。类似的，人是先知道为什么活着才去活，还是先活着才慢慢知道活着的意义呢？很显然，此在并不是先知道为什么活才去活着的，此在是先活着（生存），然后才慢慢去考虑活着的意义问题的。既然我们先活着是个事实，即存在的事实，那么在这个事实下，这个事实没有循环论证。本真事实作为前提，与假设一个前提并推论出结论是不同的。存在作为前提，推出逻辑上所谓模棱两可的情况，即所谓的临界状态。即是说，活着到底是活是死？它其实是个临界①。你不能说一定是活，也不能说一定是死。死与活其实是同时存在的。那么，现象学的解释学要告诉我们的也是如此，解释学循环中原因与结论俱在，开端与结尾俱在，它们如同蛇头与蛇尾，根本是不可分割的两部分。但哲学并不能接受这种循环，至少传统形而上学是要克服这种循环的，因此必然有个存在意义的开端与来源的问题。海德格尔说，对于这种世界中无处不在的解释学循环情况，我们要放弃论证的企图，而要去显示，且只能用现象学显示。这暗示了要放弃形式逻辑的基本方法。但如何学会显示呢？显示应该如何操作呢？显示必然需要描述，而描述若是没有形式逻辑如何让人理解呢？其实，显示本身即使没有逻辑基础依然可以被理解。理解本身并不一定需要一个逻辑图示。此在有优先地位是因为此在可以发问，既然如此，在发问的结构中，此在就与存在有了某种与众不同的联系。不能发问的存在者显然就比此在与存在的关联更靠后一些。既然此在本来就与存在有千丝万缕的联系，在发问中彼此不能割舍，所谓的循环论证就不再是相互替代的问题，而是你中有我与我中有你的问题，是相互融入的问题。这一点很吊诡的，因为我们似乎不能一下子接受存在问题在本体上可能就是这种情况，而并没有开端与结束的问题，也没有绝对的自性与他者的问题，而只有彼此融入。领会差异问题，即存在与存在者的关系之裂隙（Fuge）之源也需要对循环论证问题的批驳有清晰的认知。

《存在与时间》导论的第三节则集中讨论"存在问题在存在论上的优先地位"。当海德格尔说存在者可以被划分为不同的存在区域时，我们发现，这些具体的存

---

① 关于临界的我思之二律背反，参见陈家琪、张志扬著：《形而上学的巴别塔》，上海：同济大学出版社，2004 年，第 202 页。

在区域的学科都不是研究存在本身的学科。"诸如历史、自然、空间、生命、此在、语言之类",都成为科学专题化的对象被研究。科学简单而粗暴地把这些领域划分开,并固定成一个静态的无生机的对象。① 哲学在科学之前,远在古希腊时期就划分了区域存在论的具体领域。具体领域中的具体概念,恰恰是从流俗的存在论中来的。也就是在科学产生之前,范畴的划分、各种科学领域的亚里士多德式原始划分都已经做得相当完备了。但是科学其实并不是仅仅通过收集实证的资料,而把这些资料与结果堆积在手册中,科学的任务是通过对各种已经被亚里士多德划分好的领域的提问与反思获得它自身的领地,比如伽利略反对亚里士多德力学的基本概念,哥白尼反对亚里士多德的天体物理学假设等等。所以哥白尼革命式的科学研究,其实正是反对存在论原始固有倾向的力量。托马斯·库恩的科学范式的论文谈到了这个意思,而我们发现海德格尔其实早就说过了。海德格尔讲得明白:真正的科学运动必然在于对科学中那些基本概念的修正与动摇。一门科学的科学性,就体现在它的基础概念有多大程度的抗击打性。如今,各种学科都有想要把研究建立在更新的概念基础上的倾向。数学中的形式主义与直观主义之争来自数论中的哥德尔定理;相对论则是此危机在理论物理学中的表现——把一切定义为相对性,进而让牛顿力学可以有所依靠;生物学中,原来的进化论现在受到了基因学与遗传学的冲击;历史学中,通过历史资料研究历史真实,文献史研究变成了问题史研究;神学中,布尔特曼希望更原始地、更丰富地解释人与上帝关系,神学解释必然要借助信仰本身的意义,若是没有信仰本身,这种解释可能是无法产生具体效用的,而路德的因信称义的见解从根本上说并不是来自神学内部的某种信仰基础,而是来自可能的形而上学政治问题。海德格尔说:神学总是缺乏概念方式,而且神学传统概念总是或多或少地掩盖了神学本真探

---

① 海德格尔:《存在与时间》,中文修订第 2 版,陈嘉映、王庆节译,北京:商务印书馆,2016 年,第 14 页。

讨的可能性。①

　　谈到神学问题，海德格尔接着说，具体科学的对象都是具体的领域，那些关于这个领域的基本概念，必然在进入研究之前被先行领会与接受。这就比如当你进入神学研究时，你必然要使用神学研究的概念，而那些概念，包括神学研究的各种区域，如系统神学、教义学、辩证神学、牧养学、圣经研究、否定神学等等，其自身已成熟的概念系统本身在其自身是自给自足的，但对哲学家来说，却依然可能是未经深度反思的。任何个别领域在进行实证之前，都存在一个自身的理论场域，即所谓的区域存在论场域，而那个地方实证尚无法介入；但作为本地的不可撼动的理论权威与传统习俗，那个地方又需要自我更新。即使是逻辑学，在哲学家看来，逻辑按照偶然律来探索真理，逻辑的基础本身甚至都是有待反思的，而真正奠基的工作应该是生产性的。② 这就是说：它先跳进一个具体的存在区域，然后构造起这个区域的基本概念，接着把结构的各部分交给区域存在论去研究，实证科学可以把这些具体的结构作为通达这个"它"的进路，而说到底还是为了回到存在者本身。也就是说，要回到存在，先要帮助实证科学回到此在本身。海德格尔认为：就历史学来说，最重要的是阐释历史上具体的存在者的历史性。一段历史，它的意义关键在于它作为一个存在者的具体的历史性意义。历史学不是为了构造历史学概念，比如效果历史、视野、断代等，或者产生历史学知识，比如唐朝某个地区的茶叶产量；也不是产生通过历史的总结，总结出来的所谓历史是个什么东西、历史应该如何如何这些理论性的结论。康德纯粹理性批判的意义在于他找到了某种自然的东西、本性的东西，这个东西并不是构造出来的，而是此在本己具备的。他的先验逻辑不是某种第二性的、被划分出来的事质逻辑，而就是此在的存在本身的事质逻辑。这就类似于康德探索认识是如何可能的。按照

---

① 海德格尔：《存在与时间》，中文修订第 2 版，陈嘉映、王庆节译，北京：商务印书馆，2016 年，第 26 页。

② 同上，第 27 页。

海德格尔的思路，那也是在直接探讨存在本身的事质逻辑，它绝不偏颇地依存于任何存在论流派的理论，而是最广意义上的基础存在论。很显然，存在论上的发问，比具体区域存在论中对存在者层面的发问更本源。但存在论却从来不讨论存在的一般意义，它只是对存在在各种具体领域中的意义有所描述与堆积，这说明以往存在论研究都还没有搔到本真发问的痒处。那么，传统存在论的任务是什么呢？在于"凭空地"非演绎地构造出各种存在可能方式的谱系，说白了就是哲学家可以凭空地、非演绎地通过脑子想，想出来存在论的不同可能方式。但他们之所以能如此，难道不是因为他们已经对什么是存在这个词有某种一般的平均的先行体会了吗？存在问题（基础存在论）关心的不仅仅是给各种科学可能的先天条件给予保证，更要为所有的哲学（区域存在论）给予保障。基础存在论就是为了澄清存在的意义，而且这其实是它唯一关注的基础任务。故在存在论层面，存在意义问题同样是具有优先地位的。

于是，我们大步来到第四节的内容，即"存在问题在存在者层次上的优先地位"。先从科学问题谈起，科学是一种存在者的存在方式，科学的特征之一就是各种真命题相互连接形成一个可以证伪的整体。海德格尔说，科学既不是此在唯一的存在方式，也不是最切近的。此在与其他的存在者不同之处在于，它与存在本身发生关系。人与存在本身发生关系，动物就不发生关系。此在可以存在在存在论上，而其他的生物不一定如此。那么，此在对存在有所领会，而且还可以创造存在论，还对其他存在者有所领会。此在的规定性就不是一个现成的"什么"了，此在是那种向来要去成为其自己的那种存在，那么这种存在不可能用一个简单的"是什么"就草草敷衍。生存之于此在如同此在之于存在者，生存论建构在此在层面具有优先地位。对存在的一般意义的澄清可以帮助我们进入对此在的生存论分析。数学、物理学、心理学都是此在的存在方式，此在也不得不与数学概念、符号、各种事物打交道。数学也是基于此在自身层面而得以说明的。基础存在论是关于存在一般意义的存在论，通过分析此在的生存论，我们可以发现基础存在论的意义。海德格尔就明确讲：此在，是一切存在论（唯物存在论、唯心存在论、怀疑主义存在论等一切各种存在论）得以可能的条件。没有此在（人），根本就没有这样那样的存在论；此在（人）也在一切存在者层面具有优先地位，这是说此在比起其他存在者与存在更近，是能提出存在问题的，但植物不能提问，动物也不能；此在，人，是让一切存在论放在存在者层面都得以可能的条件，就是说，此在得出如此的存在论，而这种存在论可以解释此在的生存，也可以解释一切其他存在者，此在是这种结合的条件。若是没有人，不要说不能理解人是什么，更不能理解非人的一切存在者是什么了，比如数学是什么也就无法理解了。要做生存论分析，就是要了解此在一般的与独特的生存活动，而生存活动一定是人的生存活动，也即是说在存在者层次上才能说清楚生存论的意义。此外，海德格尔问：哲学研究是什么呢？哲学研究根本上应该是一种正在生存着的此在（人）的存在可能性。在生存的人有很多存在可能性，可以进行哲学研究，也可以不进行。哲学研究是一种存在的样式，当然也是建立在生存论层面而不是脱离生存论的。只有把哲学研究看成一种在生存论层面进行的存在样式，才有可能通过哲学研究对生存论的分析，反过来进入对存在一般意义探究的领域。换句话说，哲学研究之所以能探究存在的一般意义，正因为哲学研究首先就是一种生存着的存在方式，而生存者即是此在。哲学研究就是此在的一种正在进行的生存着的存在方式。

接下来，海德格尔切入亚里士多德问题。亚里士多德认为灵魂是一种实体性的幽灵性的东西，在肉体中寄居。苏格拉底也是这样理解的，人死的时候，灵魂就脱离肉体出去，出生的时候，灵魂就进入身体。海德格尔说，灵魂某种意义上是一切存在者，一切存在者都有灵魂。这个构成人活着的灵魂有两种存在方式：觉知与理解。一切存在者通过灵魂揭示自身的意义，灵魂总是在所有存在者的存在中体现存在者自身的因，换句话说，灵魂总是在人生存即活着时，显示灵魂的意义。再用一点唯识学的知识，我们就知道：第八意识阿赖耶识通过某种方式是一切生命的根本。它构成人生命的基本条件，寿、暖、识三者缺一不可。它的"觉""知"（见闻）是最基本的功能方式。从它自身与它如此这样地存在于生命中来看，是阿赖耶识揭示出生命轮回的意义，而阿赖耶识是通过生命去轮回（去成为生命）的过程来实现生命轮回的意义的。[1]亚里士多德讲的灵魂虽然无法涉及阿赖耶识的层面，但其基本的立场有相通之处。而灵魂问题在海德格尔的哲学中并不是个很显著的关注点，某种程度上可能是他故意有所推避。[2]海德格尔接着说，中世纪教父哲学的代表阿奎那则认为"存在本身"，即上帝，是超出一切存在者之外的某种规定性，它不具备所有存在者的特殊样式，但无论如何，它又存在于所有具体存在者之中。与亚里士多德近似，他认为存在是一种超越者，它在一切具体存在者之外又在一切存在者之中。亚里士多德发现与生俱来大家都有，但又不在任何具体存在者层面可以被规定的只有灵魂这种东西，若只有此在有灵魂，树、动物、数学公式都没有灵魂，此在因此就必然有其优先地位。《存在与时间》中的海德格尔依然还是按照亚里士多德的思路行进，与那种通过主观作用就认为一切存在者全体是现象而另外还有一个理念世界的做法有很大不同。因为亚里士多德等人至少是在表达某种在其中又超越其自身的东西，而这个东西并不是一个主观上虚构的东西，也不是全然与我们无关的东西；它就内在于我们，但又超越我们自身。总结来说，追问此在的存在意义就是建构基础存在论的过程，也只有足够清楚地追问出此在的存在意义，才能更有效地建立起可以与其他存在论比较起来更优先的基础存在论。要想追问存在的意义，首先就要认准此在来问才是有效的，而逼问出此在的存在意义则首先需要从生存论下手。

前期海德格尔很自然地把此在当作人，从人这个角度切入，展开人的生存论结构，而这种结构是在时间性中发生的，所以就不可避免地要讨论时间性问题。他要破除各种流俗的时间性解释[3]，目的是找到通向时间状态（Temporalität）[4]

---

[1]　张庆熊：《熊十力的新唯识论与胡塞尔的现象学》，上海：上海人民出版社，2006年，第210页。

[2]　德里达：《论精神——海德格尔与问题》，朱刚译，上海：上海译文出版社，2008年，第99页。

[3]　海德格尔：《存在与时间》，中文修订第2版，陈嘉映、王庆节译，北京：商务印书馆，2016年，第27页。

[4]　成官泯：《从恩典时刻论到存在时刻论》，《道风》第12期，2000年春版。

（恩典时间）之路。此在是可对存在提问者，是我们表面上向来就是的那个。但能发问只是一个潜能，换句话说，能发问并不意味着我们的问题能问对，海德格尔认为西方哲学的发问就因滑向对存在者之存在的发问而问错了方向，遗忘了存在问题。回到导论中关于发问的分析，此在的特殊之处在于，此在不仅仅是存在者层面的一个角色，也同样是存在论层面的持有者。此在因此就具备了一种二重性，或者说存在论差异。存在论差异其实就表现在此在这个现象上。这里对此在的用法是动词的用法且尚未克服前期人论的影响。从亚里士多德到笛卡尔，人是逻各斯的动物，因此此在生存论某种程度上并不是直接面对作为理性动物的人，而是面对某种需要被置入新的反思之境的加括号的人。此在不同于其他的"什么"，就是说，其他存在者的本质是一个"什么"，而此在不是，它的本质是在生成中的那个，所以此在的本质是生存（Existenz）。海德格尔不认为自己是一个存在主义者，就是因为后者理解的生存依然是主体哲学的残留或叫在场形而上学，它需要通过实存来讨论存在。而存在并不一定是实存，比如后期海德格尔说，无也可以存在，却不一定实存。什么是此在展开生存游戏的时空场域呢？就是这个此（Da-）。当我们说此在的时空游戏的时候，这是后期海德格尔为弥补前期《存在与时间》中对空间性探讨的缺失所推进的要点。而在早期，Da- 还被海德格尔理解为时间性，他不得不通过时间性来进入对生存展开的探讨，其中当然问题多多。比如在讨论到死亡时，海德格尔无法如列维纳斯那样，讨论其作为一个濒死时间节点的生存论结构，虽然海德格尔可能说那只是特殊的一个时刻，他所寻求的或者哲学思维所寻求的是普遍时刻，而哲学思维这种对普遍性的追求恰恰会忽略那种对特殊时刻的审谛。抑或海德格尔对恩典时间本身的领会导致他对拯救充满了信心与期待，而对列维纳斯展现的那个个体绝望的死亡时刻漠不关心。此在的 Da- 是通过把生命拉回生存境遇的一般性中，解构（Destruktion）特殊时刻中的理性的人、在场的人等偏见。此在总是已经在世界中存在。世界世界化，而此在也不断伴随这种世界化的差异性运作差异自身，就是说，从差异中辨认出自身本己的意义。

　　此在在世界中存在，是通过时间来展开自身的。在《存在与时间》第一部分，海德格尔如此带领我们认识到，对生存论的解构性分析本身就是在试图找到时间性（Zeitlichkeit）结构，虽然后来我们知道这种结构的希求来自某种形而上学的习性。第二部分的章节中出现了基督教神学领域中熟悉的一些概念，比如良知、畏惧、决断、死亡现象等，而这些概念通过海德格尔的此在阐释获得某种希腊的概念方式，此在的现身情态的分析因此就不但是哲学的，还暗暗地回返到了基督教神学领域中。尤其是对"被抛状态"和"常人"（Das Mann）的分析，对于了解新教神学的人来说并不陌生，甚至某种程度上非常熟悉，他们知道海德格尔讲的就是宗教徒展开其生存的核心概念。但问题是，海德格尔居然把这些本来很特殊的在宗教经验中展开宗教生活的概念通过哲学的方式一般化，其中蕴藏的问题也就非常多。对日常状态的那种操心是无缘由的，就像无聊或者闲聊一样，是某种客观的实际；而这种从日常状态中获得被抛的常人的领会，恰恰是非本真的。常人不关心真理，他们习惯了随波逐流，其 Da- 的领域恰恰不是属于自身的，而是被置换或洗脑。通过死亡的存在论分析，海德格尔要指出，本真的生存是一种"向死而生"的生存，是先行投递到未来的回返后退，以便获得对当下历史性此在意义道说的倾听。需要反思的是，此在并不就是时间性，而要看此在是不是本真的存在；甚至本真的存在也具有特殊时刻，而特殊时刻的此在具有特殊时间性。所有这些时间性都源自时间本质，或者叫时间状态。《存在与时间》中，姑且可以说此在作为原初差异的一个概念性把握体现了时间性（Zeitlichkeit），但这并不意味着此在已可被作为差异源头来入思。差异性源头，也即存在论差异，被考虑为此在或《哲学论稿》中的此－在（Da-sein）是可以做到的，但并不是全部。因为差异性源头还可以被思为本有（Ereignis）、分解（Austrag）、无蔽（*aletheia*）、无（Nichts）、历史（Geschichte）、存有（Seyn）等。此在自身性（Selbstlichkeit）① 后来发展为本有的自身性，而自身性作为一种此在本己的规定性，在海德格尔后期就不仅仅与时间性相关，还涉及空间性、神性等问题。

---

① 李章印：《海德格尔的"缘—由—引发"因果性》，《世界哲学》，2011 年第 4 期，第 80 页。

到了本有阶段，我们知道本有的差异化运作是自行遮蔽的，所有的发问都会在发问的同时自解构，进而使得所有发问都指向了德里达所谓的"不可能性"。并不是追问本身不可能；追问依然可以进行，可此在能追问的本性确是不可追问的，或说来自某种不可能性的让发问，这种让是一种有之给出（es gibt）的传送，传送当然是历史性的。并非说此之在（Da-sein）就没有了属人性，这种讲法似乎认为此－在只有神性，但其实是"赋本"与"归本"的差异运作的结果，此之在（Da-sein）此时可体现为：全然的无属人性与全然的无神性之不可能性结合，此二重性本为不可能，但本有伟大的差异运作却使之历史性地发生了。在第四节我们会看到，那就是基督之基督性，即人神二重性。这种二重性是一个裂缝（Fuge），或曰天地之间的争执与和解之源，是真正的从本有而来的馈赠，是从时间状态那种可能性中降临的某种恩典时刻（Kairos）。①

3.4　《现象学与神学》中的"历史性此在"

海德格尔在 1927 年在图宾根大学做了《现象学与神学》演讲，并在 1928 年在马堡大学又演讲了一次，这篇演讲稿对领会差异问题到底是如何在历史性此在这个与神学有关的话题中深入展开的变得至关重要，因为它清晰地探讨了现象学与神学之间的关系。我们还是细读文本。海德格尔认为：在流俗的意见看来，哲学是无信仰的，只是为了解释整个生活世界，哲学必然是远离启示因素的；而神学则不然，神学最深切地关乎启示，并且是归于信仰的生活之表达。哲学与神学在这个意义上是相互对立的。这种对立古已有之，体现为理性与信仰之争。此问题实际上没有办法完全调和。海德格尔试图做出一种现象学上的调和与贯通，以便获得关于哲学与神学相互关系的原初性洞察。所以他说："要为原则性的问题讨

---

① 王恒：《海德格尔时间性缘起》，《江海学刊》，2005 年，第 213 页。

论准备一个基地，就需要对两门科学的观念作一种理想的建构。"① 这种表述让我们很明显地意识到，存在学与神学同时被海德格尔置于一个逻辑学机制中。为何说有这个机制呢？本来海德格尔应论证这个混沌未开的领域，然而在这篇演讲稿中它却作为某种不言而喻的前提。不知道这是他真实所想，还是策略使然？但海德格尔这种建构显然是解构性的。如果解构本来就是一种建设的话，通过理想型的解构式阐释活动，海德格尔为人们能更原本地思考理性与信仰的关系提供了一个可能的奠基。我们发现这种奠基是"解构性奠基"，它的严肃性是自我纠结的，就是"非奠基的奠基"。而且，这种奠基是无根的奠基，那种作为"无根性"的根据。或许，若海德格尔首先得到了某种决定性的关于无根性的领悟，那么虽然此时他还无法很好地把神学的位置摆清楚，但可以料想为信仰与理性关系给出一个全新的指引道路之奠基已经在筹划了。经由亚里士多德，如果把哲学与神学都当作科学来审视，那么关于存在者的科学与关于存在本身的科学根本上还是存在差异的。而神学被海德格尔规定为在存在者状态上展开的科学，哲学（存在学）盯准的目标却是存在本身。很显然，如果在哲学的角度或者以哲学的傲慢，把神学定位为仅仅在存在者状态上展开的科学，就不太合理。但我们也要经常提醒自己意识到，虽然文本中明确说是基督教神学，但海德格尔心中的神似乎并不仅是宗教中的神，他使用的存在一词似乎更接近他心中的神。

海德格尔把神学定义为"一门实证科学，作为这样的一门实证科学，神学便与哲学绝对地区分开了"②。但如果神学与哲学绝对区分开，那么神学与哲学又是如何关联的呢？关键还在于，如果神学是关于存在者的科学，而存在学是关于存在本身的，那么，关于存在者的科学与关于存在本身的科学又如何能区分开呢？如果可以区分，这种区分又是如何可能的呢？海德格尔自我反驳的讲法是，如果

---

① 海德格尔：《现象学与神学》，载于《路标》，孙周兴译，北京：商务印书馆，2000 年，第 54 页。

② 同上，第 55 页。

神学真的是一门科学，神学无异于"更接近于化学和数学"，此区分并不符合现象学的根本理念，这种划分某种程度上把神学与哲学之间的很多丰富张力消除了。海德格尔列举了实证科学需具备的三种特性，并对神学的实证性提出疑问。科学必有对象领域，所谓存在者之区域，若神学是科学，它的研究对象是什么，它的研究区域又是什么呢？海德格尔因此就点出此篇论文要探索的最重要的三个问题：神学的实证性，神学的科学性，作为实证科学的神学与哲学的可能关系。演讲因此也是从这三个方面展开的。海德格尔问："对神学来说，什么是现成摆着的？"①海德格尔不同意流俗的意见，他认为基督教就是那个现成摆着的东西。按照海德格尔的观点，前理解决定了世界，有什么样的前理解就有什么样的世界展开在前。但因此就一定有一个彻底中立和彻底的世界存在吗？海德格尔似乎理想化地认为有一个彻底不需要其他此在，甚至不需要其他一切存在者的纯粹的、中立的、思辨的原初世界。这决定了他所理解的神学根本不可能仅仅以基督教为目标，哪怕神学真的被他说准，是某种实证性的东西。犹太教、伊斯兰教等应都有神学。那如果说神学是仅仅从属于基督教传统的，虽然海德格尔审视的仅仅是基督教的（christlich）神学，但难道其他宗教也有神学吗？当然，我觉得海德格尔思考的恰恰是以基督教神学为神学样板的一般神学。这里我们做了某种中立性的设想，问题是：其实并不真的必须要有某种中立性设想。如果用《宗教生活现象学》中的说法来谈，到底是先体验了红、白、黄之后才有颜色，还是倒过来呢？所以，即使这种中立设想可以成立，所有具体依然是先于中立设想的。

　　神学是通过与哲学的关联而成为自身的，海德格尔正是在这个意义上才认为"对神学来说，现成摆着的东西（即实在）乃是基督性（Christlichkeit）"，但我们依然可以怀疑是否存在一种所谓前信仰的纯粹存在论。"而且，基督性决定着

---

① 海德格尔：《现象学与神学》，载于《路标》，孙周兴译，北京：商务印书馆，2000年，第 58 页。

作为关于基督性的实证科学的神学的可能形式。"① 那么，到底什么是"基督性"呢？海德格尔话锋一转，从他的生存论出发，给信仰下了一个定义："信仰乃是人类此在（Dasein）的一种生存方式，根据本己的——本质上归属于这种生存方式的——见证。"② 这就是说，信仰其实并不从此在之身中来，也不是此在自发形成的某种独特的东西，信仰是从所信者而来，就是那个被钉在十字架上的上帝之子——耶稣基督。在海德格尔看来，十字架之受难（Kreuzigung）与它所带来的全部意义，都是天命（Geschicklichkeit）传送的一个事件（Geschehnis），这个事件只对信仰本身开放。此处要强调的是去掉主客二元对立的思维，不从主体去思考信仰，而是对信仰保持开放态度。故而基督事件是一种如同命运传送的发生事件（Geschehen），而耶稣事件就成为信仰开放的源头。海德格尔说"关于这一事实，只有在信仰中才能'得到意识'"③，基督之伟大"牺牲"所创建的真理，对于非认信者是自行锁闭的。而认信本身作为一种指引，把天命传送的历史事件与每个基督徒联系在一起，"这种传达使人们成为那种发生事件（Geschehen）的'参与者'"④，而事件本身就是"启示"。此文本最重要的焦点就在讲座中的这句话：信仰本身作为一种生存模式。海德格尔是要说明基督教的神学是从基督教的信仰而来的，而基督教的信仰是此在的一种生存论模式，"基督教的"特征成为了探索人类生存方式之原初模式的关键，历史中的此在领会了从基督教而来的丰富而具体的内容，并将其形式化地理解与诠释，而这恰恰就是存在者与存在本身差异问题得以可能的那个神学大背景。

虽然文本并没有明说，但我们发现：事件作为敞开者而敞开自身，并呼唤时刻准备做出决断的认信者前来，以其此在自身的敞开与事件产生应答。此在在良

---

① 海德格尔：《现象学与神学》，载于《路标》，孙周兴译，北京：商务印书馆，2000年，第58页。
② 同上，第59页。
③ 同上。
④ 同上。

知的呼声中"参与和分有"十字架上的真与善。海德格尔认为"信仰始终只在信仰上来理解自己"①。他进一步解释的意思是说，信仰者虽然有丰富的信仰经验，但他们对自身独特的生存并不全然知晓。认信者安住于从"相信"而来的生存之可能性筹划中，但他们同样无法掌握此种可能性。毋宁说，只有上帝才是主宰，通过对上帝的臣服，他们遇见上帝并获得新的生命。海德格尔得出一个匪夷所思的信仰公式：信仰＝重生。海德格尔说："信仰作为启示之居有过程（Offenbarungsaneignung）本身参与构成基督教的发生事件，亦即生存方式，那种规定着在其作为一种特殊天命（Geschicklichkeit）的基督性中的实际此在的生存方式。"② 这里的意思是说，信仰是本有居有的过程，是本有征用的万物的某种特有的方式，而居有过程帮助发生事件（即十字架事件）的发生，进而规定了作为一种特有方式的基督教生存之展开的历史完成。这就不难理解海德格尔为什么会这样提示："信仰乃是在由十字架上的受难者启示出来的，亦即发生着的历史中以信仰方式领悟着的生存（Existieren）。"③ 这个问题的结尾处，海德格尔回答道："神学就是在那种对信仰和随信仰一道被揭示出来的东西（在此亦即'启示的东西'）的课题制订中构造自己的。"④ 如果说，信仰本身完全与理性的观念思维相悖逆，那神学就将失去它的研究对象，就根本无法对基督事件做出任何思考与研究。事实相反，对于基督事件这个信仰的本质性环节，"信仰不仅激起对一门解释基督性的科学的深入把握，信仰作为再生同时也是这种历史"⑤。

接下来，《现象学与神学》的第二部分，海德格尔更直截了当地表达了他的命题："神学乃是信仰的科学。"⑥ 这是说，信仰的科学是对信仰状态的研究，信仰行

---

① 海德格尔：《现象学与神学》，载于《路标》，孙周兴译，北京：商务印书馆，2000年，第 60 页。

② 同上。

③ 同上。

④ 同上，第 61 页。

⑤ 同上。

⑥ 同上，第 62 页。

为，信仰态度都成为研究的对象。这里假设信仰也是某一个意义上的存在者，是关于人的一种生存状态，对这个存在者的研究就展开为几个方面。而"信仰也是根据自身来进行说明与辩护的科学"。认信者所信仰的东西本身离不开历史性，那种从信仰所发出的真理依然是某种历史性的人类生存。这个意义上，神学也是一门历史学，但它所探索的是作为"启示事件"（Offenbarungsgeschehen）的历史性；即使作为历史学，神学也是一门特殊的历史科学。历史学的并不完全是历史的。难怪 Geschichte 与 Historie 是两个不同的概念，它们之间有联系又有区别。海德格尔接着谈神学的科学性，为了谈科学性，他紧紧扣住"事件"这个概念，把事情的历史学维度展开来，指出神学作为历史学要研究的恰是"具体化的基督教生存本身"。神学的对象是具体而特殊的，对神学对象的把握所要求的认信群体本身也是特殊的，他们关于信仰的知识不能是"自由漂浮的知识"；他们应本着生存—领悟（Existenz-Verständnis）而说话，在信仰生活的实践应用（Anwendung）中创造意义。从历史（Geschichte）而引发的关于信仰的生存模式是不是唯一的？海德格尔认为，理性的阐释并不能让信仰生活更舒适轻松，那些阿奎那式的关于"上帝存在的证明"也无法保证坚固或动摇认信者的信心。有时候，神学阐释，那些理性上的忠诚反而可能使得信仰越发困惑。于是他说："神学只能使信仰变得沉重。"[1] 他马上意识到，这种对神学的过于严格的评判并不意味着系统神学或灵修神学是没有意义的，"我们的观点毋宁是说：神学一般地作为科学乃是历史学的，不论它能分解为何种科学"。根据神学在与十字架事件的必然联系所带来的关于历史性此在的生存论概念性之阐释，海德格尔辩驳道，系统神学的任务反倒应是："把握这种基督教事件的实际内容及其特殊的存在方式，而且唯一地如其在信仰中为信仰而表达自己的那样来把握。"[2] 在这个意义上，新约神学就成为系统神学的

---

① 海德格尔：《现象学与神学》，载于《路标》，孙周兴译，北京：商务印书馆，2000 年，第 63 页。
② 同上，第 64 页。

同义词。他明确地指出，根本不是说去制造一个系统体系，神学就摇身一变成为系统神学。这里海德格尔并不是要说一般意义上的系统神学，而是要试图发展一种整全的神学。系统神学要面对的问题是特殊而集中的，仅就把十字架事件"内在的整体毫无掩盖地揭示出来"就已经是非常困难的任务。系统神学越是历史学的，就越是独特地把所阐释的内容通过信仰者自身的概念方式带入启示中，带入那只发生一次的命运性事件中，由此，系统神学才更好地克服了"系统的"牢笼，不再被某个系统所控制。可是这种摆脱牢笼又如何操作呢？海德格尔指出："神学愈是明确地放弃对某种哲学及其系统的应用，具有其特殊的科学性的神学就愈加具有哲学性。"[1] 这就是说，神学研究所得出的关于信仰经验的知识与结论，越是远离某种理性建构的系统性要求，越是能具有原创的哲学性内核。一方面，这里所谈的并不是文本所给出的海德格尔的直接意思，但另一方面，通过可能性概念的强大意义，原创性的神学历史学从自身那里获得了依据。似乎系统神学依然应该根据信仰作为生存模式来理解才有意义。海德格尔要求的也不是一种"系统式"的哲理体系，而是一种对信仰这种生存模式的更"整全"的理解。这或许就是在内在论与超越之间的第三条路？既然十字架事件指向的是关于信仰的生存论活动，生存活动归根到底是在实施一种行为（Praxis），于是海德格尔就把神学归入实践科学当中。这与亚里士多德的规定大相径庭，后者把哲学的最高规定给了神学这个词。海德格尔显然是不满意亚里士多德的这种规定，这也表明，他所理解的哲学并不直接关乎信仰，而是关乎理性。在他看来，"神学'本性上'就是布道术的（homiletisch）"[2]，此处的"布道术"的翻译好像神学仅仅是为了宣讲传道似的，这是一种误解与歪曲，其实翻译成"宣讲术"似乎更好。

海德格尔这里玩了一个解释学循环的"戏法"："只有当神学是历史学的——实

---

[1]　海德格尔：《现象学与神学》，载于《路标》，孙周兴译，北京：商务印书馆，2000 年，第 65 页。

[2]　同上，第 66 页。

践的，它才是系统的。只有当神学是系统的—实践的，它才是历史学的。只有当神学是系统的—历史学的，它才是实践的。"① 这是什么意思呢？这样颠来倒去的讲法初看是匪夷所思的，但内涵却很深刻。神学为什么是实践科学？因为神学是系统的与历史的，但这个系统与历史都不是传统意义上的那个。前面海德格尔已经很清楚地解释了，他是在"事件"（Ereignis）意义上谈论历史的，并且是在此天命传送的历史性意义上谈论信仰知识所独具的系统性的。而所有的这些，从根本上都是关于存在者的描画。对于信仰生活本身，实践是唯一的旨趣，理论对于布道术没有任何好处。就此来说，海德格尔把信仰的问题生硬地切割为与思考毫无关联的东西。某种程度上，他与其说在探讨基督教神学，不如说在探讨他心里的一般神学。但他讨论一般神学又离不开基督教神学，可他又极力避免基督教神学中的过分信仰性的生存体验影响一般神学概念的形成，这种形成是为了更好地为存在学过渡和培植概念土壤。可他前面还明明指出信仰并不是完全与理性对立的另一半，但海德格尔接着反思："神学的系统的、历史的和实践的诸学科的特殊统一性和必然多样性的根据为何？"② 他的思路其实并不奇特，他无法直接回答根据是什么，他选择回答根据不能是什么。而这正是"形式指引"的防御实例，也即通过表明"神学不是什么"来描画他心中的神学之特征。海德格尔认为，神之学（Theo-logie），或神－逻辑学③，虽然是关于神的科学，但神是不能作为这门科学的研究对象的。谁都无法想象以神作为研究的对象的科学究竟是何物。

这篇演讲的核心就是把信仰作为一种生存模式来阐释，为此他必须借道古老而丰厚的基督教神学，因此就不得不用基督教神学中的概念来理解与说明他要表达的一般神学是什么以及与哲学是什么关系的问题。这种意义上的生存就既是本体的又

---

① 海德格尔：《现象学与神学》，载于《路标》，孙周兴译，北京：商务印书馆，2000年，第66页。

② 同上，第66页。

③ 参见海德格尔：《形而上学的存在—神—逻辑学机制》，载于《同一与差异》，孙周兴译，北京：商务印书馆，2011年，第58页。

是实践的。因此，神学根本不是试图通过理性得到的关于神的抽象的印象与观念，一切关于神的知识无法单凭神学所诉诸的信仰而得到。进一步，神学也不是关于人神关系的辩论，"那样的话，神学就会是宗教哲学或宗教历史学"①。此外，神学也不是宗教心理学，神学不应醉心于研究宗教体验。就算对体验的分析达到无比丰富的知识，这些知识也无法把上帝从体验中分离出来。从这个意义上说，"神学所特有的概念方式只能从神学本身那里生长出来"②。但这里的讲述其实是有点问题的：若神学不借助其他的科学，仅仅通过信仰来论证其合法性与真理性，那么神学能自由舒展地理性陈述的疆域就会变得非常狭小，虽然非常独特，这种设定某种意义上把神学权变的路径堵死了，进而可能把认信者群体的信仰生活逐渐压缩到最小，这对认信者并不是好的设定。海德格尔恰恰认为论证合法性并不是神学的工作，而应是存在学的规划，所以形式指引才派上用场。正如科学不为自己规划，规划存在学基础问题是科学哲学的工作。当然，这种想法我们会认为有存在学的前提，可推论上并非不通，如果让我们感到不妥，那或许是因为我们不满意此种前提而非推论。这种通过为作为科学的神学划界把神学限定在了一条死路上，关于基督教神学的信仰本身也无形中被烙上理性划界的强力之印。归根到底，海德格尔的论述都离不开他把神学当作存在者状态上的科学的"存在论差异"思想。虽然我们不能说他之前的文本受到了后来概念的影响，但我此处说的存在论差异思想是一个贯穿海德格尔一生的核心关怀，姑且用这个概念来说也是无奈之举。

在文章第三部分，海德格尔开始讨论作为实证科学的神学与哲学的关系问题。他开门见山地说："信仰并不需要哲学，而作为实证科学的信仰科学却需要哲学。"③这个表述确有深义，他把信仰与神学（信仰科学）区分开了，这种区分的动机是为了把信仰还原到原初经验领域，还原到信仰事件本身的本真领会中。神

---

① 　海德格尔：《现象学与神学》，载于《路标》，孙周兴译，北京：商务印书馆，2000 年，第 66 页。

② 　同上，第 67 页。

③ 　同上，第 68 页。

学既然要研究基督性，而"基督性以自己的方式论证自己"①，那么当要论证基督性问题时，此问题是否可能通过理性而在本质上被把握呢？海德格尔说："虽然它很可能是某种不可把握的东西，是理性决不能原初地揭示的，但它还是毋须从自身那里排除一种概念性把捉。"②这意味着神学对基督性问题的研究的把捉方式是解释学式的，它必须在某种程度上走到概念性解释的界限处，并徘徊在那个边缘，甚至跃出界限。对认信生存的解释学就是神学的目标，神学从根本上应该是某种"宗教生活现象学"③式的东西。虽然十字架受难、复活事件等现象，表面上只隶属于宗教解释自身，但实际并非如此。海德格尔说："这些为基督性所构造起来的基本概念的存在内容和存在方式如何能在存在学上得到揭示？难道信仰可以成为一种存在学—哲学的阐明的认识标准吗？"信仰又不能作为这种标准而自足。因为，"一切基本概念的阐明恰恰都致力于在其源始整体性中去洞察那原初的、自足的存在联系……并且不断地把这种存在联系保持在眼帘中"④。这意味着，对神学讨论的基本概念的考察依然要归属于哲学。

若信仰就是重生，那么某种东西在信仰中是被更新了的，未认信之前的状态是在信仰生存的发生中被消除的，而这种消除是一种更新，通过信仰而重生，此在被投入信仰就是：在全新的本己可能性之先行到达中绽出生存。"前基督教的生存在信仰中被克服了。"⑤问题是，"克服"这个词就成了疑难。我们不知道，究竟是不是他先有了信仰的生存模式作为基本探究后，才抽象化其内容作为他所谓的某种前信仰的东西，而形式指引是否就是这种抽象化的具体体现呢？其实在海德格尔看来，这些并非抽象化，而是普遍化。具体体验在先就成为最重要的要求，

---

① 海德格尔：《现象学与神学》，载于《路标》，孙周兴译，北京：商务印书馆，2000年，第68页。

② 同上，第69页。

③ 参见王坚：《生命的职守——海德格尔宗教生活现象学研究》，《同济大学学报》，2012年。

④ 海德格尔：《现象学与神学》，载于《路标》，孙周兴译，北京：商务印书馆，2000年，第69页。

⑤ 同上，第70页。

而这种要求符合形式指引的约定。这种克服意味着那个被信仰所征用的此在也一道被克服了。海德格尔则说："克服（Überwinden）并不意味着排斥，而是重新利用。"① 重新利用就是本有征用、居有（eignen）此在的过程。海德格尔指出，即使是基督教神学，使得神学得以可能的东西必然包含先于其自身的更源始的部分，否则纯粹理性根本无法把握，而那源始的部分在存在学上成为"规定一切神学的基本概念"，而且"一切神学的概念必然于自身中蕴含着这种存在领悟"。② 因此，神学就理所当然地归属于存在学了。接下来，海德格尔举例"罪"（Sünde）这个概念的信仰来源。表面上看，这个概念只有在认信者的信仰经验中才有意义，才真实地开放出来并进入认信者的生存。在存在学的意义上说，在更源始的概念内容本身来说，罪的规定并不仅仅是神学意义上的，它毋宁说更源始而平均地属于一般存在领域，即一般的此在生存。后来，罪的概念被过分地从罪责概念引申并规定，但这却也是神学对信仰本身所要求的。海德格尔接着说，正因为如此，存在学的角色就成为某种对神学基本概念的前基督教的"调校"（Korrektiv）。调校这词很重要，它暗示了罪概念并不必须从罪责经验来通达其自身的含义，罪概念的建立不是全然来自一般生存论领域，可这个概念又不能跳脱出其生存概念的根本来源。

顺此，海德格尔把哲学规定为"对神学基本概念的存在者状态上的、而且前基督教的内涵所作的形式上显明着的存在学调校"，他进一步把上面这段对哲学与神学关系的定义完善并扩充成："哲学乃是对神学基本概念的存在者状态上的、而且前基督教的内涵所作的可能的、形式上显明着的存在学调校。但哲学只能是它所是的东西，而不能实际地充当这种调校。"③ 这段话听起来让人匪夷所思。哲学一方面是在调校而另一方面又不能充当这种调校，这到底是什么意思？其实，海

---

① 海德格尔，《现象学与神学》，载于《路标》，孙周兴译，北京：商务印书馆，2000 年，第 70 页。

② 同上。

③ 同上，第 71 页。

德格尔的意思，必须善于用既是这样又是那样、既非这样又非那样的表述与逻辑方式才能更好地领会。这段看似匪夷所思的定义其实并不难理解，意思是：哲学与神学之间，如果两者必然有关系的话，哲学关注的是神学所使用的基本概念，对那些概念进行调校。通过什么呢？通过前基督教的内涵，那个属于来自信仰又归于信仰的生存体验。但是，这种生存体验必然是在存在者层面展开的，信仰体验所带来的东西帮助信仰塑造概念，而概念本身虽然被信仰者创造性地命名，却并非意味着已经得到深思。在形式上，存在学对此进行调校，以便从根本上使得信仰生存活动自身通过概念，并归属于那个不需要概念规定的信仰体验之源发领域中去。这个意义上，存在学既做出调校，又无法真正改变什么。通过存在学之调校，神学既非被概念所占据，又非丧失其信仰的原初对象。正因为如此，海德格尔才会说："生存状态上的矛盾，早在神学和哲学之前就已经存在了。"理性与信仰，概念与感知之前的矛盾先于"作为科学的神学和哲学的可能共性"[①]，基督教哲学是个"方的圆"就是这个道理。作为存在学的哲学如果仅仅是现象学并严格作为现象学而存在的话，它只是一种方法，与其他所有存在者层面的科学方法具有必然的差异，神学也不例外。存在学的对象就是存在本身。只有真正走上现象学之路的人才会发现这种从局域存在论中走出来的必然要求："走出他自己的科学问题的视野，仿佛在他的基本概念的边界上，回头去追问那个应保持为对象并且重新成为对象的存在者的源始的存在状态。"[②]

信仰是非对象性的思与言，那么，深奥的神学又如何可能呢？海德格尔是知道卡尔纳普对他的逻辑实证主义解读的。后者的意见是："每一种思作为表象，每一种言作为表达，已然都是客观化的。"由于在场状态被理解成了对象性与客观化，如同尼采所说的那样，语言这个工具是无法描画"生成"的。于是，海德格

---

①　海德格尔，《现象学与神学》，载于《路标》，孙周兴译，北京：商务印书馆，2000 年，第 73 页。

②　同上，第 74 页。

尔说:"作为表象的思和作为表达的言就必然导致一种对在自身中流动的生命之流的僵固化,由此导致一种对生命之流的扭曲。"[1] 可显然僵固化是不可避免的,而且是人类本来就具有的一种思维倾向。海德格尔对于语言的判定与尼采不同,后者认为语言是个工具,如果是个工具当然就永远也跟不上生命之流,但海德格尔的语言观却是人被语言说出,人是应合(entsprechen)于语言之说,所谓:语言说话(die Sprache spricht)。日常现象中的物,真的是对象化地被给予我们的吗?并非如此。他举了在花园里赏花的例子。海德格尔为了表明在审美时刻,在审美的陶醉中,人们既没有让花成为客体,也没有把花当作认识的对象来考察。他因此断定:"据此看来,就有一种既不是客观化的也不是对象化的思想与道说。"[2] 信仰生存也是如此,在信仰经验中,那个思与言完全可以是不客观化的;上帝也并非对象化的,但确实是关于上帝的真实的思与言。客观化并不是思的要求,至于言,海德格尔又举了有趣的例子:"当我们要给某个病人以安慰,与之作触动内心的攀谈,这时难道我们使这个人变成一个客体了吗?语言仅仅是我们用以加工客体的工具吗?"[3] 语言并不是工具,与其说人类在支配与控制语言,不如说语言在支配人,语言征用人。人只是归属于语言,语言拥有(hat)人。思与言之间的关系是相互的,每一种思都是一种语言:书写也是在讲话,只不过它是无声的讲话;书写也是在思考,心中思考。反过来,诗人的诗意言说也是一种思,只不过那种思考是透过语言的其他展开方式。语言征用诗人的方式与语言征用哲人的方式不同而已,而此不同又离不开语言自身所具有的丰富性。客观化的、对象性的思与言,只有在某种特殊情况下才成为现实,海德格尔说:"思与言只在一种派生

---

[1]　海德格尔,《现象学与神学》,载于《路标》,孙周兴译,北京:商务印书馆,2000 年,第 79 页。

[2]　同上,第 81 页。

[3]　同上,第 82 页。

的和有限的意义上才是客观化的。"①

从这个意义上说，或许神学其实并不是一门科学——如果在狭义上使用科学一词的定义的话。"补充说明"确实补充了海德格尔后来对此的反思，他开始修正他把神学判定为科学的观点，因为"神学是否还能够（kann）是一门科学，因为它也许根本就不可以（darf）是一门科学"②。这句话中有两个情态动词，都表达了一种模棱两可的踌躇：某种虚拟语气，能或者不能，可以或者不可以，这要取决于到底从哪个方面看待论题。海德格尔特意指出诗歌言说的重要性，最关键的是"诗性的道说就是：寓于……而在场（Anwesen bei...），并且为上帝而在场"。这意味着，在信仰生存的道说方式中，那种诗性的道说是某种自行道说（Sichsagenlassen），可"纯粹地让上帝之当前现身自行道说"③。这一类的宣教的道说，既没有对象也没有客体，它不过是一种道说者与道说本身、道说者与听者本身的相互融入。海德格尔甚至说其中有"一种无迹可寻的气息"，这种气息是否暗示了一种圣灵之气息，一种贯穿于海德格尔生存论哲学始终的、既非神学又离不开神学的终极关怀？

---

① 海德格尔，《现象学与神学》，载于《路标》，孙周兴译，北京：商务印书馆，2000年，第84页。

② 同上，第85页。

③ 同上，第86页。

第4章 差异问题在转向时期的思考

本章我们将对《论真理的本质》有比较深入的细读，以在最核心的意义上，试图把握真理作为差异性本质的基本思路，并说明这个思路如何承前启后。海德格尔的私密文献《哲学论稿》（GA 65）中关于"赋格"问题的探讨与差异密切关联，而在其对荷尔德林诗的阐释中也离不开其对差异问题的思考，这一并构成了一个关于海德格尔思想转向的问题。最后通过细读《转向》一文，我们将最终发现海德格尔前后期对差异问题的探索具有内在的连贯性。虽然《论真理的本质》是1943年才出版的，本不该首先出现在这里，但由于其原稿在1930年就已完成，对之前差异问题各种变体的讨论显出相应衔接变化，因此才在这一章首先讨论此文章的相关内容。

4.1 《论真理的本质》中的差异

下面我们主要就《论真理的本质》一书来看海德格尔如何展开对真理与非真理的讨论。

海德格尔说，真理的本质不是具体区域性真理的本质，不是关于宗教信仰、艺术、哲学沉思、科学研究、技术考量乃至经济运算等或日常生活经验的本质，而是真理之所以是真理的本质，这其实包含透过所有这些具体真理而存在的本质。海德格尔当然很清楚关于类似"美本身是什么"这种提问的问法的责难，即，直接问真理是什么，这个问题是不是某种最空洞与不着边际的抽象之问，而实际上根本并没有给出具体的什么"尺度与标准"而体现出哲学那种浮夸的无根性特质？海德格尔说，"长期以来被称为'哲学'的那种根本知识"①是关于存在者本质的东西，而不可能是关于存在本身的。存在本身或真理本身不可能通过哲学探索而达到。那通过什么方式可通达"真理的本质"呢？海德格尔指出，普通的常识理智具有某种必然性，常识理智看似具有"不言自明性"，而哲学很多时候无法辩驳不言自明的常识。常识的语言与哲学的语言并不相同，后者的语言模式常常无法对常识起作用，常识理智"对哲学的语言置若罔闻"②。常识理智常常对哲学洞察的真理本质漠不关心。同样地，当我们不可避免地停留在某种以自身的"生活经验、行为、研究、造型和信仰的林林总总"③真理中，我们就对真理本身置若罔闻。关于以常识理智的不言自明性来质疑与拒绝对真理本身的探索，海德格尔说：既然要追问真理本身，那就要立足当下的现实来追问如今的历史在呼应什么，在要求什么，历史要求我们认识什么、设定了什么目标，因此真理的追求似乎应该具有现实性意义。我们好像是知道真理是什么，但这种知道其实在某种程度上说，比"纯粹无知更加苍白"，因为对真理的知道总是在大体上、凭感觉而知道，但问题是，这种大体上知道与凭感觉知道多大程度上是具备决定性意义的？

接下来，第一节中海德格尔先谈"流俗性真理"，就是反思我们在日常中谈论真理时，究竟在谈论什么。按这个思路，海德格尔虽然是在谈论真理，但其实依然是在谈论存在，还是按照谈论存在的那种方式展开的，只是这时候换成了对"真理"的现象学解析。他说，一般来说，"真实就是现实（das Wirkliche）"④。假是真的反面，非现实性是现实性的反面，而真理必然与现实性有关，虽然假的东西其实也具有某种现实性，只不过是一种歪曲了的现实性。就如假钞与真钞的

---

① 海德格尔：《论真理的本质》，载于《路标》，孙周兴译，北京：商务印书馆，2000年，第 206 页。

② 同上。

③ 同上。

④ 同上，第 207 页。

关系，虽然假钞也具有某种现实性，甚至可能会非法流通，但只有真钞本身才代表钞票的本质，它是真正的关于钞票的现实性。显然，钞票的真实并不是靠现实性来保证的，因为假钞也可以非常接近真实，以混淆现实性。当我们指称真实的时候，我们是在符合论意义上谈真理。钞票符合某种真实性的标准，而假钞不符合标准，因此是假的。这里海德格尔要谈的是真理被我们认为是某种符合论的真理。我们对存在者进行某种述谓，称其为真实的或者虚假的，存在者就从本质上可以是真的也可以是假的，"可以是真正的或非真正的"[①]；但不管是真的还是假的，都是具有现实性的，现实性允许这种真假二元性。日常中，当我们述谓一个事情，如果我们讲的与事情相符合，这个表达出来的述谓就是真实的。名副其实就是说名与事情相符合。但海德格尔质疑说，可是事情真的符合吗？不一定，但至少此时命题本身是符合的[②]。

　　故这种情况下的真理的本质很容易了解，即："真实和真理就意味着符合（Stimmen）。"[③]海德格尔说这种符合有两个层面的意义，逻辑上的符合与事实上的符合，就是说：先行可以符合并达到了符合才使真理得以达到。海德格尔借助拉丁文 *veritas est adaequatio rei et intellectus*，表明真理可以是事物对认识的符合，也可以反过来，是认识对事物的符合。可是，一般来说，人们认为真理是认识与事物之间的符合，它之所以可能，恰恰是因为认识与事物可以符合的这个看似毋庸置疑的前提。即是说，认识先要与被认识的事物符合，然后述谓才能将其表述出来，达到名副其实。真理无形中就被认为有一种要去符合的取向，要正确才算得上真理，如果不正确就不符合，不符合就不是关于真理的表述，而就是名不副实，概念的述谓就无法呼出词语。中世纪的真理起源于某种神学，是流俗的关于认识与事物关系的思考的某种表达。这种表达是作为笛卡尔的我思故我在的理论

---

① 　海德格尔：《论真理的本质》，载于《路标》，孙周兴译，北京：商务印书馆，2000 年，第 208 页。

② 　同上。

③ 　同上。

策源地而存在的，即从中世纪的关于心与物之间关系来思考真理问题。当然，在中世纪，真理就是上帝。虽然此刻海德格尔谈的是真理，但如果我们回返到中世纪来看看如今的真理概念多大程度受到神学的心物关系影响，就可以比较清楚地看到，为何现代所述谓的真理是符合论真理了。其实这意味着，符合论真理很大程度上是来自造物论的神学模式。接下来，我们引用一下海德格尔这句话："作为 *adaequatio rei ad intellectum*（物与知的符合）的 *veritas*（真理）并不就是指后来的、唯基于人的主体性才有可能的康德的先验思想，也即'对象符合于我们的知识'，而是指基督教神学的信仰，即认为：从物的所是和物是否存在看，物之所以存在，只是因为它们作为受造物（*ens creatum*）符合于在 *intellectus divinus*即上帝之精神中预先设定的理念，因而是适合理念的（即正确的），并且在此意义上看来是'真实的'。"① 上面一段内容极为重要，它表明了一个立场，即：所谓的符合论真理并不是康德意义上的那种主体性真理，就是在主体自身的先验认识中自身为自身立法的真理，而是在上帝的至真纯善的理念中符合的某种作为受造物层面的真理。只有达到这种上帝绝对精神的全善理念中的符合才是真正真实的东西。在中世纪经院哲学思路中审视，哲学家所具备的那种思辨的理智也来源于上帝，理智因此作为受造物的一种能力必须要满足上帝的理念（idea）。受造物相应于造物主，因此理智的思辨与作为造物主之馈赠的受造物相符合，真理因此是这种意义上的符合。

海德格尔接着说，如果假设所有存在者都是受造物，则知识之所以是真理，是因为如此的情况：存在者与命题各自都是符合上帝造物计划的，在整个的创世造物过程中，有一种内在统一性蕴含其中，进而"作为 *adaequatio rei*（*creandae*）*ad intellecctum*（*divinum*）［物（受造物）与知（上帝）的符合］的 *veritas*（真理），保证了作为 *adaequatio intellectus*（*humani*）*ad rem*（*creatam*）［知（人

---

① 海德格尔：《论真理的本质》，载于《路标》，孙周兴译，北京：商务印书馆，2000年，第208、209页。

类的）与物（创造的）的符合］的 veritas（真理）"①。就是说，所有受造物与造物主之间的这种内在统一的符合所表明的真理，才是人类的理智知识与万事万物能够符合并述谓真理的基本前提，前者是后者的决定性基础，没有前者就不可能有后者。这里面有一个前提，就是理智本身也是一种受造物，而关于理智运作无法超出上帝创世的计划本身，哪怕是看似超出的所有僭越，都必然是上帝所允许的某种设定。海德格尔同意这个思路吗？按照上述逻辑的表述，则任何真理就必然是某种对"创世秩序之规定的符合"。海德格尔深刻地指出：若摆脱了宗教本身的创世观念，同样可以把符合真理表述出来，只不过是作为某种哲学式的"一般而不确定的作为世界秩序的东西"②。这时，神学中上帝的创世计划就变成了世界理性（Weltvernunft）或绝对精神对一切事物的某种可计划性摆置而出现了。"世界理性为自身立法"，并且希望其所有计划性都是可理解的。这种可理解性首先是一种正确性，即世界理性作为真理，其本质就变成了对正确性的追寻，追寻反过来符合世界理性的宏大计划与对万事万物的摆置。

追寻准确性的过程中，真理总是不断地被推到合乎理性的本质上去，仿佛合乎理性就代表了合乎正确性。但这样就会产生某种假象："仿佛这一对真理之本质的规定是无赖于对一切存在者之存在的本质的阐释的——这种阐释总是包含着对作为 intellectus（知识）的承担者和实行者的人的本质的阐释。"③ 这里的意思就是说：我们实际上并不需要关心真理本身，或者不必关心存在本身，而应该关注此在阐释，或者说关心对符合论真理关于合乎理性的本质之展开的阐释。其实这里海德格尔在反思《存在与时间》的思路，因为前期海德格尔恰恰就把对存在之本质的阐释规定为某种对存在之现身情态承担的此在生存论之阐释。而这种误解的假象，好像表面上获得了某种任何人都可直接把握到的普遍有效性，但其实这

---

① 海德格尔：《论真理的本质》，载于《路标》，孙周兴译，北京：商务印书馆，2000 年，第 209 页。

② 同上。

③ 同上，第 210 页。

是有问题的。如同真理并不能只作为符合论真理而被认识一样，存在的意义也不仅仅作为此在的生存论阐释而仿佛一劳永逸地立即被洞察清晰。常识认为有一种非真理存在，因为真理是被当作正确性符合论的真理，那么必然就有不正确的非真理存在。好比说存在还有一个非存在存在一样，其实这是一种荒谬的理解。当述谓与事情不能符合，就是说存在者不符合其符合论的本质，那么我们就说它是非真理的。"非真理总是被把握为不符合。此种不符合落在真理之本质之外。"① 非真理总是被把握为不对、不符合、不一致，而产生这种观念恰恰是因为自身对真理有某种符合论的先行偏见。所以无论如何，所有的不符合就一定落在本质之外，而不能通达本质。如此，既然非真理是不正确的，所以它们就一定在真理之外而在把握中永远不被真正地重视，但所谓的非真理，却总是作为某种被忽略的他者因素存在着。海德格尔反问，真理的本质如非如此，还有其他的情况，那如何揭开真理的本质？其实，真理作为那个符合论的真理，在它自身的正确性中已经被保证了，不再需要什么反思与质疑。真理的本质从命题真理的正确性述谓过程而得出符合真理的一般概念。但问题是，这种真理的本质其实来源于某种神学解释，倘若我们面对这个古老的神学传统所启发的东西呢，即是说，"依这个传统来看，真理就是陈述（λόγος）与事情（πρᾶγμα）的符合一致（ὁμοίωσις）"②，真理既然就是与陈述符合到正确性上去，那么，"陈述"本身是否值得我们思考其是如何可能的呢？就是说，我们是如何可以呼出词语进而使得述谓得以可能？通过倾听那个使得一切述谓可能的词语如何到来。

在第二节中，海德格尔开始讲解内在符合的可能性问题。在生活中，符合有时候是类似桌子上两个硬币那种外观的一致。硬币是圆的，那么硬币符合圆这种理念，这也是一种符合。此时是一种关于圆的理念的陈述符合圆的物体，这个情

---

① 海德格尔：《论真理的本质》，载于《路标》，孙周兴译，北京：商务印书馆，2000 年，第 210 页。

② 同上，第 211 页。

况就是陈述与物符合的情况。海德格尔问："但物与陈述又在何处符合一致呢？"[①]
很显然陈述是一句话，它的外观如果可以被描绘出来，就是可能带有声响的话；
但硬币就是硬币，不管是金属的还是塑料的，它的圆形外观与陈述之间看来没有
什么真正的一致。毕竟"陈述根本就不是质料性的"[②]，陈述因此只有形式，我们
不可能拿关于硬币的陈述当作硬币去购买东西。不过如今的电子购买或许并不是
如此，我们在使用支付宝时候，就是使用一种数字——某种意义上的陈述，并且
通过某种技术手段，陈述成为某种具有购买力的硬币实际。海德格尔那时候还没
有数字货币，所以他在某种基本常识的前提下思考事物与陈述之间的符合到底是
如何可能的，即是在反思，当我们谈到这种符合时，我们意在说什么，这是不是
一种内在的符合论。倘若陈述必须成为货币，则它就取消了自己，也就是从某种
形式性的东西变成了质料性的东西，而从根本上否定了自己，这时陈述也就不再
是某种与事物符合的陈述了。因此，陈述全然地与任何一个一般的物的本质不同。
陈述在与具体物符合的过程中，海德格尔思考的是：陈述如何可以既保持了它自
身的全然不同的本质又居然符合于一切他物？这里依然在讨论存在与存在者的差
异问题，即，存在到底在什么意义上既保存了存在那种不同于所有存在者的本性
又全然符合于一切具体存在者呢？这依然是实体问题的另一种探索。而在真理问
题上，即是在问：真理如何符合于一切万物却又保持为不同于一切万物的真理状
态呢？海德格尔说，符合论的真理因此除了"正确"还要"合适"，所谓合适，首
先不能只是外观上的一致。合适是一个发生在事物与陈述之间的关系问题，这种
关系的特性之一就是合适。但这就又陷入了一个悖论。如果事物与陈述的关系居
然已经可以被抽象出一种关心并表现为某种叫合适的特性时，难道我们不是已经
事先了解到了关于事物与陈述之间的关系了吗？那为什么还需要继续对特性提出

---

① 海德格尔：《论真理的本质》，载于《路标》，孙周兴译，北京：商务印书馆，2000 年，
第 211 页。

② 同上。

问题呢？这就类似说，如果我们好像很明显已经知道了存在与存在者的关系特性，我们此处的反思意义又何在？其实，我们完全可以已经在关系中并领会到某种特性，比如合适，但却并不真正地了解陈述与事物之间的清晰透彻的关联。

陈述是在表象具体的事物，通过言说的方式，一物通过陈述被表象出来。具体的事物，都可以 so-wie 即"像如何那样地"被表象，或者说被陈述出来，被说出来。真理或存在同样可以被表象出来吗？如果按照一般心理学或意识理论的观点，表象则依然是心理主义的，海德格尔抛开这个先见，他只强调"表象（Vor-stellen）意味着让物对立而为对象"①，就是通过陈述而使事物成为某种对象被摆在眼前，这种对象性的摆置体现出认识的可能性。事物要可以通过陈述的逻各斯被摆置，在摆置中通达符合论真理的认识论之发生，前提是"必须横贯一个敞开的对立领域（offenes Entgegen），而同时自身又必须保持为一物并且自行显示为一个持留的东西"②，就是说必须存在一个能够使对立得以发生的时空领域，或者叫敞开域。在这种领域中，摆置中对立的双方既要能保持自身又要可以持存。如果对立发生则独立性消失，则摆置失败；同样地，如果不能持存地在场，这种对象性的摆置则同样无法进行。使摆置得以发生的敞开域本身的敞开状态（Offenheit）并不是一种表象物。换句话说，敞开状态本身不能被表象，它是一种使对象性摆置得以发生的关系（Verhältnis）实践，或叫对敞开状态自身的关联性"关涉和接受"。这里谈论了一种关系，就是使摆置得以发生的那种原始的关系之行为（Verhalten），它是敞开状态自行展现自己的一种实行。就是说，真理本身就可自行显现为一种使二元对立得以可能的先天关系性运作，它为二元的差异化运作提供了场域。"表象性陈述与物的关系乃是那种关系（Verhältnis）的实行"③就体现为真理的此种实行。海德格尔及时地指出，虽然我们谈论敞开状态自身的运

---

① 海德格尔：《论真理的本质》，载于《路标》，孙周兴译，北京：商务印书馆，2000 年，第 212 页。
② 同上。
③ 同上。

作，或叫真理的行动，但它作为一种行为，当我们谈论“行为”这个概念的本质时，我们必然会陷入一种对在场的东西（das Anwesende）的理解，仿佛只有这种 Anwesende 才是可被揭示与敞开的。这种被揭示又可以理解为被真理之光照亮。而 das Anwesende 在古希腊时就被经验为某种存在者了。存在被存在者化，因为很理所当然地，存在的那种可揭示的在场性就仿佛成为存在之为存在的本性一样。真理亦然，仿佛陈述对事物的符合所带来的关于事物的在场之正确性与合适性的揭示就变成了真理本身之敞开状态的运作实行似的，其实这里面混淆了存在与存在者的差异，进而误解了真理实行的方法。那么什么是真理实行的真正方式呢？下面先体会一下误解，即对真理实行的误解怎么表现。它体现在，行为仿佛只是对存在者才保持开放，一切存在者领域的关于此在的开放状态最后都被所是（was）与如何是（wie）的存在者摆置到具体的位置，在合适中保持准确的摆置，并保证可被言说，整个过程都体现为某种符合论真理的内在运作机制。“由于陈述遵从这样一个指令，它才指向存在者。如此这般指引着的言说便是正确的（即真实的）。如此这般被言说的东西便是正确的东西（真实的东西）了。”① 这里的指引来自一个纯形式领域，而这个领域可保证所有归于指引的言说都是符合论的，都必然是正确的。真理运作的那种开放状态、展开状态，让陈述去符合事物，并且必然是正确地符合事物。通过开放状态的摆置，在场的可敞开的事物有可表象的某种标准，这里面的问题就是，不在场的或者不可表象的事物，那些无法通过陈述使其符合正确性的东西就被排除在真理认识之外，因为没有标准可循，这就这就类似硬币没有圆的外观可比较其一致性一样。但是，实际上开放状态本身应是所有摆置状态之所以可能的条件，故而“它必须担当起对一切表象之标准的先行确定”②。海德格尔这里指出非常重要的一点：“但如果只有通过行为的这种开

---

① 海德格尔：《论真理的本质》，载于《路标》，孙周兴译，北京：商务印书馆，2000 年，第 213 页。
② 同上。

放状态，陈述的正确性（真理）才是可能的，那么，首先使正确性得以成为可能的那个东西就必然具有更为源始的权利而被看作真理的本质了。"①就是说，行为的开放状态本来只对可揭示可开放的在场事物才行之有效，而陈述作为正确性的符合论真理，如果只是在可开放的事物上才能起作用，那对于不可开放的事物的谬误性本身甚至比可被揭示为正确性的东西更接近真理的本质，因为正确性也来源于一种更源始的实行领域，那个领域中尚未有正确性与谬误性的差异区分，而那个领域很显然更接近真理本身。因此海德格尔最后说，一般那种习惯上被真理当作陈述所指向并符合的那种正确性的做法就会在通达真理的可谬误之本质的原初敞开领域之时失效。"真理源始地并非寓居于命题之中。"②故真理不是仅仅由命题的正确性指派而达到自身的。但真理的正确性之符合论样式恰恰是从真理之可能性中取得规定性的，如果没有可谬误之可能性，真理可被当作符合论的正确规定性之运作根本无从谈起。

到了此文第三节，海德格尔开始讲解正确性问题。这里依然要谈形式指引，但海德格尔没有用"形式指引"这个词，而是用的"指令"，他问道："表象性陈述从哪里获得指令，去指向对象并且依照正确性与对象符合一致？"③虽然这种符合论真理并不是真理本质的全部，但某种程度上却也决定了真理的本质状态，海德格尔问的是：形式指引的指令之发出是如何可能的？某种先行到死中去的指令让此在得以展开其生存论建构，某种先行确定的指引要求一种作为可能性的正确指向。海德格尔精辟地说："这种先行确定已经自行开放而入于敞开域，已经为一个由敞开域而来运作着的结合当下各种表象的可敞开者自行开放出来了。"④这即是说，先行的确定之指引早已进入敞开领域，指引本身就作为可差异化的对各种

---

① 海德格尔：《论真理的本质》，载于《路标》，孙周兴译，北京：商务印书馆，2000年，第213页。

② 同上，第214页。

③ 同上。

④ 同上。

事物之符合的可能性而开放出自身。这里海德格尔谈到了自由："真理的本质乃是自由（Das Wesen der Wahrheit ist die Freiheit）。"[1] 这里理解的真理的本质——自由，是指那种在真理差异化运作的过程中就先行具备的某种可正确性或可谬误性本身。可能性因此变成了某种在正确性之内的可能性，"作为正确性之内在可能性，行为的开放状态植根于自由"[2]。本来行为应该是在可开放性的可能性中被规定的，本来正确性是在可能性中被规定的，但这里海德格尔要说的是，可能性又孕育正确性之中，即正确性先行地就进入了开放领域而使可能性得以敞开。"这种为结合着的定向的自行开放，只有作为向敞开域的可敞开者的自由存在（Freisein）才是可能的。"[3] 这是很奇特的一种状态，在某种定向的正确性中，可能性开放出来，而真理的这种运作使得此种开放状态中的可敞开者首先就是自由的。就好比，当一个在场者可以作为可敞开者而被符合论地陈述为正确性真理时，此在场者、此可敞开者恰恰同样可以被当作谬误者而存在，而这种在摆置中、在正确性指认的发生中差异出的正确与谬误之争执恰恰说明可敞开者是自由的，也只有通过此种自由，争执才得以可能。敞开状态的本质是自由，而在敞开状态中的被敞开者——此在，人，其本质就也应该是自由。

海德格尔知道质疑的声音，那种声音会说：为了能完成摆置，即对象性地把握事物，乃至审视到底正确或不正确、符合或不符合，这个陈述的行为者本身当然是自由的了，可这有什么稀奇呢？人本来就具备这个能力呀！自由并不意味着"做出陈述，通报和接受陈述，是一种无拘无束的行为"，而是强调了什么是自由："自由，乃是真理之本质本身。"[4]自由并不是关于存在者的，而是关于存在本身的，是关于真理本身的。本质（Wesen）是一个动态理解，即成为本质，因此真理就

---

[1]　海德格尔：《论真理的本质》，载于《路标》，孙周兴译，北京：商务印书馆，2000 年，第 214 页。

[2]　同上。

[3]　同上。

[4]　同上，第 215 页。

是在不断本质化，即不断追寻自由，自由地的成其为本质。如此的自由并不是专指人的自由，不是专指人的能力了。本质常常被思考为根据，但这里要思考的本质——自由作为真理的本质，并不在于作为根据的那种意义。"在自由这个概念中，我们所思的却并不是真理，更不是真理的本质。"① 这里思的不是真理的根据，仿佛真理的根据又要成为某种主体性的认识一样，那种从笛卡尔—康德而来的自由，并不是这里对自由的探讨，而真理也不是那个意义上展开的主体性真理。海德格尔说：这里谈的真理，那个设定在自由中的真理并不可能是一般人们质疑的那种随心所欲的主体性哲学之残留。对于自由，人们往往诉诸一种"任意性"，但这恰恰是对真理的"葬送"，所以"真理在此被压制到人类主体的主体性那里。尽管这个主体也能获得一种客观性，但这种客观性也还与主体性一起，是人性的并且受人的支配"②。对象性地把握人，虽然是客体化地把握，依然是一种摆置，而这种摆置无论多么客观都还是主体性哲学的一种倾向，它最终逃不开主体性的那种从人性出发的对自由的理解，而这种理解直接导致对真理之本质理解可能走上的歧途。在人性中，各种错误、谎言、欺骗、伪装、假象、幻觉都成为非真理，所有这些非真理的来源是人不能符合性地达到真理。非真理既然是真理的反面就也有其非本质的一面，于是就被排斥在对真理之本质探讨的领域之外。非真理因此来自某种人性的起源，而通过摆置，越发证明真理对非真理的支配，那种柏拉图主义的从真理的正确性而来的符合论理念对流变的假象的支配。传统形而上学把对非真理的排除与支配者当作"不朽的和永恒的"，这种永恒真理是要拒绝被建立在"人之本质的易逝性和脆弱性之上"③ 的，而人恰恰是生存论中那个被抛的易逝而脆弱的存在者，传统形而上学的真理因此在人性中就无法找到什么根据了。我们有时候很厌烦真理的本质是自由这个讲法，原因在于，自由似乎只是人的一个特

---

① 海德格尔：《论真理的本质》，载于《路标》，孙周兴译，北京：商务印书馆，2000年，第215页。

② 同上。

③ 同上。

性，说真理的本质是自由就类似说人的本质是自由一样。而人，流俗认为似乎我们都知道了"人生而自由"，但这是主体性哲学的一种思路，仿佛大家真的全都了解人，仿佛真理真的只是关于人并必须从人的视角才能理解自由是什么一样。

海德格尔从第四节开始谈论自由的本质问题。萨特式存在主义的人道主义理解，某种程度上并不能当作对自由的本质与真理的正确性关联的正确理解。只要我们不再完全在人本的意义上谈论真理与自由，我们就会发现对自由与真理本质关系的探索有助于我们寻找人之为人的本质，可以让此在被遮蔽的那个自由本质得以展现，而关于这自由本质方面的经验恰恰是某种把此在本质地置于其显现中的东西。自由的正确性是从可能性那里获得本质的，但同样地，自由的可能性又是从其先行给出的正确性那里获得本质的，自由被规定为对在敞开领域中的敞开者是自由的，如同说在世界中存在的此在首先被规定为自由的。正确地去描述一个可敞开者意味着应认定其为在自由的开放性行为中的某种存在者。此在在世界中存在，如同敞开者在敞开领域中存在，如此这种敞开行为本身就是自由的运作，而自由就是让存在者成为其本来所是的那样。因此，海德格尔说："自由便自行揭示为让存在者存在（das Seinlassen von Seiendem）。"[1] 一般来说，让存在（Seinlassen）是某种对存在者的"放任、放弃、冷漠乃至疏忽"的负面消极的意思，但海德格尔认为其实"让存在者存在"不一定非要是这种负面意思，可以完全没有疏离与冷漠的含义，而体现为"让存在，乃是让参与到存在者那里"[2]，除此还有那种"推动、保管、照料和安排"的意思。海德格尔指出，让存在意味着让存在者置于敞开状态中，也就是成为 *ta aletheia*（无蔽者）。

海德格尔在这里明确说不把真理翻译成 Wahrheit，而是理解成为 *aletheia*（无蔽），这暗示着需要对正确性意义上的真理一词进行某种反思。更进一步，我们

---

[1]　海德格尔:《论真理的本质》，载于《路标》，孙周兴译，北京：商务印书馆，2000 年，第 216 页。

[2]　同上，第 217 页。

要思考那个存在者被遮蔽与解开遮蔽的二重性本身到底如何运作，即真理作为差异本身的运作问题。当存在者被解蔽的时候，这种差异的二重性运作依然在进行，只是存在退到了存在者身后，以使存在者能够用 was 与 wie 的方式来展开自身的意义，而摆置之对象性把捉本身也在这个存在者之解蔽过程中得到某种尺度，让存在不是锁闭存在者而是让存在者重新置身于敞开状态中。故海德格尔下这样的判词："让存在，亦即自由，本身就是展开着的（aus-setzend），是绽出的（ek-sistent）。着眼于真理的本质，自由的本质显示自身为进入存在者之被解蔽状态的展开。"① 让存在这个动作就意味着自由，就是真理的差异化运作自身，这种绽出类似此在生存一样，存在者在让存在之牵引中进入敞开状态，而这就是自由，真理作为自由的本质就变成了进入显示自身为解蔽状态的解蔽化差异运作本身。自由到底是什么呢？海德格尔说，自由不是某种随便怎么样的任意而为，因此自由就不是对一切都可以无法无天的肆意为之的承诺，相反，自由本身就带有某种自我约束机制。但是，自由却也并非对一劳永逸地实现某个具体的必要之物的准备阶段。实际上，自由首先就是解蔽过程，是先于二元性对立的某种自我敞开状态。正因为这种解蔽过程，解蔽状态作为一种敞开领域中的敞开状态而被保存，通过绽出生存的那种参与（das ek-sistente Sich-einlassen）而持存着。这个就是Da-，此在的此是指的这个存在者自行绽出自身的那种解蔽着的敞开状态，只有在这种状态中，此在才是其所是。

这里海德格尔在此与在之间又加上了连字符，以表明动态过程的更深入意义。在此－在（Da-sein）里，人们获得他们生存的根据，好比我们并不是首先作为人而存在，相反，我们首先作为某种人而存在，由此我们才获得了作为人而存在的某种根本性的东西。与早期的《存在与时间》不同，海德格尔指出："'生存'（Existenz）并不意味着一个存在者的出现和'定在'（Dasein）（现成存在）意义

① 海德格尔：《论真理的本质》，载于《路标》，孙周兴译，北京：商务印书馆，2000年，第 217 页。

上的 *existentia*（实存）。"① 这意味着生存不一定直接带出一个特定的存在者，比如人类，而这个生存所展开的也不是一个现已完成的东西，因为后者必然是某种实存之物，而生存总在指示一个动态的过程。不过，生存难道不是某种在生存状态中构建的道德努力吗？这种道德努力在海德格尔看来是否毫无基础存在论意义呢？海德格尔当然强调道德努力的伦理学建构之类都依然是某种不够生存着的遮蔽状态，而生存绽出的过程是真理运作的过程，也是自由展开自身意义的过程，这一过程要求存在者进入解蔽状态中去。历史性此在通过建基展开其生存。海德格尔认为这种历史性建基的时刻需要某种时机（Kairos），就是追问到底"什么是存在者"这个问题的时机。当问及"存在者是什么"这个问题时，无蔽状态才被第一次历史地经验到，在古希腊即是存在者整体的自行揭示之自然。从自然的动态涌现（*physis*）中，我们历史性地经验到存在者的无蔽状态。自然首先是对存在者整体的一个把握，也就是说，自然从古希腊开始最初就是被当作"涌现着的在场（das aufgehende Anwesen）"② 而把握的。只有当存在者置入无蔽状态并努力保存在无蔽状态中，人们从对存在者之为存在者的追问能够把握到这种对无蔽状态的保存时，真正的历史才产生。海德格尔令人惊异地指出："对存在者整体的原初解蔽，对存在者之为存在者的追问，和西方历史的发端，这三者乃是一回事。"③ 即是说，让存在者整体进入无蔽状态伴随着对存在者之为存在者的发问，而这恰恰是从古希腊而来的第一个开端所带来的结果。可是，如果是 Da-sein 让存在者存在，让人通过解放而获得自由，并提供了选择成为存在者或不成为存在者的可能性，让人其实不可避免地只能面对必然之物存在者，如此人就并不是占有了真理，或者说占有了自由，而是相反地，作为真理的自由本身，那个 Da-sein 的解蔽过程本身占有了人，总是不断地原初地自由地占有人。通过自由，人才与整个

---

① 　海德格尔：《论真理的本质》，载于《路标》，孙周兴译，北京：商务印书馆，2000 年，第 218 页。
② 　同上，第 219 页。
③ 　同上。

世界发生关联，存在者才与存在者整体发生关联，这种关联就是历史本身。"唯有绽出的人才是历史性的人。'自然'是无历史的。"[1]本真的人才是有历史的，因为本真历史是在此－在的敞开运作过程中不断绽出其意义的。

自由，如此就被海德格尔理解为：让存在者存在的那种解蔽意义上的差异化实行活动。真理因此就不再是正确性的代言人，真理可以体现为谬误的状态，正所谓"运伟大之思者，误入伟大之歧途"；真理也并不再是某种通过人类主体对客体表述并在某种条件下有效的东西。海德格尔认为的真理，就是存在者的自行解蔽。通过解蔽活动的差异化运作，真理的敞开状态才不断化成自身，成其本己，"一切人类行为和姿态都在它的敞开域中展开"，而人就在这种绽出生存中成其自身。既然充满多样化的人类行为方式以各自的方式与其对应的东西相协调，让存在作为一种自由本身，就已经有一种指引的意义先天地存在于自身之中了，即，在让存在的敞开过程中，总是会"指引表象去符合于当下存在者"[2]，这就是内在符合与真理、自由的关系的奥秘所在。那么人的生存（ek-sistieren）就变成了在某种对存在者整体的解蔽事件中，历史性此在的本质可能性也得到了揭示。历史那种罕见而质朴的决断发自良心，亦来自一种与真理本质运作相符合的无论正确或谬误的展现过程，这个展现过程其实是真理原始本质化之现身的方式，即在历史的当下真理本现（wesen）为如何的样式。

海德格尔精辟地指出，真理的本质既然是自由，那么历史性的此在在让存在敞开的过程中，完全可以"让"出某种不让存在者成其本质的形态，类似存在拒予姿态，这种姿态就是存在者被遮蔽的情形——被假象（Schein）的伪装所蒙蔽，"真理的非本质（Unwesen）突现出来了"[3]。真理这种非本质性的动态本现过程并不完全是人的无知无能或者疏忽罪过，因"自由作为真理的本质并不是人固有

---

[1] 海德格尔：《论真理的本质》，载于《路标》，孙周兴译，北京：商务印书馆，2000年，第219页。

[2] 同上，第220页。

[3] 同上。

的特性"①。人绽出其生存的作为存在者之解蔽过程，恰恰是因为自由这种非人性基础才有可能发生。"非真理必然源出于真理的本质"②，即是说非真理也是源自自由，那种可使得非真理与真理得以差异化本现的敞开性本身。真理与非真理是一体两面的共属，只有这样，非真实命题才对立于一个真实命题而被述谓。自由作为真理的本质，在这种对真理二重性之遮蔽与解蔽、真理与非真理关系的探讨中才被更深刻地领会。当我们了解了真理的本质如何，非真理的本质之难题也便迎刃而解了。对非真理的本质的把握同样重要，海德格尔总结道，如果说正确性并不能代表真理的本质，那么不正确性同样无法作为非真理的本质而被接受。

关于真理的本质，第五节开始深入讨论，一开始海德格尔就明确地说：真理的本质就是自由。自由是某种绽出状态，也就是敞开状态，那种让存在者存在的差异性活动。所有的存在者行为都孕育在"让存在者存在"的过程中，这个过程必然是有所作为的。存在者整体解蔽的过程中，自由首先就与存在者整体相适应，适应之协调状态却不能简单地被把握为体验或者情感，否则就又落入了主体哲学的窠臼中，就不可避免地从灵魂与生命的角度来解释自由，但这种自由并非自由最本己的内涵，因为自由作为真理的本质并不完全是属人的。自由意味着一种进入存在者整体的协调状态，它"即一种入于存在者整体的绽出的展开状态（Ausgesetztheit）"③，之所以可以被感受与体验到，是因为"体验之人"本身已经先行被嵌套入这个敞开状态中了。存在者先行在存在着，但感受之人并非因此就已然是自由的，他"并没有去猜测调谐之本质为何"。因此，历史性此在的行为不管在被强调的意义上还是在被偏离理解的意义上都是在敞开状态中被调谐了，在调谐中被嵌套在存在者整体之大全中，而大全的敞开状态也并非就是一切存在者之集合的那种现成状态。

---

① 海德格尔：《论真理的本质》，载于《路标》，孙周兴译，北京：商务印书馆，2000 年，第 220 页。
② 同上。
③ 同上，第 221 页。

相反地，其实存在者大全整体的敞开状态，在存在者不经常干预的地方，尤其是被科学技术忽略的地方，却更好地运作着。敞开状态在人类熟悉的，尤其是技术无限度地推进对事物的摆置与占有的领域反而体现得很少，像是自我遮蔽了一样。在存在者整体的平庸状态中，敞开状态被磨平了，磨平成某种虚无主义理解的虚无的东西，不但被认为是无关紧要的而且还被很快地遗忘掉。海德格尔说：存在本身通过自由而调谐地让存在者存在这个敞开行为本先行于存在者，人则是由存在者整体来调谐的，可是，平庸的日常计算所展开的视野中，存在者整体显然是不能被把握的，不但是不可控的，也是不可计算的。仅仅从存在者自身，我们根本无法把捉存在者整体这么个庞然大物（Mass），所以调谐一切存在者整体这种讲法依然是有问题的，好比一切的存在者都可以被敞开为自由之境一样是值得怀疑的流俗见解。不过存在的调谐作用也并非毫无意义，它本身就是对存在者整体的一种遮蔽。也就是说，调谐着的敞开状态首先是个别行为中的让存在者存在，而不可能是整体中的行为发生。让存在故而遮蔽了整个存在整体。让存在同样作为一种遮蔽而出现，解蔽在解蔽过程中就是敞开在敞开中带来了一种关于敞开的幻影。遮蔽也是如此，"让存在自身本也是一种遮蔽"①。在此在的生存论建构展开的过程中，个体实现自由的过程必然带来对存在者整体的遮蔽，存在因此在"真理是让我们得自由"的过程中遮蔽了存在者整体。

下一节海德格尔开始谈遮蔽状态。遮蔽状态其实就是"非解蔽状态（Un-entborgenheit）"②，遮蔽状态是真理本质意义上的根本性的非真理，正确与否并不能作为真理与非真理的判断标准。不正确的真理依然可以是解蔽的真理，解蔽之后的真理可以保持为某种遮蔽样式。德里达大概会问海德格尔如何呼出"存在者整体"这个词语，又如何把握这个词语。海德格尔说，存在者整体状态从一开

① 海德格尔：《论真理的本质》，载于《路标》，孙周兴译，北京：商务印书馆，2000年，第222页。
② 同上，第223页。

始就已经产生了，从源头处就存在某种存在者整体状态的遮蔽。而这种"存在者整体之遮蔽状态，即根本性的非真理，比此一存在者或彼一存在者的任何一种可敞开状态更为古老"①。这意味着，存在历史从一开始就遮蔽的这种情况甚至比让存在更古老。因为让存在是存在对遮蔽本身有所作为，通过让存在使存在者从整体的遮蔽状态中解放出来的尝试。让存在是对着存在者整体之遮蔽的一种敞开姿态。让存在与存在者自行遮蔽的那种本己的神秘（das Geheimnis）相关。存在者整体的遮蔽状态是某种巨大的神秘，这种神秘是关于此在自身的神秘与归家之秘钥。海德格尔说："让存在即让存在者整体存在——是解蔽着又遮蔽着的。"②被遮蔽者首先显现出来，当此－在绽出自己，它就保持了最根本的非真理也就是遮蔽状态，这种非真理从根本上即是神秘。海德格尔要强调的是，这种非真理的非本质因素并不比所谓的本质之物，比如根据、类、共性更低级，这种非本质恰恰是更先行存在于存在者的，也就是从让存在而来的一种发生状态。一般来说，非本质会被认为是某种蜕变的低级的东西。海德格尔认为就算是某种从本质蜕变的东西，非本质也不是某种与本质有丝毫干系的东西。这种意义上讨论的非真理和非本质就与常识认为的不同了，因为通常的意见认为这里面有一种很明显的自相矛盾，最关键的是："真理的原初的非本质（即非真理）中的'非'（Un-），却指示着那尚未被经验的存在之真理（而不只是存在者之真理）的领域。"③就是说，非本质是那些没有被经验过的存在自身领域，而那些领域的真理并不是本质性的，但又不是存在者意义上的某种属于"非"的蜕变与次一级东西。自由在让存在中下决断，让存在就是去自由。在追求自由的过程中，存在自身在某种内在的关于存在本身的，也即关于自由本身的指引下去存在。在追求自由的过程中，不自由就越发地体现出来。在那种让存在发生的时刻，存在也自行遮蔽。海德格尔认为，

---

① 海德格尔：《论真理的本质》，载于《路标》，孙周兴译，北京：商务印书馆，2000 年，第 223 页。

② 同上。

③ 同上，第 224 页。

存在者即使在最极端的情况下，依然有某种自身可控制的、可判断的东西为其基本通达因素。"当他着手拓宽、改变、重新获得和确保在其所作所为的各个不同领域中的存在者之可敞开状态时，他也还是从方便可达的意图和需要范围内取得其行为的指令的。"[①] 从这个意义上说，仿佛存在者不可能全然存在于一个抽象空虚的领域，以至于不需要听到任何行为指令就可行动起来。

问题是，如果只在炙手可得的方便中就可以达到让存在，其实反而是一种错位，这种方便会让遮蔽变得困难，以至于失去自行遮蔽的方便本身即变成了另一种更根本的遮蔽。其实这些方便中有很多可以置疑与不确定的因素，它们只是作为某种过渡因素与中转站而存在，以至于让我们以为它们的通行是天然无可置疑的。倘若存在者本身整体的遮蔽状态被发现了，那很多方便上手的东西就会被当作理所当然的被遗忘物了。此在在被遗忘状态中，开始有机会现身成其想要成为的样子，即绽出其世界。人类在遗忘自身的作为真理的那个非真理的时刻以各种意图与需求来充实其世界，遗忘存在者整体进而组建自己的生存。人在绽出的活动中寻求尺度，并且不断地寻求新尺度。人不断把自身当作主体，作为主体，他成为万物的尺度，却因此反而搞错了，因为尺度根本不在人，至少不完全在人。人们通过最方便上手的事物来表达那种对存在者整体的遗忘，"此在不仅绽出地生存（ek-sistiert），而且也固执地持存（in-sistiert），即顽固地守住那仿佛从自身而来自在地敞开的存在者所提供出来的东西。绽出的此在是固执的"[②]。这种人类的固执本身有某种差异性神秘力量在运作，但人类遗忘了这种真理的力量，人们变成某种非真理意义上的东西而生存着，哪怕是绽出生存，依然不断地从在场的方便中攫取着什么。

"作为迷误的非真理"是最精彩的一节。海德格尔居然谈"迷误"！也就是差异本质作为迷误。他说，非真理是一种迷误，海德格尔说人们把存在者自身当作

---

① 海德格尔：《论真理的本质》，载于《路标》，孙周兴译，北京：商务印书馆，2000年，第224页。
② 同上，第225—226页。

标准，人以人自身为标准的时候就背离了真理，于是朝向了可以通达的那种方便可通达的事物，而实际上背离了自身的神秘，那个神秘本身就是关于真理的部分。也就是说，越是方便通达，越是容易误入歧途地背离真理，而进入某种对通达物之路径的迷误。海德格尔说："人总是在迷误中彷徨歧途。"[①] 在人绽出自身的存在之际，人就已经在先行地进入某种迷误了。误入这种迷途本质上恰恰就是存在者最本己的内在可能性，那种存在者整体性迷误的可能性在历史中体现出来。迷误才有转向，没有迷误就没有转向。"迷误乃是那种转向的运作领域"，生存总在迷误中遗忘自己，海德格尔说，"对被遮蔽的存在者整体的遮蔽支配着当下存在者的解蔽过程，此种解蔽过程作为遮蔽之遗忘状态而成为迷误。"[②] 遮蔽存在者整体就是对存在者整体的遗忘，解蔽过程本身就作为这种遮蔽的遗忘而发生，通过某种整体性的遮蔽而使得存在者整体误入歧途。迷误是反本质的。迷误因此成为某种对真理的任何一个对立领域的敞开性。迷误因此是某种叫作真理的代名词，"迷误（Irre）乃是错误（Irrtum）的敞开之所和根据"[③]。错误交错在历史中，成为某种历史发生自身的原始迷误的反本质之境。

　　日常有各种各样的错误，所有的错误都归到迷误，而迷误是所有错误的原始策源地。人们常常认为迷误只是不正确，或者虚假与荒谬性，其实后者不过是迷误最表层的一种体现。深层的迷误常常伪装自身为正确性的东西，毋宁说它本质上就是一种此在之历史性敞开，"迷误通过使人迷失道路而彻底支配着人"[④]。但这种支配又给出某种可能性，这是此在绽出自身的可能性，即，人可以通过经验迷误来回归神秘以便让自身不再错误。这是很匪夷所思的讲法，其实海德格尔的意思是：人可以通过面对迷误而回归到那个不再认为犯错误就是歧途的原始领

---

① 海德格尔：《论真理的本质》，载于《路标》，孙周兴译，北京：商务印书馆，2000 年，第 226 页。

② 同上，第 227 页。

③ 同上。

④ 同上。

域，以便守住那个领域而不再误入歧途。此处的歧途是认为犯错误即是错误的那种迷路。人的自由绽出其实就在迷误中进行，这迷误充满可能性，在这种似乎不可控的迷误中存在神秘，或者说，有某种归家的因素，Geheimnis（神秘）即是某种对家本身的聚集。人在自由的绽出中屈服于神秘是自然的事情。此在这种东西就被强制地困在了某种非本质的真理中，此种真理还在不断地本质化地运行着，在这种困境中，此在"相应地也就出现了那种入于不可回避之物中的可能的移置（Versetzung）"①。对存在者乃至存在者整体的解蔽与遮蔽的二重性中，就有迷误在运作，其实也就是有真理在运作，因为真理的本质作为本质的真理在运作。此刻叫作迷误也未尝不可。自由就是此种迷误之本质，自由就是从真理的源初本质而来的"在迷误中的神秘之运作"②。道隐无名，曰大曰远曰反，强名之为迷误（Irre）。让存在者存在其实可能是一个偶发性的东西，就是绽开也可以失败，就是在正确性中失败，进入迷误的本质之源处，朝着最本质的神秘的决断，如此决断让更原始的追问得以展开。迷误之真理就是非真理的那种本质，或者本质作为非真理的那种本质化运作。迷误的运作依然是自由真理之绽出过程。问存在者的整体的问法可以让我们进入迷误，这种迷误所带来的恰恰就是那个叫形而上学的东西。于是，透过对迷误之本质的追问，我们进入对存在者整体之迷误的历史，即形而上学史作为一种迷误或者存在本身之遗忘的真理意义。

在该文的最后一节，海德格尔讨论真理与哲学的关系，他说：能把人从自己解放出来，这就是一种真正的历史性。解放人性的东西才是真正进入历史的东西。这种解放在对存在的运思中到达了词语（Wort），词语这时候就是对于存在者整体真理的最原始的保存、构造。意思是说，有多少人能理解这些词语表达的东西，其实这不重要。海德格尔这里依然有某种尼采主义的情怀，他不认为是人民群众

---

① 海德格尔：《论真理的本质》，载于《路标》，孙周兴译，北京：商务印书馆，2000年，第228页。
② 同上。

决定了历史，而是由能听的那些人、那些有缘的精英决定了这些词语的意义，如同哲学发端的同时智者运动开始。后现代智者，他们要给存在者本身赋予不可置疑的烙印，并且把类似海德格尔的思想说成是对人类健全健康思维理智的攻击，这种攻击是因为海德格尔的迷惑而不是其自身的迷惑。真正的哲学只因为与存在者整体的源始真理有关才充满意义，因为海德格尔说，"真理的完全本质包含着非本质，并且是首先作为遮蔽而运作的，所以，探究这种真理的哲学本身就是分裂性的。"① 这种分裂就是存在论差异中的根深蒂固在思想者内在的诞生与保养。哲学可泰然地接受存在者整体的遮蔽，哲学并不回避与拒斥遮蔽，而是在某种本己的把握中敞开对它的领域和把握。哲学的位置，作为一种生命本质的追问，"并不唯一地持守于存在者，但也不允许任何外部强加的命令"②。康德也感受到了这点，海德格尔说康德体会到哲学应该在一个牢固的立足点上才对，但这个点又不在天上地上，它有其自身的法则与规则，它永远是自己意义的监护人。康德虽然是在主体哲学的领域表达了哲学的定位——哲学追求真理的那种定位，但其实已经超出了其把握的那个本来应该在主体自身之中的那种规定性，哲学是某种对自身差异性"法则的维护者"。海德格尔提醒：哲学是否可以获得那种自我法则的维护者取决于哲学作为对真理发问的那种开端性，那种从本己而来的对真理源始本质寻求的本真历史性。思考真理的本质，就是思考本质的真理，而本质就是存在，进而就是思考存在的真理。存在之真理并非某种正确性的东西，而是根据某种让存在的自由，而这种自由首先就植根在遮蔽与谬误中。结果，海德格尔表明："真理之本质并非某种'抽象'普遍性的空洞的'一般之物'，而是那种独一无二的历史所具有的自行遮蔽着的唯一东西；这种独一无二的历史乃是我们所谓的存在的'意义'的解蔽的历史——而长期以来，我们已习惯于仅仅把所谓存在当作存在者整体来思考。"③

---

① 海德格尔：《论真理的本质》，载于《路标》，孙周兴译，北京：商务印书馆，2000 年，第 229 页。

② 同上，第 230 页。

③ 同上，第 231 页。

最后，要补充说明的是，其实在注解中，海德格尔把这篇雄文的主旨概括得更清楚明白："存有（Seyn）——作为存在与存在者之间运作着的差异的那个存有。"① 真理如此被海德格尔定义为存在者与存在之间运作着的差异的那种敞开着的自行遮蔽。真理的本质是本质的真理，这个意思是说，本质作为一个动词在真理化着，就是说真理是一个动态的本质化的过程，但它并非就只是正确性的问题。真理的本质是自由，而自由就是让真理成其为本质的那种东西。讲述真理的本质，其实是在谈论海德格尔关于存在之历史的转向之自行道说（die Sage einer Kehre），Seyn 既然是有所无蔽的自行遮蔽，那就是在让存在的过程中使得存在以敞开又自行遮蔽的差异化过程。存在意义问题就是筹划领域问题，就是敞开状态问题，也就是存在之真理问题。关键在于，真理从符合论的正确性真理绽开到了自由，而自由就会有遮蔽与谬误，克服形而上学就在这个角度展开，因为我们把谬误也带到敞开领域来思考。其实从《存在与时间》开始，作为主体的人的那种主体性就开始被抛弃了，存在之真理就变成了某种历史性真理的自我本质化过程。运思本身就不再提供概念，而是思考与存在关联的那种经验到底是什么，又应如何描述出这种与存在关联之历史性转向的改变。

4.2 《哲学论稿》中的"赋格"

海德格尔在 1936 年开始私密写作的《哲学论稿》（*Beiträge zur Philosophie*）非常艰深，是各种思考片段在某种艺术式构思下写成的经典之作。目前学界甚至认为《哲学论稿》可与《存在与时间》并称为海德格尔最重要的后期代表作。② 这本书的副标题叫"从本有而来"。就是说，该书不同的几个部分，即前言、回

---

① 海德格尔：《论真理的本质》，载于《路标》，孙周兴译，北京：商务印书馆，2000 年，第 231 页。

② 关于《哲学论稿》在海德格尔著作中举足轻重的地位，参见孙周兴：《海德格尔〈哲学论稿〉译名讨论》，《世界哲学》，2009 年第 4 期；孙周兴：《海德格尔〈哲学论稿〉中文版译后记》等文献。

响、跳跃、建基、未来者、最后之神、存有 [①]，都是从关于本有的沉思而来。公开发表的关于本有与分解的思考，应是后来的《同一与差异》，但此隐秘写作已经为思想转向与转向后不同的从本有而来的启示路径提供了大略的路线图。《哲学论稿》为转向做的准备是根本性的，几乎后期海德格尔的重要思考在《哲学论稿》隐秘写作时期都有某种思维草图的提示。真理的本质与真理二重性问题的思索也并不在《哲学论稿》所涉及的思维采石场的路线图之外。在此书中，关于差异的问题的探索比比皆是，如体验与经验的关系、此在与此－在的关系，甚至还有几个小节明确提到存在论差异。此书非常重要的一个需要谈及的要点是"赋格"这个概念。因为书的展开有六赋格，赋格本身就是差异的一个变体概念，它代表了一种既分离又连接的状况。这一节，我将结合赋格在音乐理论 [②] 中的理论意义问题，尝试为《哲学论稿》的六赋格形式性提供某种全新的解释，并在这种解释的基础上考察差异问题如何在此书中起到勾连前后期的转向桥梁作用的。海德格尔用"赋格"（Fuge）来展开他的《哲学论稿》之隐秘写作。对于六赋格，我们所知甚少。下面我尝试讲解赋格在音乐理论上的相关内容，是为了说明：如果我们对赋格曲本身的现象展现方式有所领会，我们就会明白，差异是如何运作的——不仅仅是在海德格尔的思维内容中，而且首先是其《哲学论稿》的形式安排与艺术手法中的。我对赋格的所有谈论，都是把赋格当作差异变体表达来谈论的。虽然在《哲学论稿》中海德格尔谈及了存在论差异问题，但无论是把差异作为一个从第一开端到另一个开端跳跃的历史性思想通道，还是作为要克服存在论差异，即不仅仅透过此在思存在本身，而是直接思入存在本身，直接对差异之源进行思

---

① 参见孙周兴：《何谓本有，如何本有？——海德格尔〈哲学论稿〉的关节问题》，《世界哲学》，2010 年第 3 期。

② E. 普荣特：《赋格分析教程》，段平泰译，上海：上海音乐出版社，2010 年，第 120 页。

考，都离不开对赋格（缝隙、争执）的考察①，而首先要考察的其实恰恰是形式：为什么在《哲学论稿》的撰写中出现了赋格的形式，这种形式难道仅仅是偶尔的心血来潮之产物吗？抑或对赋格作为差异变体的未完成形态的拓展性沉思，直接决定了后来对分解、本有乃至语言、存在历史更丰富而复杂的差异分析？所以，这里虽然表面上我是在谈论赋格，但其实依然在谈论差异问题变成了哪种概念形式并展示现象学意义。有时我们会无意中忽略在哲学表达的形式本身中就存在的与内容融为一体的决定性方式，而这种方式就是探索差异问题之内容的同时展开的某种对全新概念与诠释表达形式的创造性寻索。

赋格的这种形式本身就是对现代性的一种嘲讽。在赋格音乐的行进过程中，音乐会有一个内在要求，就是说每一个音，它会自己自然地跳跃，而这个跳跃过程是一个自行涌现的过程。因此它自己在音乐的行进过程之中，有一个自然涌现的现象。赋格并不是添加很多多余的东西，它只是在某几个篇章的大体框架中自行滑动。赋格曲给我们的感受就像是在织布②，有规律并飞速运作的梭子反复地编制一个复杂的几何网络。这种反复是一种重复，重复这个概念意义重大，如果没有重复，就不可能有赋格。重复在巴赫的曲子中不断地延宕地推迟到场，这种推迟不断开启一个开头，一个不是开头的开头。这种开头是个重复性的东西，或者说，可重复的起源是那种绝对的不给予性的原初给予，在给出的时刻有看似最基本的原初样态。③在重复中，你会无法有效地体会某种逻辑性的思路，逻辑被阻滞，整个看似无关的步骤在交织运行的编制网络的结尾处，一个大花纹图案出现了，一个格式塔的效果出现了。但在一开始，甚至整个进程中，你无法直

---

① "缝隙"的讨论在《艺术作品的本源》之"作品与真理"章节，载于海德格尔的《林中路（修订本）》，孙周兴译，上海：上海译文出版社，2008年，第30页；关于"缝隙"问题还可以参见海德格尔对阿那克西曼德残片阐释，《阿那克西曼德之箴言》，载于《林中路》，上海：上海译文出版社，2004年，第337页。

② 此处可参希腊神话中的阿拉克涅与雅典娜比赛织布的神话的深奥政治哲学内涵。

③ 德里达：《胡塞尔哲学中的发生问题》，于奇智译，北京：商务印书馆，2009年，第163页。

接格式塔①到那个可预期的结果，甚至在任何一点上，你都无法预知到下一步什么将会到来。海德格尔思索并使用赋格的形式，他似乎想传达上述理解，本有（Ereignis）是类似复杂表盘的无限性差异性结构，你只有打开表盘，才能看到表盘内部的那个复杂的巴洛克系统，那不同的组件之间系统组合的紧密关联；但当表运作起来，时间就开始通过钟表展现给你一个流逝的表象，你却只能够听见那个永不停歇的滴答滴答滴答滴答的声音。故海德格尔谈情绪（Stimmung），这与赋格音乐有一个配搭，你会发现思想的现身情态有很多，这种思想的推进之中总伴有些许不安，是内心里流淌着的交织的复杂与不安。但你也会在这个过程之中有某种非常平静的东西被带出；另一方面，情绪被锚定在思想希望达到的关于未来的某种境界中。这种思想总是在思想未来。思想本身在它的内部，其细部是非常紧密地咬合在一起的，但是实际上当你能够平静地看待它的整体的时候，你会发现思想所表达的好像不过就是一个存在问题。②

还有一种关于赋格的现象学描述来自教堂组建的情况③。赋格在行进时就像是在组建一个教堂，音符是建造教堂的材料，在某种矩阵的精密排列中，音符不断地溢出自身，最后溢出一个整体的神圣性来。在赋格曲中类似组建教堂的那种整体性并不是在出现的时刻发生的，而是在不断重复中，在回归的格式塔中体现出来的。在多少层之外，不断地有阳光从巴洛克教堂的彩窗照射进来，每过一米就攀爬一米，这时候对所有的音符所涉及的基点有一个把握，但这种把握是建立在某种复杂紧密的组建结构上的，尤其是没有所谓的中心。这意味着，我们无法从个人的单独思考视角去观察所有的组建细节。光影因此就非常复杂地在多维度

---

① 格式塔与总体性的关联乃至宏观论述与少数写作等问题，可参考德勒兹：《卡夫卡——为弱势文学而作》，选自《什么是哲学？》，张组建译，长沙：湖南文艺出版社，2007 年，第 33 页。

② 孙周兴：《为什么我们需要一种低沉的情绪？——海德格尔对哲学基本情绪的存在历史分析》，《江苏社会科学》，2004 年第 6 期，第 7 页。

③ 诺伯格－舒尔茨：《世界建筑史丛书之巴洛克建筑》，北京：中国建筑工业出版社，2010 年，第 128 页。

中被交织地融合、压缩、折叠到了一起。在整个赋格的音响节点中，此起彼伏地发生着最原始的组建效用却又无法作为某种中心性与整体性的东西被把握，开端从这里开始的同时就从这里结束，此音符在上一个重复结束而正打开下一段重复，重复又并不杂乱。赋格的自我断裂与重复，在重复上发生的多次覆盖，非常地秩序化，其实又很具逻辑性，很理性化。赋格就类似一个钟表之中的飞轮，从整个的结构上说，赋格是大齿轮与小齿轮紧紧咬合的一个错综复杂的却毫无偏差地运行下去的系统。这个系统任何部件都是重要的。当我们说巴赫的风格时候，很容易去讲这么一个立场，就是说，巴赫的音乐是某种非常逻辑性的东西，是很理性的音乐类型，甚至他的音乐是可以做数学分析的，但巴赫的赋格风格又是很典型的某种从中世纪而来的赞美上帝的音乐类型，虽然也有世俗的情怀，但大体上是某种宗教性音乐。宗教音乐的题材其实依然是巴赫最流行的那部分音乐，如此就呈现出一个非常有趣的问题：巴赫赋格风格的宗教性到底如何孕育在其内在的严格数学形式中呢？对于海德格尔而言，当他谈论存在—神—逻辑学机制[1]的时候，他是在试图表明：无论是内在论还是超越论，无论是哲学还是神学，都没有办法避免陷入逻辑学的泥沼中，但第三条路的思想却既不在传统的数学—形而上学的思路中，也并不在神学意义上的宗教信仰中，它是介乎于这两者之间的一个东西，既与它们有关又全然不属于它们。就像上面讲的巴赫的赋格音乐风格，如果说它在数学中，它确实有数学的那种准确性与超越性，而在通过数学建造的自循环重复中行进的曲子却体现出某种宗教性的东西，但这种宗教性情怀又不全然是传统宗教那种通过被宗教意识形态定义的宗教性。这种东西应该既是很出世的，又是很入世的；它虽是很哲学的、超拔的、空灵的，但同时又是很物质的，特别数字化与技术化的。

赋格是这样一种很奇特的东西，你体会到的是无限性。这个无限性是很难做到的。在思想中，它一直是传统形而上学家希望追求到的那个东西，那个永恒的、

---

[1] 海德格尔：《形而上学的存在—神—逻辑学机制》，载于《同一与差异》，孙周兴等译，北京：商务印书馆，2011年，第75—76页。

不灭的、不变的、无限的东西。在赋格的数理逻辑设置之中出现的悖论循环，其实很像是解释学循环。借用莫比乌斯环的模型来考虑这个解释学循环，这个循环实际上是差异性的循环。当然，这里我们考虑的是思想赋格的这个解释学循环的意义。在莫比乌斯环上其实只有一个方向——会有这么一个假象。为什么会产生这个有趣味的循环假象？因为莫比乌斯环在某个可能的开裂处收尾并一百八十度扭曲后衔接咬合起来。赋格美妙的变"调"，在不同的调式之间进行"传送"或转调"跳跃"，而这种跳跃和传送，本身是在一个基础的思想旋律主题的"回响"的不断重复回归中达成的，此种达成既是螺旋式的上升，又看似没有上升，依然停留在原地，停留在此（Da-），而没有扬弃什么。它看似是数学式的悖论，却是蛇头咬蛇尾的经典螺旋，是时空维度无限升维（降维）的特殊运行方式，虽然曲子总有相应的有限演奏时间，可原则上，升降恰恰可通过赋格形式而不断接触无限本身。这就类似通过电影，镜头为我们在这个世界的三维真实中虚构出一个四维世界之真实，或把那种四维世界的时间性呼唤到来。[1] 赋格的这种莫比乌斯式解释学循环让我们开始发现悖论。在传统形而上学甚至康德哲学中，二律背反被强行抹去。为什么要抹去二律背反呢？因为它会让理性陷入怀疑主义。其实，当我们认定了客观世界是外在于我们的，那么这种自相矛盾的悖论就不可避免。就和那个经典的悖论表述似的：后面的句子是假的，前面那句是真的。这种真假的前后循环认定总是在逃脱自身，除了判断，我还要认定我的判断是真的，但每一次认定都意味着我又陷入了无法逃脱的死循环。问题是，我如何从这种循环中跳脱出来？如果我不跳脱，或者根本不存在什么跳脱，那么，如何利用循环达到某种实质上的上升呢？在文字中的悖论游戏，其实在音乐中是赋格音乐，在哲学中就是本有思想的一种表述。

　　赋格的音乐理论中有一个重要的概念，叫递推[2]。就是说，一般我们先建立一

---

① 关于在循环中虚拟出高维幻觉，可参考德勒兹：《电影 2——时间影像》，谢强等译，长沙：湖南美术出版社，2004 年，第 158 页。

② 林华编著：《复调音乐概论》，上海：上海音乐出版社，2010 年，第 121 页。

个主调，然后再规划一个主题，偏离主调一点点，再想办法找机会回到主调，让听众有一种如释重负的感觉。但高级的赋格曲又不是，尤其是巴赫，主调的建立是一个虚假的东西，是一个假借物、一个赝品，在每次回归的时候你都会有一种幻觉，即好像回归了主调；但这个主调不是真的，完全不是这个，不在原来的位置了，虽然看似是相似的，具有极其明显的相似性，但这个相似性又在听觉的认同中被模糊掉了。但随着重复的积累越来越多次，假的主调会不断地被重复与改写，真的主旋律就被抹去，这时候音乐反而不断地递推下去，不断地差异化地运行。而这个时候，假的主旋律恰恰是你想要建立的那个更假的主旋律，并且在这种情况中让所有的主旋律都达成了某种自然回归。如此你就明白了，如果你要把它扎根建基在更深的程度，这是因为一开始它就不是真的主旋律。赋格根本没有真正意义上的主旋律，因为它可以被建基得更深，这恰是一开始你就允许的。这里从本质上说：根本没有根基。因此，回到海德格尔《哲学论稿》的赋格，他在试图用赋格音乐的基本观念来思想，甚至我们或许可以说：他在努力像巴赫一样地思想。此处的像巴赫一样，是说把哲学思想的篇章编织成一份赋格音乐的乐谱，献出一首几个声部的赋格曲。海德格尔把《哲学论稿》做成了一首某种形式上的六声部的赋格曲，大部分时间是五个部分，"最后之神"章节已经达到了高潮[1]，但"存有"章节又是某种替补与改写的乐章尾声。从前瞻的导入与最后之神的最高程度的差异化，思想家的思想其实一直在导入中。虽然是六个部分，但其实从一开始就已经暗示了结束，而不同章节之间彼此次生交织，各种重复标题也就不奇怪了。如果以其他的方式来导入对本有的领会，或许确实没有赋格曲形式来得又恰如其分。当然，学界对赋格是否与音乐理论等问题相关仍有分歧，故而这一节的探索仍是实验性的。

---

[1] 孙周兴：《后神学的神思——海德格尔〈哲学论稿〉中的上帝问题》，《世界哲学》，2010年第3期，第44页。

4.3　《荷尔德林和诗的本质》解析

海德格尔从存在论哲学出发，对荷尔德林的阐释乃是诗思之间的一种对话。中期海德格尔的诗歌阐释集中收在《荷尔德林诗的阐释》一书中，而其中最有价值的文章，也是最核心表达海德格尔诗意思想的就是《荷尔德林和诗的本质》一篇。本节的疏解方式与其说是说明海德格尔的阐释工作，不如说是试图与海德格尔一道踏上运思之途，我们一句一句地疏解此文，以更本真地透过浪漫主义的诗意情调，或者某些政治哲学暗示，而直接通达海德格尔阐释诗歌本质的原初基地。这些阐释来自诗歌最本质的要求，海德格尔通过这些努力，在古老的"诗思之争"中寻找固定新的哲学概念的词语载体，为建构存在论哲学提供方便。海德格尔的诗意思想关乎作诗，更关乎思想的本质，对差异问题也有其独特展现。

《荷尔德林和诗的本质》开篇，海德格尔先列出五个中心诗句，之后开门见山提出重要问题："我们为什么选择荷尔德林的作品？"[①] 他列举了古典时期的一些伟大诗人，这种列举不是随意的。荷马和索福克勒斯是史诗诗人和悲剧诗人中最具代表性的。倘若按照尼采《悲剧从音乐精神中诞生》里的观点看，荷马是阿波罗精神的集中体现；索福克勒斯是悲剧诗人，他的《俄狄浦斯王》则是悲剧的最高典范，后者是狄奥尼索斯精神的化身。海德格尔却说我们不谈他们，我们也不谈维吉尔和但丁，或者莎士比亚和歌德。"按说，在这些诗人的作品里同样也体现了诗的本质"[②]，海德格尔明显对此有所领会。或许是因为别人已经谈得很多而他更熟悉荷尔德林？"甚至比在荷尔德林过早地蓦然中断了的创作活动中更为丰富地体现出来了。"[③] 随着疏解的进行，我们会发现其行文中任何一句话都不是可随便抹去的，都有其内在的严格性。"过早地蓦然中断了的"，这便是线索。此处我们嗅到

---

① 　海德格尔：《荷尔德林和诗的本质》，载于《荷尔德林诗的阐释》，孙周兴译，北京：商务印书馆，2000 年，第 36 页。

② 　同上。

③ 　同上。

了一种哀悼的基调。其实，海德格尔选择荷尔德林，是因为某种哀悼的责任。荷尔德林曲折而悲剧，思者和诗人倘若是同路人，他们就应该彼此护佑，彼此哀悼。这里我们隐约地看到了某种护佑，对无论生命进程中还是才华方面都不能得志的荷尔德林的责任性护佑。这是来自思的任务。"也许是这样。但我们还是选择了荷尔德林，而且只选择荷尔德林。"① 我们要学习和效仿古人，但首先是要对同时代的善良者和天才负责。可在这唯一的独特诗人那里我们就一定能读出诗的本质吗？这种反问不仅仅是思者在自我反问，同时也针对刚刚提及的古典诗人——对他们进行反问，读者和海德格尔一起反问。难道在荷马或维吉尔或歌德等任何唯一的某位诗人处，"我们竟能读出诗的普遍本质吗？"并非如此，因为"普遍意味着广泛的适合性"。于是，如何获得这种普遍呢？"我们唯有在一种比较考察中才能获得这种普遍。"② 进而罗列出诗以及诗的种类之最大可能的那些丰富多样性和复杂性就成为必须。但是，我们明显看到了这种把话颠来倒去说的阐释学循环，这些转折最终要表达些什么呢？"而荷尔德林的诗无非是这许多诗和诗的种类中的一种而已。"③ 这否定了刚才上面说的，说明了不能在特性的类比中寻找诗的本质。《艺术作品的本源》开篇如此表达："人们认为，艺术是什么，可以从我们对现有艺术作品的比较考察中获知。"如果我们熟悉现象学阐释学的展开方式，我们就知道海德格尔每一句话的安排都有某种严格性孕育其中。这就是阐释学循环的奇妙运用。它仿佛没有告诉我们具体的知识，但却在拼命撞开一个缺口。我们将发现，海德格尔的文字甚至是下一句否定上一句，不断地反复，意义就如此循环地开启着。

从下文看来，话锋反转回来，"只要我们把'诗的本质'理解为纠结于某个普遍概念中的东西，然后认为这个普遍概念乃是千篇一律地适合于所有诗歌的"④，

---

① 海德格尔：《荷尔德林和诗的本质》，载于《荷尔德林诗的阐释》，孙周兴译，北京：商务印书馆，2000年，第36页。

② 同上。

③ 同上。

④ 同上。

唯有我们这么认为的时候，之前的说法才是值得肯定的。这同样在《艺术作品的本源》中有印证："但是，与通过对现有艺术作品的特性的收集一样，我们从更高级的概念作推演，也是同样得不到艺术的本质的。"[①] 我们惊讶于海德格尔作品中看似随意却如此严密的阐释学循环。他接着说，普遍是无关紧要的，因为它是静态的本质（Wesen）[②]，或者说被僵化和固定下来的本质。这种本质已经远离了本质性因素。话锋又一转，但假如无论在哪里都什么也没有找到的话，我们如何发现诗的本质性因素呢？阐释学循环第一轮的大圆即将封闭，阐释学循环的缺口出现了——"它迫使我们去做出决断"[③]。什么样的决断呢？他的意思是：我们如何严肃地对待诗（还有思），如何取得通达那种前提条件并置身于它赠予我们的奇特权柄呢？可以看出，决断在思者那里是在"基础存在论"意义上说的，是一种关于诗的来自良心的召唤。

海德格尔接着说，选择这位诗人的原因是：荷尔德林蕴含着诗的规定性并特地诗化了诗的本质。为何是在"别具一格"的意义上说？别具一格意味着个性，"特地"是特别的意思，或者不是作为普遍性而是作为体现普遍性的某种独特性来说的——荷尔德林"是诗人的诗人"。这体现了同一性背后某种本质性差异。同一性在最复杂的差异性中得到规定。我们看到，此位诗人的别具一格来自某位思者的决断。后面的一系列反问，我们翻译成另一种表达就很好理解了："当下"（Moment，德里达意义上使用）的时代——海德格尔的那个当下、生存的当下、阐释的当下、演讲的当下——就是误入歧途和以吹嘘为标志的。正因为如此，作诗，将诗歌诗化，这种虚张声势是不得已而为之。假如当下是末世，那这样的诗人和诗歌就不会是末世论的；要是当下是美好的，这就是误入歧途的吹嘘或走进

---

① 海德格尔：《艺术作品的本源》，载于《林中路》，孙周兴译，上海：上海译文出版社，2004 年，第 3 页。

② 同上，第 27 页，译注 1。

③ 海德格尔：《荷尔德林和诗的本质》，载于《荷尔德林诗的阐释》，孙周兴译，北京：商务印书馆，2000 年，第 36 页。

虚张声势的死胡同了，这种姿态就自然是没什么好称赞的了。我们明白了思者在认同当下的匮乏时准备称赞独特的诗化了的诗歌的意图。但海德格尔还是很谨慎，他又稍稍地否定了一下：这"是一条权宜之路"①，或许必须在某种统一进程里来理解诗人的所有创作。思者又其实并不认同当下是个死胡同。但"我们不能如此"，因为思者在心里冥冥中有这样一种信念："有一种自在的文本吗？"②

接下来，"作诗是最清白无邪的事业"，清白往往是一厢情愿的。世界上没有完全清白无邪的事业。只有相对来说更无私一点、更公正一点、更纯粹一点的事业。完全的清白无邪是有害的，因为那是孤立自身的内在幻觉，就和总是挑食的人营养不良一样。当我们开始思考文本时，我们总是要设法溢出阐释而直接思考诗人（思者）提出的问题。前面我们分析了阐释学循环方法的悖论性，我们还没有充分思考过"荷尔德林的诗蕴含着诗的规定性而特地诗化了诗的本质"这句话。这是在说，规定性在这里不再是静态的，而是具有张力和领域性的。诗的本质可以被诗化吗？这是什么意思？比如说到"物"，假如我们能理解"物之物化"，就能通达诗被诗化的内涵。这是一种可以发生的真实状态。《艺术作品的本源》中说"有用性在可靠性中漂浮"，理解物之物性，物的有用性，进而是可靠性，我们就慢慢在通达"物化"的内涵，理解了物化就更理解诗化。比如塞尚的画，这里物不是去成为对象性的那个本质而是成为被环绕、被注视和被关照的，被使用又有所保留某种本质性因素的东西。从技术角度给出的物之本质，那个被抓牢的静态概念的外观使我们更接近物。"我们如何接近物？"这成为诗人首先关心的问题，当然也是荷尔德林关心的。我们想起里尔克因罗丹而受启发并开始用词语来接近物。如何接近物的问题，在古代美学看来不是个问题；而到了近代，通过福柯，

---

① 海德格尔：《荷尔德林和诗的本质》，载于《荷尔德林诗的阐释》，孙周兴译，北京：商务印书馆，2000年，第37页。

② 海德格尔：《说明》，载于《荷尔德林诗的阐释》，孙周兴译，北京：商务印书馆，2000年，第256页。

我们发现从委拉斯开兹的《宫娥》开始①，就成为艰巨的主体诞生与死亡的问题。我们如何接近物？在技术的统治下，物的本质被牢牢地固定起来，这种固定的强制力给认识主体以"促逼""摆置"。就是在这个意义上，海德格尔说诗化诗歌的本质。我们必须首先有种认为——诗是物。这么说也不是单纯地指定，而是在说，一把壶可以是物，政治事件可以是物，诗歌可以是物，一段无声的音乐也可以是物，回忆可以是物，国家的建立同样可以是物，等等②。这看似在夸大物的使用范围，却在"别具一格"的意义上接近着更本源的物。诗是物，诗的诗化需要非对象性的思入才能通达。这要问"非对象性的思如何可能"③，比如对象性地认识火的本质和非对象性地去接近火并能得出对其本质的领会和描述是完全不同的两种意识发生状态。前者诉诸观看和操控，后者诉诸观照和参与，并非说后者不去观看，而是不试图强加任何认知教条和先天范畴的划界。在意识中形成什么，意识自然会划分相应的理解域并允许你给予什么样的描述。前一种观看中的主体不会被火烧伤，操控是他最终的目的；后一种则是观照者沉浸于喜悦与温暖，不怕被烧伤，他的参与和因此种参与而可能带来的对本质的认知都还在生成之中。我们谈到接近物④和非对象性的思，这些思路的溢出是为了有效地领会何为诗化诗歌的本质。

关于作诗清白无邪的问题，海德格尔从问"作诗是什么？"开始。通过文本，我们明显看到一个"为艺术而艺术"的传统"意见"（太过现代性的意见）。思者说"我们还没有把握到诗的本质"。最重要的一句在这里："这种游戏因此逸离于

---

① 参阅福柯：《词与物》，莫伟民译，上海：上海三联书店，2001 年。

② 海德格尔：《艺术作品的本源》，载于《林中路》，孙周兴译，上海：上海译文出版社，2004 年，第 49 页，译注 1。

③ 孙周兴：《一种非对象性的思与言是如何可能的？》，参阅《中国现象学与哲学评论（第三辑）：现象学与语言》，上海：上海译文出版社，2001 年。

④ 孙周兴：《我们如何接近事物》，参阅：http://www.cnphenomenology.com/modules/article/view.article.php/c2/4

决断的严肃性，而在任何时候，决断总是要犯这样或那样的过错。"① 海德格尔说了那么多为清白无邪辩护的话，背后真正要说的意思是什么呢？我们整体反转他的话来表达一下他实际要说的意思：与那种现代性意见不同，作诗显现于筹划的高精密形态中，作诗有意地溢出它的形象世界并沉湎于对知性领域的反讽。同时，作诗不是无作用的，它不仅仅是一种道说和谈话而已。作诗是某种径直参与现实并改变现实的活动，是一种美学实践活动，是一个如同造梦的行动。诗宛若一个梦，现实和梦境的界限是模糊的，现实的都还成为着梦，梦亦如此。诗类似一种词语游戏，却很严肃。诗不是无害的也不是无作用的。没有比单纯的语言更危险的了。我们来思入相关问题：假如作诗真的是清白无邪的，那就意味着作诗这个事情的发生作为一个开端是无染污的，是时刻可以被找到的那个开端，并且它不会被否定。

作诗的劳作运行在语言的领域中。语言的领域是充满危险的。思者先提出三个问题：语言是谁的财富？为什么语言是最危险的财富？在什么意义上语言才是财富？"人是谁呢？是必须见证他之所是的那个东西。人之成为他之所是，恰恰在于他对其本己此在的见证。"② 海德格尔是在哲学的根基上思考政治问题的，甚至通过阐释诗歌谈论政治创建，但他忽略了哲学和政治是两个不同的领域，哲学不必对政治有价值的优先性。所以他用有些让人莫名其妙的诗教方式进行教化，它用的是现代诗这个载体，这种感受和现代诗本身的特性也是有关联的，同时因此还不能算是政治教化，而可以说是纯哲学教化，但纯哲学其实是不能这样教化的。思想深刻，有时政治判断力就会变得虚弱，而政治判断力和艺术鉴赏力之间有莫大的关系，公民有良好的艺术判断力才可能有比较好的政治判断力。我们于是发现海德格尔喜欢谈诗，却不喜欢谈音乐等艺术，偶尔谈及绘画和建筑也大多过分

---

① 海德格尔：《荷尔德林和诗的本质》，载于《荷尔德林诗的阐释》，孙周兴译，北京：商务印书馆，2000 年，第 37 页。
② 同上，第 39 页。

依赖他自身的存在哲学。这些都意味着，假如艺术鉴赏力仅仅局限在诗歌，那政治判断力因此会有致命的硬伤。进一步说，判断力问题也体现在对历史的把握上，有效且正确地把握历史可以深化对政治预判能力的提升。显然，思者只有预判对了历史进程的前瞻性发展，才可能让诗教的方法有效地传达并在实践方向上达到不偏不倚。

下一句是："人是万物中的继承者和学习者。"[①] 思者那时候要说的可能是：德意志人民呀，你们将是最纯粹希腊精神的继承者和学习者。说到这里，他开始谈"亲密性"（Innigkeit）[②]，亲密性不是"对各种区别的融合和毁灭"，而"指的是异己之物的共属一体，奇异化之运作，畏惧之需要"。关于亲密性问题，让我们思入更哲学层面的问题：亲密性，源于宇宙本质的因果网络的实体化。当此种实体化达到某种饱和的临界点，飞跃就成为可能，虽然飞跃不必然会马上发生，因此思者才说要把握时机（Kairos），时机是命运，把握飞跃的时机才有命运的开启。反思我们如今的时代，网络实体化已经切入人类的身体和生活，它首先体现的是对生命范式的全新理解。人类全体的功能性更新、能量级区分、权力高地的坚守、人格的重组、模糊化和复制，都体现了某种非比寻常的力量对生命的介入之实体化方式。亲密性意味着强烈的异于伦理指令的变革。重组和变异运作正在达成。伦理规则的更新和变革将体现另一种局面，它意味着伦理的回归并时刻召唤着它不可回归的双重性。在"区分"[③]缝合彼此的过程开始之时，同一性被进一步友爱地差异化了。海德格尔说，词语一旦被道出，就脱离了保护。保护什么呢？保护那种隐匿性。因为词语本身是去明亮，道说总是过于明亮的。诗人因此"不能轻松地独自牢牢地把握其真理性"。思者同样作为"第一者"的意义就出现了："诗

---

① 海德格尔：《荷尔德林和诗的本质》，载于《荷尔德林诗的阐释》，孙周兴译，北京：商务印书馆，2000 年，第 39 页。

② 同上

③ 海德格尔：《语言》，载于《在通向语言的途中》，孙周兴译，北京：商务印书馆，2006年，第 16 页。

人需要求助于他人，他人的追忆有助于对诗意词语的领悟，以便在这种领悟中每个人都按照对自己适宜的方式实现返乡。"返乡就是回到生命本性中，各自的返乡之路要求有各自的切入口。思者的伟大在于对诗人道说词语的保护，而这种切入思路并非思者的一厢情愿，因此，海德格尔说："但诗人不能独自把它保持，他乐于与他人携手结伴，使他们领会到援臂互助。"

亲密性是"那个使得冲突中的事物保持分离又同时结合起来的东西"[①]。继承者就要明白，世界的生成，其内在准则就是："创造一个世界和世界的升起"，那么也必须"毁灭一个世界和世界的没落"的这种统一性。这需要自由意志。关于"决断的自由"，这里有精神的辩证法："决断抓获了必然性，自身进入一个最高要求的约束性中。"这也是历史的辩证法："对存在者整体的归属关系的见证存在作为历史发生出来。"思者阐释了这么多，归根结底要问的是：为什么要回到语言？为了"使历史成为可能"[②]。因为"语言是人的财富"，语言成就历史亦可葬送思想的所有成就。人类的语言是财富，同时也总在自我遮蔽中。"语言是一切危险的危险。"[③]这个危险是说"存在者对存在的威胁"。人不能不说话，但说话一定意义上危及语言。如同人不能不成为存在者，但成为存在者，存在本身则会自行消隐。

语言可以有两种作为：作为存在者，作为非存在者。作为存在者，它显示积极的方面；作为非存在者，它显示消极的方面。这是语言的二重性原则。但思者实际要说的是，语言既不是存在者也不是非存在者，而是存在本身。语言的积极指引和消极迷误是一体的，是不可分割的二重性。为什么有了这个二重性，存在被遗忘（Seinsverlust）[④]就成为可能了呢？这里还没回答，只是说这是危险的。后

---

① 海德格尔：《语言》，载于《在通向语言的途中》，孙周兴译，北京：商务印书馆，2006年，第16页。

② 海德格尔：《荷尔德林和诗的本质》，载于《荷尔德林诗的阐释》，孙周兴译，北京：商务印书馆，2000年，第39页。

③ 同上。

④ 同上。

面又说：存在没有达乎词语，是因为词语中固有的二重性有堕落的"势"（参见《韩非子》），有从"最纯洁的"向"粗俗平庸"的东西堕落的倾向。这个堕落可以体现在从神到人的转化中，或从古希腊语到拉丁语的翻译转化中。在这个意义上，语言内部总是有"不得不"下落的命运。这种下落的命运或许是必然的，这个过程里面也有真理，海德格尔很在乎这种启示的真理。词语是不会为它可能扮演的角色做出保证的。相反，"一个本质性的词语所具有的质朴性看起来无异于一个非本质性词语"①。一个非常贴近本质的词还可能是无比陌生的，比如，方言中有很多可以将事物形容得更贴切的不可翻译的词汇，那些词就可谓质朴的本质性词汇，它们是那么地陌生和拗口，甚至不可思议，但却有着鲜活的生命力。在海德格尔论诗人黑贝尔的诗的文章中，他就谈论了方言词语对生命经验的某种概念固定的重要意义。"以盛装给出本质性假象的东西，无非是一种悬空而谈、人云亦云。"②语言必须规定某种无意义的空洞形式来成全其作为闲谈的外观。语言的危险正在于此，在于"语言必然不断进入一种为它自身所见的假象中，从而危及它最本真的东西，即真正的道说"③。其实这里说语言何尝不是在说此在呢？何尝不在说四方（Geviert）④ 中的诸神呢？

　　进一步说语言，语言不是人的所有物。不能说人在支配语言，这是误解。以为我们支配了语言，就得到了各种经验、情绪和决断的一切结果。相反，语言不只是理解的工具。语言就是语言本身。海德格尔认为没有语言，理解甚至也是不可能的；是语言在说话（die Sprache spricht）。语言通达存在本身。语言不是人的某种占有物——财富。假如我们拿这里改写的内容和海德格尔说的原文对比，我

---

① 　海德格尔：《荷尔德林和诗的本质》，载于《荷尔德林诗的阐释》，孙周兴译，北京：商务印书馆，2000 年，第 40 页。

② 　同上。

③ 　同上。

④ 　海德格尔：《物》，载于《演讲与论文集》，孙周兴译，北京：生活·读书·新知三联书店，2005 年，第 186 页。

们会发现，改写之前的原文当然表达了某种实情——不是一无所获，那是众所周知的实情，但它只切中了语言本质某个侧面，或者叫"语言本质的一个结果"，可我们总不能将结果当作开始。"惟语言才能提供出一种置身于存在者之敞开状态中的可能性。""惟有语言处，才有世界。"[①] 海德格尔谈及格奥尔格的诗歌《词语》时，他对"词语破碎处，无物存在"一句的表述有助于理解这层意思。只有在有语言的地方才有世界，才有物，才有变化。只有有变化，就才有更新与进步的可能性存在。这个变化表现在：决断、劳作、实践活动、道德责任；相反的，专断、喧嚣、沉沦、混乱等。很显然，这个结构是双重的。所谓财富的双重性就是这个意思。"惟在世界运作的地方，才有历史。"[②] 历史也是财富，历史中的此在、民族、国家、文化等都是"原始的财富"。语言见证着历史性此在的命运。语言是本有（Ereignis）的运作[③]。思者总不能直说语言是道。言说（Sprache）与道说（Sagen）因此成为两个不同的概念，海德格尔为了表达这种思想的丰富与深刻，而不得不寻找词语载体，甚至创造词语，只为了给全新的生命经验找到表达的出口。作诗与运思最后都是语言让说，是语言通过我们而说出真理。

人是一种对话。这是什么意思？"人之存在建基于语言，而语言根本上惟发生于对话中。"[④] "只有作为对话，语言才是本质性的。"[⑤] 人——"四方"中一方，并且是在"四方"中进行对话，仅当对话可以达成，人才存在。对话并非仅仅是指简单的谈话或不同对象间对着说。在对象面前保持沉默，或运用肢体，或感通的领会示意等行为都可以是"对话"。进一步，日常的语言是表层语言，是"词汇

---

① 海德格尔：《荷尔德林和诗的本质》，载于《荷尔德林诗的阐释》，孙周兴译，北京：商务印书馆，2000年，第40页。

② 同上，第41页。

③ 张祥龙：《海德格尔后期著作中"Ereignis"的含义》，参见：http://www.cnphenomenology.com/modules/article/transfer.php/c7/1223/print

④ 海德格尔：《荷尔德林和诗的本质》，载于《荷尔德林诗的阐释》，孙周兴译，北京：商务印书馆，2000年，第41页。

⑤ 同上，第42页。

和词语结合规则的总体"。深层的语言才是对话，是"彼此谈论某物"①。谈论只是中介。用什么来接受这种谈论呢？"能听"，不能听就意味着不能对话，而能听必然要求词语可以被有效地表达，词语的质朴表达的要求是"能说"，因此，"能听和能说是同样源始的"②。我们是"一种"对话，就是说，必然有一种"同一的东西"向我们敞开，这个东西要具备"能听—能说"的双重性，在这个敞开中我们获得对话的一致性和统一性。这种统一性具有承载力，因为词语是沉重的，具有"物性"。但对话并不一定是常态，人类有时候更喜欢自言自语。这种语言的本质性事件并非一蹴而就。那么我们要看对话如何发生，在哪里发生，有哪些对话发生了。对话必然带来争执，这是对话的独特性。争执意味着对谈论某物的争执。对某物的同一性关联（如同意向性关联）是"争执性对话"发生的前提。那种关联只有在持存中才能到达。就是说，关联不是偶尔的关联，是本来早就关联并持续关联的那种关乎存在本身的关联。这个关联具有"光照"。关联同时又发生在"瞬间"。

瞬间指的是内在的三维时间被瞬间绽开后的一维空间。就是说，对于生命的外在性，时间是一维的，空间是三维的；对于生命的内在性，正好相反，时间是三维的，空间是一维的。正因为后者，才有了此在的历史性和意识活动；正因为前者，才有了此在的物性和实践活动。进入"持存者"，由于"惟有持存者是可变的"，就意味着生命将可能把握不到同一性。"只有在'撕扯着的时间'（reißende Zeit）被撕裂为当前、过去和未来之后，才有统一于某个持存者的可能性。"③就是说，对于生命本身向外的活动，必须将湍急的时间之流（reißende Zeit）撕裂、固定，才能拥有那种对话的同一性。显然，对话是在向外诉求的两者之间发生的，那个不断重复闪现的时间性，就是那个已经流逝的和尚未到来的撕裂的空隙，就

---

① 海德格尔：《荷尔德林和诗的本质》，载于《荷尔德林诗的阐释》，孙周兴译，北京：商务印书馆，2004 年，第 42 页。

② 同上。

③ 同上，第 43 页。

是同一性。而这种撕裂是可能的，也必须可能。这是生命的特征，只是这种特征经常被误解和忽略。即是说："自从时间是它所是的时间以来，我们就是一种对话"即我们这一种统一的对外诉求中的时间性。达乎持存的此在是可能的吗？对话中达乎统一的历史性是如何发生的？

"自从语言真正作为对话发生，诸神就达乎词语。"① 不是说语言的发生制造了诸神，而是说，语言的发生带来诸神，诸神的到来是同时性的。诸神的到来就是世界的到来。对话的进行本身就是在召唤和带来诸神。"本真对话就存在于诸神之命名和世界之词语生成中。"这个"言"（Logos）是从对话中来的，并且带来诸神。传统哲学说：这个言是诸神之言，是光，它创造世界并且照亮世界，是由于诸神发言如放光使得生命有意义，诸神因此是词语的主宰和世界的统帅，因此自然是人的统帅。思者这里就是要重新思考这个事情：原初的古老对话使得词语生成，此种生成带来诸神（也带来与诸神对话的"天—地—人"，并使他们四者构成一个整体），这个意义上，言（道）更为原初，诸神并不具有对词语的霸权和原始统摄力，更不要说对终有一死者的特权了。本有（Ereignis）运作的关键是：诸神挣脱出人类的时候，终有一死者也挣脱出诸神。"惟当诸神本身与我们招呼并使我们置于它们的要求之下时，诸神才能达乎词语。"②

"诗是一种创建，这种创建通过词语并在词语中实现。"③ 被创建的就成为了持存者。持存者转瞬即逝，如何可以被创建呢？难道这个光照不"总是已经存在了"吗？持存者的光照敞开存在不假，但持存者也要被带来。所谓"言成肉身"，海德格尔说"持存者必须被带向恒定，才不至于消失"，"质朴之物必须从混乱中争得，

---

① 海德格尔：《荷尔德林和诗的本质》，载于《荷尔德林诗的阐释》，孙周兴译，北京：商务印书馆，2004 年，第 43 页。

② 同上。

③ 同上，第 44 页。

尺度必须从无度之物先行设置起来"。① 我们发现质朴之物甚至比诸神质朴，因此比诸神更混乱而平凡，以至于不得不去争取甚至抢夺过来，诸神的光芒甚至会遮蔽质朴之物；另一方面，尺度意味着设置，假如我们先悬置了诸神，尺度就是人必须对自身的责任了，而这个责任的完成却很艰难。"作诗的尺度是什么呢?"② 因为大地上没有尺度，充满了无度，这个尺度需要人去争取，而这种争取又要求对争夺的反省，过分的争夺反而不能争取来尺度。正因为"这个持存者恰恰是短暂逝的"③，才需要诗人的忧心，诗人的天职就是使得转瞬即逝的消息（前来问候的"天使"）被固定在词语里。"诗人命名诸神"，在这个意义上，没有诗人的命名，诸神就还不是诸神。而诗人的权柄在于：当诸神不再拥有核心地位时，诗人"大开杀戒"，让诸神惊恐，并在词语中将远离的诸神的神性重新带向词语。所谓"通向语言之途"即是说，通向对语言而不是对远离诸神的责任之途，这途中不仅仅是人类甚至连诸神都在叹息。"命名意味着说出本质性词语。"④ 作诗是从诸神那里夺取划分词语的尺度。

"诗乃是存在的词语性创建。"⑤ 诸神远离并非诸神消失或者死亡，争的词语也不是随便地在混乱中挑拣词语。尺度被创建需要尺度，但无度中没有尺度。这里还没有谈"虚无"（Nichts）等思路，要到那个思路必须先谈"虚明"（Lichtung）。这里我们显然看出来了，因为谈无序接近于谈混沌。混沌问题在海德格尔的《论尼采》中有谈到。但混沌是怎么建立那持存的? 这是问题。所以，要进一步把混沌空掉，不再在无度或有度的二元性中谈创建问题才更根本。所谓在深渊处开始

---

① 　海德格尔：《荷尔德林和诗的本质》，载于《荷尔德林诗的阐释》，孙周兴译，北京：商务印书馆，2000 年，第 44 页。

② 　海德格尔：《……人诗意地栖居……》，载于《演讲与论文集》，孙周兴译，北京：生活·读书·新知三联书店，2005 年，第 209 页。

③ 　海德格尔：《荷尔德林和诗的本质》，载于《荷尔德林诗的阐释》，孙周兴译，北京：商务印书馆，2000 年，第 44 页。

④ 　同上。

⑤ 　同上，第 45 页。

谈创建，我们并非"不是在深渊中寻找基础的"，深渊并不可怕，最深的深渊处才有拯救，这同样是荷尔德林给予的承诺。深渊问题直接关系到"空"的根本性问题。深渊意味着不断地被深渊，这样才能将那种深渊性的光照绽放出来。[①] 正因为"物之存在和本质必须自由地被唱作、设立和捐赠出来"[②]，所以创建就必须站在深渊的尽头。深渊的尽头不是一无所有的，它有基础。这个基础是道说出来的但又不是某个具体的物。它是书写下来的但却无形无相。这个关于开端的书写充满疼痛，如同产妇怀孕将产时分，如同使用"精神助产术"时隐约的丝丝阵痛。"人之此在才被带入一种固定的关联之中，才被设置到一个基础上。"[③] 海德格尔接下来谈到"充满劳绩，但诗意地栖居"了。"充满劳绩"意味着疼痛的开端，只有充满劳绩的疼痛才使开端开启。

最后一个问题是诗人的"忧心"[④]。为什么忧心？忧心意味着有所焦虑但说不出焦虑的是什么，更多的是某种牵挂和期盼的并存。因此诗人写作"哀歌"，哀歌是在诉说诗人和神圣者的某种关联。现代诗歌最重要的特征就是某种气息，属灵的气息。理解这些才能回过头来理解荷尔德林和对他的一些阐释。现代诗歌的关键点在于把捉不同特性的气息的释放方法、强度、行进痕迹等。属灵的东西必然先天体现出某种漫游者的模样，那是灵魂的姿态，却还不是精神的姿态。灵魂如风一样，漫游，但精神如火。这二者是不同的。灵魂原来是可以进入精神的，但在现代，灵魂再也进入不了精神了。这是荷尔德林以及以后很多诗人的姿态。深沉的孤独，仅仅是头颅行走在大地上并被黑夜所包裹。神圣者的到来类似于精神的到来，那种光明如同在正午。精神被技术转化成了如同这个主义那个主义的表达方式。现代社会里灵魂必将瓦解，被分食，于遗忘中被悼念。进而，不朽的不能是灵

---

① 夏可君：《〈中庸〉的时间解释学》，合肥：黄山书社，2009 年，第 15 页。

② 海德格尔：《荷尔德林和诗的本质》，载于《荷尔德林诗的阐释》，孙周兴译，北京：商务印书馆，2004 年，第 45 页。

③ 同上。

④ 同上，第 44 页。

魂而是空无。荷尔德林似乎没有意识到这点。海德格尔最后意识到了。灵魂在和空无的对话中不再占据有利的地位。所以，当精神到来，灵魂的钢铁就将破碎，灵魂会魂飞魄散。虽然那过度的倾听者并不害怕此种悲剧在舞蹈节奏下缓慢地诞生，但作为人而不仅仅是诗人，荷尔德林和海德格尔都"忧心忡忡"。因为此种忧心必然是哀歌性质的，现代诗人（思者）必将没有祖国，将在精神中孤独地流浪。最后诗人火红的心脏和月亮直接相关，荷尔德林写的是"自然"，他一直耽于写"太阳"。这些都是对大地尺度的忧心，创建活动的复杂性和丰富性就体现在这种忧心之内。

　　人类此在在其根基上就是"诗意的"，这个诗意不是浪漫主义意义上的，理解诗意必须回到"充满劳绩"。"'诗意地栖居'意思是说：置身于诸神的当前之中，并且受到物之本质切近的震颤。"① 这说得太玄了。其实海德格尔就是在说：对物有一种人之神性的观照。人要激发人的那种神性，如同诸神当前同来一样，对物进行持续的护持。此在充满劳绩但不是劳绩本身，而是馈赠。② 这是说，此在不仅仅是传统意义上的被造物，同时也可以是造物主，此在自身命运的造物主。此在创造自身的存在命运，但这又不同于人是一切的主宰。这里的造物说的不是创生，而是给予、馈赠，或者说，此在要主宰的不是神或者物，也不是词语，而是自身。世界唯有当此在真的可以主宰自身时才能到来，此在唯有首先学会主宰自身的命运才能将诸神带上前来。诗往往被误解为是一种"激情和消遣"，是一种"附带装饰"。但"诗是历史的孕育基础"③，历史的根基就是诗，诗不一定是美丽的，很可能充满了腥风血雨和苦难，但这就是诗。将诗看作是"美的诗"，这是对诗的误解。因此，诗不只是一种文化现象而已。因此，海德格尔才说："我们的此在在根基上是诗意的，这话终究也不可能意味着，此在根本上仅只是一种无害的游戏。"④

---

① 海德格尔：《荷尔德林和诗的本质》，载于《荷尔德林诗的阐释》，孙周兴译，北京：商务印书馆，2004 年，第 46 页。

② 同上。

③ 同上。

④ 同上。

作诗不是那么清白的，它一样是"有害的"，但那个害处不能在诗自身中去给予规定。诗应从语言那里得到理解。语言又来自原初的诗。诗对万事万物命名并创建那持存的东西。诗不是任意的，任意的闲谈还进入不了诗。诗首先让被命名了的事物带进敞开域中，并且使对话成为可能。就是说，"诗本身才使语言成为可能"，"诗乃是一个历史性民族的原语言（Ursprache）"①。荷尔德林创作诗歌的事件整体是一首诗。诗首先意味着某种强有力的实践行动，诗意味着真理的发生。

　　在对第五中心句的展开阐释中，海德格尔不断地呼应前面几个中心句。诗人的职业清白无邪。作诗之事的外观经常显露为无危险性的，这是为了"防止日常习惯"对语言的破坏和玷污。诗不仅仅是游戏。游戏意味着，投入进去并忘记自身，为了严肃的乐趣去竞争；作诗意味着，"人被聚集到他此在的根基上，人在其中达乎安宁"②。这个安宁也是有原始争执的，却不是竞争，而是活跃的关联一切因果网络的力量。这种安宁是可变的，并持存着这种可变性，进而是无限的。诗并不是喧嚣世界的对立面，亦不是可供逃避的避风港，"诗人所道说和采纳的，就是现实的东西"③。只有最现实的物才是最值得道说的。诗不仅仅可以面向大地，也可以面向天空，但无论如何，总离不开某种责任，那将此在达乎存在的努力首先是达乎质朴的语言的要求。海德格尔接着说，那个浮动于外表的固有假象是不对的。"牢固的建基"在诗中，这可能吗？"任何创建都脱不了是一种自由的赠礼。"④赠礼是被给予的，建基是主动的，这个否定是为了说这种主动性并不是此在多么值得骄傲的事情，虽然这确实还是很值得自豪的，这个作诗的创建是非常需要的，也是趋向本真的。"这种自由并不是毫无约束的肆意妄为和顽固执拗的一

---

① 海德格尔：《荷尔德林和诗的本质》，载于《荷尔德林诗的阐释》，孙周兴译，北京：商务印书馆，2000年，第47页。
② 同上，第49页。
③ 同上。
④ 同上，第50页。

己愿望，而是最高的必然性"①，这一层意思之前已经有所表达。

民族之音和诸神的暗示相互追逐着诗，"诗人本身处于诸神与民族之间"②。诸神的要求是让基督千年王国得以降临，民族之音也在呼唤这个。但问题是，诸神只是"暗示"，暗示虽然有轮廓但却不确定；有什么天命不要紧，问题是不一定是由德意志民族来实现天命。诗人似乎固执地认为，应该由德意志民族来实现什么。海德格尔那时候也固执于此。"诗人……被抛入那个'之间'（Zwischen），即诸神和人类之间。"决断来自"之间"。③ 诗人的位置看来无比重要。决断什么呢？决断"人是谁以及人把他的此在安居在何处"④。历史性民族可以决断人是谁的问题吗？为什么可以如此？这难道不是一种幻觉和狂妄？"诗人的诗人"意味着，守住这个"中间"领域，这个"之间"也好"中间"也好，都是在说人类的一种处境，就是诸神已经逃遁，神圣者还未到来。但守住"之间"就是诗人的诗人了吗？诗人不是从来都是在诸神和人类之间吗？这个角色改变了吗？这"并非在永恒有效的概念意义上来表达的"。这个表达是属于即将来临的特定时代的，并不是现时代。"荷尔德林重新创建了诗的本质，他因此才规定了一个新时代。"⑤

最后，海德格尔与荷尔德林的对话通过阐释达到高潮：什么时代呢？特征如何？特征是："这是逃遁了的诸神和正在到来的神的时代。这是一个贫困的时代，因为它处于一个双重的匮乏和双重的不之中。"⑥ 双重性就是：已经逃遁的已经不

---

① 海德格尔：《荷尔德林和诗的本质》，载于《荷尔德林诗的阐释》，孙周兴译，北京：商务印书馆，2000 年，第 50 页。

② 同上，第 52 页。

③ 参见海德格尔：《荷尔德林和诗的本质》，载于《荷尔德林诗的阐释》，孙周兴译，北京：商务印书馆，2000 年，第 52 页。

④ 海德格尔：《荷尔德林和诗的本质》，载于《荷尔德林诗的阐释》，孙周兴译，北京：商务印书馆，2000 年，第 52 页。

⑤ 同上。

⑥ 同上。

再（Nichtmehr），即将来临的尚未（Nochnicht）到来。两个Nicht就是双重的不。[1]去否定两次就是去肯定，让同一事物重复再现在当下那个空缺处，虽然这个实践活动尚未被恰当地实现，但海德格尔认为这是必然可以实现的。"先行占有了一个历史性的时代"[2]意味着占有了一种未来性，一种即将到来的允诺，是弥赛亚主义层面意义上的"先行占有"。这段历史的历史性还有待实现，据说那是"唯一本质的历史性"[3]。或许是那样，但即使那段历史将是真理的另一个开端，或早或晚，一切也都还是会灭亡，生命总有一天会行至尽头。本真与否竟真的那么重要吗？这会不会从一开始就是思者的一厢情愿呢？诗人在这个时代，在双重匮乏中产生双重疲倦——对追忆的疲倦和对期待的疲倦，而选择生活在"表面的虚空中"。诗人坚持生活在虚空中。所以荷尔德林说："俄狄浦斯王有一只眼，也许已太多。"[4]诗意栖居的大地尺度在何处？[5]正因为所有这些内容，诗人的孤独成为民族的良心和谋求真理的路标。"困顿和黑夜使人强壮"，在这贫困的时代，诗人何为？——"他们就像酒神的神圣祭司，在神圣的黑夜里迁徙，浪迹各方。"[6]

4.4　《荷尔德林的大地和天空》解析

荷尔德林在晚年陷入精神错乱的黑暗之前，他的长诗就已达到德国诗歌的光辉顶峰。包括他翻译的古希腊作品《俄狄浦斯王》和《安提戈涅》等都对德语的更新——通过翻译而植入德意志民族有关希腊精神世界内涵的努力——做出了巨

---

[1]　海德格尔：《荷尔德林和诗的本质》，载于《荷尔德林诗的阐释》，孙周兴译，北京：商务印书馆，2000年，第53页，脚注11。

[2]　同上，第53页。

[3]　同上。

[4]　同上，第52页。

[5]　海德格尔：《……人诗意地栖居……》，载于《演讲与论文集》，孙周兴译，北京：生活·读书·新知三联书店，2005年，第212—213页。

[6]　海德格尔：《荷尔德林和诗的本质》，载于《荷尔德林诗的阐释》，孙周兴译，北京：商务印书馆，2000年，第53—54页。

大贡献。诗人晚年住在木匠齐默尔家中，在内心的疯狂与外表的平静中单调而平凡地过活。他谦卑而有礼貌，尽管神志已不再清醒；他在与昏暗扭曲的心灵搏斗之后迈向死亡。[①] 荷尔德林大量学习和模仿了古希腊尤其是诗人品达的诗歌，精通古典诗歌的音韵步调，熟练使用六音步格来写格律诗，并发展出"多调互换"等诗学理论，相关内容可参考《多调互换》《论诗类的区分》等论文。[②] 荷尔德林的诗学本身就是某种哲学，或者说，他的哲学思想是对诗学理想的补充。在《论诗的灵的演进方式》这篇经典文献中有其深刻的诗学与哲学交织的深化启示。[③] 无论怎么被同时代或后时代的部分研究者诟病和批评，海德格尔的荷尔德林阐释对荷尔德林的接受史都有着功不可没的影响。[④] 为什么要选择《荷尔德林的大地和天空》这篇文章作为本节讨论的关键呢？因为大地与天空的争执暗示了真理发生之时的那个原始的场域，也是诗与思之争展现的场域。通过阅读海德格尔的阐释，我们更关心的是这个所谓的争执是什么，是如何展开的，给我们带来怎样的意义。

让我们开始逐句疏解《荷尔德林的大地和天空》这个文本。海德格尔开门见山地说：诗人言说的领域是私人性的。正因如此，经验存在本身就变得困难，开启出存在变得困难。诗人在诗歌的书写中把世界带上前来，因为它的"世界性"就不仅仅是诗人自己的私人世界。那个领域是普遍性的开启。最大的普遍性是最小的私人性。私人性的尽头可以讨论创生。因此，诗人需要自制。自制是说一种写作的伦理，对自身位置的自觉。海德格尔说，诗人要试着摆脱材料、世界观、表象方式的不自觉，不自觉自然不可自制。他这样比喻：诗人若不自制，境界就会停留在"鸟儿"的阶段，停留在语言的树枝上，有栖息的味道却不是真的栖息。

---

① 荷尔德林：《塔楼之诗》，先刚译，上海：同济大学出版社，2004 年，第 75 页。
② 刘皓明：《荷尔德林后期诗歌——评注卷上》，刘小枫编著，上海：华东师范大学出版社，2009 年，第 93 页。
③ 同上，第 87 页。
④ 同上，第 131 页。

诗人如同鸟儿栖息在树林之中，好比人之于大地栖息于语言之上。既然鸟儿试图成为精神的雄鹰才是更本真的，那人自然要学会"诗意地栖居"。

海德格尔接着说，云层去遮蔽，是出于神圣者的定调，而并非为了去获得天空的纯粹外壳。遮蔽是呼啸而来的，也是宁静的。为何说天空如此鸣响是命运诸声音中的一种？因为还有大地的另一种基调的鸣响。"大地也鸣响。"[①]命运不仅仅是天空之事，而更是天空和大地共同参与的事情。大地性与天空之世界性相互回荡，彼此交互。大地"跟随伟大的法则"，大地跟随的那个法则就是"自然（*physis*）"的法则，它乃是一种命运的指令，使天空和大地各安其位；这法则是神圣者的法则，它规定着整体中的无限关联、无限关联的整体性。那法则"并非今天的亦非昨天的，而是不时地它们（指令）出现，而没有人在它们得以闪现的地方看到它们"。于是，海德格尔指出：道路被指出——科学与柔和。科学是思想家的思想，柔和是希腊人的"大众性"（*popularitas*）[②]。"大众性"这个概念在我们的论述中已经被反复提及。后者来源于身强力壮和反思力。大地通过"科学与柔和"而鸣响，整体性地融入天空的回声中。回声是说一种往来的交互关系。我们发现，很多看似诗性的词语是为了更丰富地表达某种本来很朴素的意思。当然这么表达就也意味着，那个要表达的东西已然不是那么简单的。文本此处，海德格尔还是有些强调天空的世界性因素。下面他开始说，这种天空的"不朽性"需要肉身化，需要被大地化。因为天空意义上的观望是面向外部的，是"从大地向外观入天空之辽远"，因此天空是"眼睛的蓝色学校"[③]。而大地作为阴郁的部分，与天空明亮的部分形成一种对立统一的张力，这种张力恰好跟思者与诗人之间的友爱张力形成一种象征性的比附。

海德格尔认为，通过这所学校我们曾经学会了什么——"在反观中学习命运

---

① 海德格尔：《荷尔德林的大地和天空》，载于《荷尔德林诗的阐释》，孙周兴译，北京：商务印书馆，2000 年，第 204 页。

② 同上，第 206 页。

③ 同上，第 208 页。

性的东西"①，而"一种东西越是不可见，就越是顺应于外来者"②。那些不能有效的顺应外来者的神就不是真神。神也只是命运声音中的一种而已。命运的声音的整体关联是那更不可见的，是更顺应者。那么，歌者为何不能洞见到神本身的容貌？"歌者是盲目的"，由于歌者常常沉浸在视觉的洞察中，但"神只是通过遮蔽自身而在场"。歌者道说的神是谁？歌者的道说方式是艺术，一种遮蔽眼睛的艺术。"歌者的作诗所构成的观念属于神圣的图像，也属于遮蔽着神的神圣者面貌。"歌者作诗形成的观念是更接近神圣者的，因为他们必须遮蔽诸神的形象。"神为了召唤着的观看而顺应于遮盖。"③ 神圣者使神成为神，神和其他三方使神圣者生生不息。神圣者成为自身并非意味着他不被遮盖，其实，他也会被遮盖，自行遮盖，进而等待去除遮盖的时机，在他的遮盖中"日复一日，广大地处处"显示自身是他的本性。就是说，那些不被遮盖的直接被看到的神就还不是真正的神。只有被盲目的歌者遮蔽了眼睛而使得神圣者有所被通达的观念才更能接近神本身。

"天—地—人—神"四个部分聚集起来形成"四方"（Geviert，或译作"四重整体"）。但"四方中任何一方都不能片面地自为地持立和运行"④，没有一方是有限的，就是没有一方是无限的。没有其他三方，其中一方是无法存在的。统摄者是总体的关系网络，这个关系网又是无限的，不是可以直接把握的。"四方"不是某种简单排列数字，否则就还是分裂的。"四方"展开此在最原始的空间性。四方之所从来是无限的关系。无限性如何可以列数？海德格尔不断强调命运，命运让他们四个成为整体且保持自身。海德格尔提到命运和声音的关系，为什么说到命运时要说声音问题？"或许命运就是'中心'（die Mitte），这个'中心'起着

---

① 海德格尔：《荷尔德林的大地和天空》，载于《荷尔德林诗的阐释》，孙周兴译，北京：商务印书馆，2000 年，第 208 页。
② 同上，第 209 页。
③ 同上。
④ 同上，第 210 页。

中介作用。"① 中介作用意味着，使得四方进入它们自身所是的本己之内。我们一下子看到了诗人的意义，或曰：思想的意义。让诗和思成为那个中介，这是海德格尔所开辟的思的道路。诗人不再成为神，虽必然和神圣者相面对；不再仅仅是对眼睛的蓝色的注视（纯洁的侵略性）、对外观的沉醉，虽又离不开这种灵魂飞翔的技艺；不再脱离大地诗意地居住，使得漫游得以有效地停止，虽然漫游所带来的东西已经进入追忆并被牢牢地保持。思者亦是如此。形而上学的道路是在做什么？是在努力成为四方中任意一方并貌似获得对其他三方的特权而加以控制。未来思想的道路不是如此。未来思想的道路永远是中介性的——中介不是中立和缺乏良知，是站立在不可能的位置上（特定的唯一位置）而通达历史民族的命运。站在中心就可以站在开端，因为中心是不可能被占据的。这里的中心就体现在缺失，缺失是命运性的，或者说命运就是某种缺失的许诺，思者和诗人负责召唤。"作为整体关系的中心，命运是把一切聚集起来的开端（An-fang）。""中心就是伟大的开端。"②

　　接着思者询问："但一个开端以何种方式存在呢？"③首先，开端保持在到来中。此处涉及德里达在《友爱政治学》的脚注中引用的布朗肖有关弥赛亚的话：弥赛亚尚未到来，因此弥赛亚就一直还在到来。他甚至早就在你身边，关键是你能不能认出他来。确实，我们不太关心他来过几次，但他既然在"到来中"，那一定早就来过了并且还会不断地来，并许诺"直到世界末了"。因此，"开端保持为到达"是开端必须要体现的本质特征。开端越能保持在无限的关系模态中，就敞开得越

---

① 海德格尔：《荷尔德林的大地和天空》，载于《荷尔德林诗的阐释》，孙周兴译，北京：商务印书馆，2000年，第211页。
② 同上。
③ 同上。

为久远。接着，海德格尔说："向着渺小之物，伟大的开端也能到来。"[1]渺小之物
是说什么？它在哪里？它是一个位置，"唯一的位置"——这个前面有提及过，"在
开端性的建造的伟大骚动已经平息之后"[2]。假如我们越过第三帝国政治的现实对
应来思开端本身的话，这里的意思是：开端的建造是伟大的骚动、震荡，"天国已
经建造好，……受到震惊的群山"。可"无限关系的建造"可能吗？好像现实中已
经可能了，虽然尚且处在贫瘠的位置。事实证明，这个位置被"听错了"。讽刺的
核心表达的是"一个隐秘的位置"。海德格尔猜测，荷尔德林还看不到那个位置，
他通达那里并从那里开始思索，但那个位置荷尔德林可能因致命地被赫尔德曾经
的偏见误导而错过了。在东方，荷尔德林的船刚刚靠岸就又开始寻找新的位置。[3]
因此，伊斯特河源头的方向还依然是个位置，且不能作为不是位置的位置得到保
证。那里的异质性还远远不够，所以叫"贫瘠的位置"。

顺此，海德格尔谈到圆舞与婚礼。诗人总是不断地强调"舞"，查拉图斯特拉
也强调，这是为什么？"这时，人类与诸神欢庆婚礼。"[4]天国第一次降临。婚礼不
仅仅意味着联姻，还有某种契约。但这种契约远远不同于曾经与上帝定约的模式，
它竟是婚姻！这让人惊讶，把群山都"震惊"了。既然诗人看到这些，未来就很
可能如此。这就必然要去思考为何是舞者或酒神？"作为爱情的标志，那青紫色的
大地。"[5]荷尔德林道说了深渊般的真理。终于，对眼睛的蓝色注视可以有所返照
地回应了，那就是青紫色大地的脚、林中路、步履、劳作皆是运思行道，此所谓

---

[1]　海德格尔：《荷尔德林的大地和天空》，载于《荷尔德林诗的阐释》，孙周兴译，北京：
商务印书馆，2000 年，第 21 页。

[2]　同上，第 212 页。

[3]　刘皓明：《荷尔德林后期诗歌——评注卷上》，刘小枫编著，上海：华东师范大学出版社，
2009 年，第 42 页。

[4]　海德格尔：《荷尔德林的大地和天空》，载于《荷尔德林诗的阐释》，孙周兴译，北京：
商务印书馆，2000 年，第 214 页。

[5]　同上。

"利牝马之贞"① 之深意。

光明的遮蔽性是最大的，因为光明的欺骗性最大。假如光明太亮了，真理就不再那么柔和与美了。古希腊人早就懂得光明的这个副作用，于是学会了用"玛雅的面纱"② 去把真理保护起来，让世界的真理总还不是那么冷酷，让人们沉湎于外观的美。这个意图的结果并非说光不再明朗，而只是为了光可以更柔和，真理可以更柔和。明朗的不一定精确，真实的很可能非常不残酷。阿波罗梦神境界③ 中的不精确反而成全了明朗的整体无限性。渺小的肯定不是轻蔑之物。渺小是因为它平凡，否则如何"在贫瘠地方盛开的东西却要'伟大地'矗立"？渺小之物具有如此的德性，此为《老子》所谓"长短相形，高下相倾"，伟大与渺小对立统一。开端是伟大的，却是亿万万渺小者平凡地促成的。"这个伟大的开端是以圆舞方式而来的。"海德格尔最后讲"圆舞"。圆舞是什么方式的圆舞？答案是：圆舞圆舞。或曰："居有之圆舞"（der Reigen des Ereignens）④ 。当我们倾听它，我们就是在倾听阐释学循环这个神奇的圆舞。我们听到了一无所有、圆环、手牵着手、聚集、展布、"三"这个数字、阐释学循环的生命力等等。通过酒神歌队去思"圆舞"，祭神活动将不再是分裂的，而是欢乐的、歌唱的，构成"一个神圣的数字"，"我们无法透彻地领会诗人怀着质朴的胆怯说出来的'圆舞'一词的丰富性"。

我们接着阅读文本："到来者并不是自为的神"，而是一种"无限的关系"。天、地、人、神都归属于这种关系。但，渺小之物是"傍晚之国"吗？傍晚之国在哪里？西方。这就像海德格尔在问：我们西方人在哪里？我们的国在哪里？假如我们能形成强大的欧盟（而不是现在这种），那么"它也就不可能被摧毁"。思者认为，事件还在隐藏中。欧洲成为了单纯的岬角，一个脑部——地球的脑部——进

---

① 参见《周易今注今译》，陈鼓应等注译，北京：商务印书馆，2005年，第23页。

② 尼采：《悲剧的诞生》，载于《尼采美学文选》，周国平译，太原：北岳文艺出版社，2004年，第5页。

③ 同上，第7页。

④ 海德格尔：《物》，载于《演讲与论文集》，孙周兴译，北京：生活·读书·新知三联书店，2005年，第189页。

行着技术工业的、行星的、星际的计算。但以这种方式存在的东西是不能持存的。如同说，脑子里的东西假如不能成为实际的器物，那如何持存呢？海德格尔指出，这个过度发达的大脑将首先进入傍晚之国。既然傍晚来临，世界命运的另一个早晨就必然准备升起。这不是什么狂妄的臆测，强力的此消彼长是自然的规律也是文明的规律。这个事实具体说来如下：世界状况的傍晚境况在其开端处是"欧洲—西方—希腊的"①，那种本质开端会失落却不会灭亡，那么转折、跳跃的原初力量就只能来自开端本来就储备了的。就是说，任何转变都还要回到开端处的规定性，但是，"并不存在任何一种向着这个开端的返回"。

　　假如德意志要成为"父国"（Vaterland）②，则必然要回到古希腊开端处，充分找到并激发开端处所给予的转折性的远视力量，但是这种转变不存在某种返回的现有路径。你不能说，我按那条道路返回就必然可以到达开端，开端还在开端着。到达开端可以向着渺小之物，但渺小之物不是一成不变的，它必然时刻在变化。"它向其他少数几个伟大开端开启自身，而其他少数几个伟大开端以其本己之物归属于那种无限关系之开端的同一者。"③海德格尔并不是强调其他少数几个伟大开端就是救星和希望，他强调的是这个"同一者"，并认为这个同一者的根基在古希腊。因为事实上，其他少数几个伟大开端如今也变得无比渺小且在"欧洲—西方—希腊"的命定控制下艰难地生存。"大地被扣留于其中"④，从其他的文明开端中可以学习和窥见消息，但开端因为被整体地扣留，或者叫延迟，所以这种窥见和倾听还是艰难的，对四方之聚集的倾听是困难的。

　　顺此，海德格尔深刻地指明，"我们在可能到来者面前后退得愈远，对我们而

① 　海德格尔：《荷尔德林的大地和天空》，载于《荷尔德林诗的阐释》，孙周兴译，北京：商务印书馆，2004 年，第 220 页。

② 　刘皓明：《荷尔德林后期诗歌——评注卷上》，刘小枫编著，上海：华东师范大学出版社，2009 年，第 206 页。

③ 　海德格尔：《荷尔德林的大地和天空》，载于《荷尔德林诗的阐释》，孙周兴译，北京：商务印书馆，2004 年，第 220 页。

④ 　同上。

言它就成为愈加能到来的东西。但我们能够往何处后退呢？"① 只有"泰然任之"②
的克制和猜度了。这种姿态是必要的，因为这种姿态本身就是对召唤得以生成的
保证，责难可能是：它是个哲学意义上的保证，但非政治的。"依然隐瞒着"的整
体无限关系只能被私人性地倾听，在倾听中被书写，这种个人性就是此种状态下
必然的姿态了。因此，思想的书写物在这个意义上也可能成为废物，也可能作为
废物指引道路。现代世界命运的现状是这样：世界是被朝向着的订造。那世界究
竟朝向什么呢？通过单调地把世界当作一个储存物（Bestand）③ 而订造，我们可
以用技术来计算世界的这种订造，这种计算的保障是科学的公式。"拉扯"这里不
说成原初的关联是因为：拉扯是不自由的和"阴谋诡计"性的。拉扯看似是关联
性地把整体都纳入其中，却在不断地被整体真正的无限性"夷为平地"，用看似复
杂的技术的计算性关系将"四方"真实的"无限关系伪装起来"。

技术的本质还体现在不仅仅有这样的"集置"（Gestell）④，集置是具有疯狂
的权力扩张性的，虽然它更像一个静态的结构，但一个权力的庞大结构怎么可能
是纯静态的呢？静态性只是看起来如此而已。因此集置体现着"促逼"，这是现代
世界的命运（moira）。但它依旧是从更本质的存在而来并获得了暴力的支配性。
那个更渊深的真正的"纯粹命运"是沉默的。现代世界的命运的陌生性来自它想
通过技术来达到使得终有一死者具有可控制纯粹的命运本身的意图。紧接着，海
德格尔用了一个词组——嵌合的指定者（das Verfügende einer Fuge）⑤。它起作

---

① 海德格尔：《荷尔德林的大地和天空》，载于《荷尔德林诗的阐释》，孙周兴译，北京：
商务印书馆，2000 年，第 220 页。
② 海德格尔：《对泰然任之的探讨》，载于《思的经验》，陈春文译，北京：人民出版社，
2006 年，第 32 页。
③ 参见海德格尔：《技术的追问》，载于《演讲与论文集》，孙周兴译，北京：生活·读书·新
知三联书店，2005 年，第 15 页，脚注 1。
④ 同上，第 18 页，脚注 1。
⑤ 海德格尔：《荷尔德林的大地和天空》，载于《荷尔德林诗的阐释》，孙周兴译，北京：
商务印书馆，2000 年，第 222 页。

用是什么意思？这也是四方嵌合到那个指定者处。我们可以通过机器来想象一下"嵌合"意味着什么，这种嵌合会使得噪音无比大，因而深处的声音是很难听到的，四方遮蔽为某种"集置"，大地与天空的张力被遮蔽在"集置"中。

因此"首先要重新学会倾听一种更古老的道说"，"拒不显现出来的嵌合乃是更高的运作"①，所以"天空和大地的婚礼"不仅仅是放弃某种主客二分法的问题，关键在于如何为经验本体而主动取象，如何在活生生的语言中把相应的和谐召唤出来。这是海德格尔阐释诗歌一直贯彻的现象学精神核心。"在那里，人与'无论何种精灵'（这个很重要，神不再是唯一神论的，而是可以不断地生成和变化的），亦即某个神（但这种变化不是随意的，必然是有最终归属的），更共同地让美在大地上居住。"②中心（die Mitte）的这种嵌合就是更无形的无声的嵌合，它作为中介或命运而嵌合。"现在所说的这首诗歌在人类与自然的关联中命名人类，而对于自然，我们必须在荷尔德林意义上把它思为那种东西，它超越诸神和人类，但人类偶尔却能容忍它的支配作用。"③所以，海德格尔说：诗人必须把诗发送到异己之物中去，在"五月的一天"，一个尚未经历的年份，它有待异己者去倾听。

细读与疏解《荷尔德林的大地和天空》，如政治哲学家伯纳德特说过，海德格尔只能在解释层面被打败而无法在哲学上被打败。海德格尔的诗学阐释既独特又可能存在危险，而这种危险甚至不仅仅是海德格尔阐释诗人的危险，它也存在于笔者对文本的分析过程中。问题在于，即使海德格尔凭借其卓越的洞察力通达诗的真理，并努力创造了全新的理解维度，他的这种阐释诗歌的方式依然可能无法讲授。与古典诗学的教化原则不同，他的诗歌阐释过程体现在其对古典资源有某种使用上的任意挥霍。海德格尔的阐释学方法若想被继承并长久地诗学教化是充满困难的。另外，此类阐释可能对后人造成许多不必要的障碍。尽管如此，海德

---

① 海德格尔：《荷尔德林的大地和天空》，载于《荷尔德林诗的阐释》，孙周兴译，北京：商务印书馆，2004 年，第 222 页。

② 同上，第 223 页。

③ 同上，第 224—225 页。

格尔对荷尔德林诗歌阐释所开启的诗思之间的那种现代阐释学的诗意道说领域，依然充满了哲学本己的无穷魅力。

4.5 《转向》一文的启示

《哲学论稿》本身就是一个转向，但海德格尔嘱咐要去世后才可发表。它是一个"隐秘的转向"，《论真理的本质》却是一个公开的转向。有趣的是，在《同一与差异》中就有《转向》一文。《转向》一文试图探索本有（Ereignis），而《哲学论稿》谈论的亦是本有，相比来说，后者的丰富性与待挖掘性更深奥。但或许我们需要对照前一篇文章即《转向》中谈论的本有，来反观《哲学论稿》中对本有的谈论，进而重新思考海德格尔的转向问题。

《转向》一文，首先谈论的是集置，就是技术的本质。海德格尔上来就谈到了技术的本质，核心概念是"集置"（Gestell）。[1] 在《演讲与论文集》中，海德格尔通过他的存在之思在面对一个现实性的全球性问题，即技术问题，而这个技术问题的最基本形态就是集置。技术要驾驭我们并且正在驾驭我们，作为存在本现（Wesen）的一种拒绝给予状态而出现。"集置的本质是于自身中聚集起来的摆置（Stellen）"[2]。这种摆置是一种存在的遗忘状态，或者说是存在的拒绝给予状态。它展开的形式是对一切的在场者进行定制活动，在某种筹划的人工安排中达到这种定制。如此这种定制的发生就让在场者被伪装了起来，也就是与真理，或者说与存在本身隔绝了起来。仿佛是让存在，其实是拒绝存在，是不让那个"让"再直接给出。集置作为一种"危险"技术，作为一种危险而存在。人类历史进程中有很多的危险，但集置这种危险却是最棘手的，因为它是危险中最危险的那种危险。它并不把自己表现为一种危险，而是伪装为一种并不危险的东西，并且表达为一种人不能完全控制的东西。也就是说，看起来技术似乎只是人类的一个工具

---

[1]　参见海德格尔：《转向》，载于《同一与差异》，孙周兴等译，北京：商务印书馆，2011年，第 109 页。

[2]　同上，第 110 页。

手段而已，其实不然，技术成了人类需要去辅助其成其本质的东西，技术的本质要求人被摆置、被伪装、被聚集在它的统治之下。但这也并不意味着悲观到人类完全没有自由，没有任何能力对付技术。我们生存在技术中，但实际上我们还是有方法与技术周旋，虽然原则上人的周旋领地越来越小了。

"集置乃是存在本身的一个本质天命。"[1] 这是说，如果集置是一种必然性的东西，一种不可抗拒的命运，即技术掌控人类，人类在技术中生存并追寻自由，那么这种集置的天命本身来自本有的发送（Schickung），这种发送如同信号一样，从本有而来，我们依然是在听命（sich schicken）中得到对这种天命的倾听。于是，我们就应合（ent-sprechen）这种天命的发送，集置的天命中隐藏了另一个天命，即存在本身的呼声。存在召唤那个天命，虽然存在被掩盖了起来，但归根到底，存在在隐藏中反而显现出自身的弃绝状态。"命运性的东西并没有简单地在另一种天命中灭亡或消失。"[2] 本有是某种命运性的东西。差异是一种命运，这种命运就是存在的拒绝给予，存在的拒绝出场，存在的默不作声状态。"我们依然由于习惯而太容易根据发生之事来设想命运性的东西。"[3] 实际上，如果本有就是一种发生，那它就还不是自身，本有在拒绝发生（ereigen）中本现（wesen）自身。这就和说，存在在无中存在着一样。技术的集置本质之存在天命是从本有而来的一种发生，而这种发生却是以一种拒绝发生的状态而本质化的，因此，并不是说把技术消除掉，就一劳永逸地可以回归存在本身了，而是说，技术的集置本质就是存在本身发送其消息的一种方式。一种急难的、紧迫的、焦急的从本有即存在本身而来的警告。存在本身就是这种急迫或者为难。"如果技术的本质，集置作为存在中的危险，乃是存在本身。"[4] 那人类如何乐观或悲观地去处理这种为难呢？或

---

[1]　海德格尔：《转向》，载于《同一与差异》，孙周兴等译，北京：商务印书馆，2011 年，第 109 页。

[2]　同上，第 110 页。

[3]　同上。

[4]　同上。

者说，那来自存在本身的急难，人类又能有什么办法去克服呢？海德格尔说："以存在本身为其本质的技术，绝不能通过人类而被克服，倘若能，就意味着人类是存在的主人了。"① 问题是，如果本有不居有存在者，存在本身不征用人类，也就是说，不以技术的方式来使得存在本身存在，没有人类的帮助，那么存在的急难也无法被听见，并展现为它当下的样式。因技术的本质是存在本身的急难，就是存在论差异的一种极端状态，那么，这种急难不是人类可以克服的，人类能做到的就是经受（überwinden）它，人类必然在这个天命时刻，经受（verwinden）技术的这种集置带来的类似痛苦的经验之天命。

海德格尔指出：我们要真的了解存在的那个集置特性，那就要全面向它开放，进而才可能全面地成为归属它的那个东西，因为这种归属一旦发生，反而不是不自由，而是某种根本性的自由的可能性。所以他说："人类之本质必须首先向技术之本质开启自身，这在本有意义上全然不同于人类肯定和促进技术及其手段之类的过程。"② 如此，他谈到了关系（Ver-Hältnis）这个问题，就是说，要原始地重新思考空间性问题。在空间性问题中，关系问题就变得重要：什么是人类与存在的关系？存在者与存在之间的关系到底是什么？应该如何区分差异？如何建立和沟通这种关系，使之成为重新具有亲密性的那种东西？人类原来面对的空间性，在那种时空性中展开的与存在本身的亲密关联与如今时代不同，通过技术，人类有可能也必然要试图去建立一种与以往时代不同的时空性关联。包括人与人之间的关联方式，按关系本身也有着不同的展现方式，这个过程还刚开始，还在生成中，并不是一劳永逸地完成了。而这个过程需要的是经受，而不是克服；这种经受本身的情调就是抑制性的，经受本身就是从第一个开端到另一个开端跳跃的助跑或蹲起姿势。海德格尔就此引用了埃克哈特大师的一句话："那并非源自伟大

---

① 海德格尔：《转向》，载于《同一与差异》，孙周兴等译，北京：商务印书馆，2011 年，第 110 页。

② 同上，第 111 页。

本质者，其功业也将因此化为乌有。"① 意思是说，如果技术本是源自那个本有而来的离弃性本现，那么技术的功业自然就会化为乌有。人也是同样的道理。于是，如果集置从根本上就是来自存在本身的那个差异化运作的产物，那么，它的功业是不会消亡的，它会在其本自中发展下去，并努力成其本质。我们注意到，埃克哈特大师这句话的出处恰恰是《谈区分》②，海德格尔的差异多大程度受到埃克哈特大师的影响还不得而知，但埃克哈特大师谈论上帝是无的思想，必然从根基处对海德格尔思想的形成产生了不可估量的作用。存在需要人类，它需要我们去经验一条小路，这个小路是在田间走出的。它让我们通达到那个难以通达的地方，从而使我们回到存在本身需要我们的地方，即需要我们将存在之真理庇护在其自身中的地方。海德格尔问："我们必须如何思想？"③ 如何思想才是真正的思想，才是不再陷入所有形而上学的思想之路呢？思想的原则是什么呢？是理性原则，还是逻辑原则？如果思想是行动的话，那么问如何思想就是问如何行动。行动就是要在存在者中创造一个领域，让思想可以通达语言，让思想回到词语的原始经验中。语言并不是思想，词语也不是思想或者哲学的产物，不是思想需要使用的工具或者需要摆置的对象性事物。词语是最本质的东西，"语言乃是那个原初的维度"④。海德格尔认为只有在这个语言中，才能继续进行运思。确实如此，他的思考非常本质地依赖于对词语的经验。所以，所谓的思的经验，说到底应该是一种语言经验，或者说对词语倾听的经验。这种经验当然不是语言学意义上的，而是在那种对向死而生的筹划中展开的生存中组建的当下性中生成的经验。在词语的原始维度中，人们倾听词语，如此来对存在的"叫"（heißen）产生某种应答，或

---

① 海德格尔：《转向》，载于《同一与差异》，孙周兴等译，北京：商务印书馆，2011 年，第 111—112 页。

② 参见海德格尔：《转向》，载于《同一与差异》，孙周兴等译，北京：商务印书馆，2011 年，第 112 页。

③ 海德格尔：《转向》，载于《同一与差异》，孙周兴等译，北京：商务印书馆，2011 年，第 112 页。

④ 同上。

者说，对思想叫什么给出一种响应。能够给思想叫什么给出响应的恰恰就叫思想，也才是真正的思想。思想者居住在一个抑制的情调所在承受的领域，我们居住在那个从本有而来的预备领域中，在那个领域内，我们开始思想。

海德格尔把转向思考为"自行转向"（Sichkehren）。这是一个什么样的棘手问题呢？它就是集置问题，即技术的本质问题。"集置的本质乃是危险。"[①]这是说，存在拒绝本现，它转身离去了，它自行转向了，这个事情发生了。也就是说，它体现为一种拒绝给出的姿态，离弃人类的姿态，而这个姿态是极端危险的，可以理解为尼采所谓的"上帝死了"的某种虚无主义状况。思考集置问题因此就延展为思考尼采克服虚无主义之问题，而尼采思考的关键问题恰也就是虚无主义问题。但是，在这个自行转向的存在遗忘或者存在离弃状态中，依然还隐藏了一种转向（Kehre），荷尔德林有诗云："但是，哪里有危险，哪里就有拯救。"[②]在最危险的集置中，在技术控制人类的命运中，蕴含着拯救的因素。但拯救何时才会发生？海德格尔说："只有当转向性的危险在其遮蔽着的本质中首度作为它所是的危险而特别地得到揭示时，大抵才会发生这种转向。"[③]意思是说，如今技术的集置之危险本质还没有被人类真正认识到，人类还沾沾自喜地在享受技术的利益，只有当集置的危险到达一定时刻，即那个危险不得不让全人类面对的时候，那种从集置内部发生的拯救因素才有可能真正发生。"转向何时以及怎样命运性地发生，这是没有人知道的。人们也没必要知道这个情况。这样一种知识对人类来说甚至可能是最有害的，因为人的本质乃在于成为期待者，人在思想之际看护着存在之本质，由此期待着存在之本质。"[④]他接着指出，虽然有危险，但过早地盯着这危险是没

---

① 海德格尔：《转向》，载于《同一与差异》，孙周兴等译，北京：商务印书馆，2011年，第112页。

② 海德格尔：《在通向语言的途中》，孙周兴译，北京：商务印书馆，2011年，第56页。

③ 海德格尔：《转向》，载于《同一与差异》，孙周兴等译，北京：商务印书馆，2011年，第113页。

④ 同上，第113页。

有必要的，形成某种类似世界末日的知识更是大可不必，因为那违背了人性，人性从本质上就是那种无限等待的对可能性的守护，而不是在某种好像既有的现实性中苟且地度日。

在荷尔德林的诗歌中，海德格尔曾看出，其实拯救并非在危险之后发生，或者与其偕行而共生，毋宁说危险就是拯救。这是多么让人匪夷所思的表达！因在谈论真理时，海德格尔已经意识到：真理就是非真理，非真理就是真理。这二者之间并没有必然的价值高低，而是遮蔽与解开遮蔽的关系，而解蔽的同时就是遮蔽。真理就是如此发生作用的。诗人在道说中也窥见了真理，或者说本有居有了诗人荷尔德林这个将来者，如此，危险的时刻就是拯救（retten）的时刻。就是说，这个集置本身是作为拯救的一个危险，技术是作为拯救的一种危险之物。retten 的意思和 aletheia 类似：解开，放开，释放；爱护，保护。换句话说，集置是一种解放活动，是一种保护。可为什么我们却觉得集置是危险的呢？危险，无处不在却哪里也不在。集置无处不在，却哪里也不在。这个危险，是一个"存在的悬搁"①（Epoche des Seins）。存在居然会作为集置这种危险性的东西来成其本质，即本现（wesen）出来！就是说，存在当然是无处不在又不在一处的，存在当然是无，存在当然不是这个那个而又孕育在这个那个中，存在不控制却无不控制。问题是，存在原来作为上帝也好，作为其他什么也好的这种本质性的现身都不至于让人类感觉危险，但存在作为一种全球的集置的技术之本现，同样是显现上面那些特性，却让人类产生某种莫名的恐惧感。或许这是海德格尔自身的恐惧感，但确实是真实发生了的恐惧感。

海德格尔于是说到后置（nachstellen），就是放在后面。"存在把它的真理撤掉了，使之进入被遗忘状态中，如此这般，存在就拒不给出自己的本质。"②如

---

① 海德格尔：《转向》，载于《同一与差异》，孙周兴等译，北京：商务印书馆，2011 年，第 114 页。
② 同上。

果仅仅在遗忘存在者层面说，那还是在此在，或者说在人的立场谈这个问题。但如果直面存在本身，我们发现存在自己有它的选择，它把真理抽走了，存在开始拒绝给出自己的本质了，就是说，上帝不但抽回他的爱，而且，给出的唯一的可以叫爱的方式就是不爱。上帝不再给出他的爱，不管你是谁，他都通过集置来表达这种拒绝给出其根本的姿态。这确实是个大危险。海德格尔下面要讲的东西就更加匪夷所思地深刻了："如若这种'随着—被遗忘状态—而后置'（mit-Vergessenheit-Nachstellen）特别地发生，那么被遗忘状态本身就转投而出现了。这样通过转投（Einkehr）而消除了被遗忘状态，它就不再是被遗忘状态了。在这样一种转投中，存在之守护的被遗忘状态不再是存在之被遗忘状态，而是在转投之际转向了存在之守护。"[①]海德格尔的意思是，当存在作为一种被遗忘状态而通过集置发生出来的时候，这是存在在做一个转向的决断，因为存在不再隐藏了，而是在其作为集置的拒绝性本现中显现了，在它的自性转向中，存在开始成为自身，一旦转向发生，存在就不再是被遗忘状态，而是让我们进入了对存在的守护状态。也即，通过技术的集置，人类不再与存在相分离，而是进入了通过技术守护自身存在的那个境地。人因此更加成为人，而世界更加成为世界。故海德格尔说："如果危险作为危险而存在，那么，存在之守护便由于被遗忘状态的转向而发生了，世界也发生了。……世界作为世界而发生，物物化，此即存在本身之本质的远远到来。"[②]通过技术，事物作为其自身更加可以成为它所是的种种可能性，人也一样，世界因此也被展开为它多重的可能性。这是集置作为危险带来的全新视野。"在危险的本质中，在它作为危险而存在的地方，有向守护的转向，有这种守护本身，有存在之救渡。"[③]海德格尔提示道："危险之转向是突然发生的。"这种突然发生如同光照一样，那种存在转投之澄明境界是突然发生的，"这

---

① 海德格尔：《转向》，载于《同一与差异》，孙周兴等译，北京：商务印书馆，2011年，第114页。

② 同上，第114—115页。

③ 同上，第115页。

种突然的照亮乃是闪烁（das Blitzen）"①。突然照亮是一个在集置中发生的特殊事件吗？或者是因为集置之来处的存在之拒绝性本现，反而在危险的时刻，让我们看到了一种突然照亮的可能性？闪烁（blitzen）是一种观看（blicken）。② 这个字或许可以翻译成"观"。观本身并不仅仅是观看，它本质上就有一种沉思要素在其中。这里的观的意义，与下文中海德格尔谈到的观入在者更加接近了。"存在之真理的闪烁的转投乃是观入（Einblick）。"③ 世界之世界化曾经被思考为四重整体（das Geviert）的时空游戏。如此，这种四重整体就闪现为一种荒芜性，荒芜性就是一种无的属性。埃克哈特大师曾经比喻荒芜本身的意义，他举例说：因为上帝是无，荒野和沙漠是地理的概念，在荒野和沙漠中人们看不到任何东西，没有规定，没有概念，没有名字，只有一望无际的辽阔，人们看到的是无。那是纯粹无法比喻的辽阔，由此就产生出黑暗的概念。黑暗本质上也是空间，在黑暗中一切都看不见。人们因此看见的是作为无的黑暗。那闪现的存在作为集置的转投恰恰就是作为无的黑暗。海德格尔接着说："这种荒芜乃是以集置之统治地位的方式而发生。"④ 世界的本质，或说世界的世界化向集置而"闪入，就是存在之真理向失真的（wahrlose）存在的闪入"⑤。这闪入是本有居有人类的一个过程，本有在这种匪夷所思的居有中使得世界世界化。

观入在者就是观入本有的过程。本有的差异化过程体现在观的层面，就是观入在者。观入存在者吗？集置本身的这种观入是从人这里投射出的一道光芒照亮事物吗？否也，海德格尔说："存在着的东西绝不是存在者。"⑥ 所以，观入在者，

---

① 海德格尔：《转向》，载于《同一与差异》，孙周兴等译，北京：商务印书馆，2011 年，第 115 页。

② 此"闪现"与后来列维纳斯谈论"脸"或有关联；马里翁在圣像与偶像的讨论中也涉及过此概念的变体。

③ 海德格尔：《转向》，载于《同一与差异》，孙周兴等译，北京：商务印书馆，2011 年，第 116 页。

④ 同上。

⑤ 同上。

⑥ 同上，第 117 页。

观入存在着的那个东西，就是观入存在，这并不是对存在者的那种对象性的审视，而是对存在本身的一种一瞥。集置的复杂性在于，它让物失真，它让物在技术中显得与人类切近，但其实恰恰是让人类更加远离人类的本性。问题是，这种误导的伪置从根本上在使得人类遗忘存在的同时，使误导本身也被遗忘了。这是什么意思呢？在我们遗忘了真理是何物的同时，久而久之，我们居然也遗忘了那个使我遗忘的因素到底是什么。这是集置真正的危险所在。换句话说，集置可以体现为一种伪装集置，它可以负责把你的遗忘掉存在或者人性的那部分洗涤干净，以至于你根本认为这种遗忘是理所当然的，而想要寻找遗忘的原因与源头的时候，却遍寻不到了。就和失忆问题似的，失忆是一个病症，可失忆者虽然失忆但还不至于遗忘了他失忆这个事情，他只是在遇见过去记忆时无法提起来，因为某个阻挡或者症结使得他进入了失忆的症状；可如果一个失忆者彻底失忆了，他的记忆被某种技术仪器彻底清零了，那么他连症状都消失了，他失去了寻找症状解决方法的道路，彻底迷失在荒芜的虚空中。故海德格尔说："集置便伪置了那在物中临近的世界之切近。集置甚至还伪置了它这种伪置，就如同对某物的遗忘遗忘了自己，并且把自身拖入被遗忘状态的漩涡里。"[1]

即使如此危险，集置依然还闪着一道光亮，因在危险中才有拯救。集置这种天命的发生是从本有而来的，是存在本身发送的天命，因此就还不是绝对必然的"灾难意义上的盲目的天命"[2]。观入那个存在着的东西，就是观入集置，就是观入那个在存在弃绝和遗忘中的虚无本身的那一闪亮光，荒芜中的那一丝丝作为荒芜的黑暗本身的亮光。注意，黑暗本身也是一种光，我们叫它"黑光"，只是它并不是以光明的方式，而是以黑暗的方式与我们照面的。因此，黑暗自身的闪耀方式需要一种观入，这种观入不是一般意义上的看见，而是一种在闪现中的一瞥，

[1] 海德格尔：《转向》，载于《同一与差异》，孙周兴等译，北京：商务印书馆，2011年，第117页。
[2] 同上，第118页。

即瞬间的把握，一种心领神会的把握，这种把握中有一种守护和虔敬。因此"人类是在观入中被观看者"①，因为黑暗本身并不能一般性地观看，所以此时人类的观入恰恰是观看自身，一种回光返照的看到，通过无回到那个人类的能看，通过集置回到人类对自身存在本性守护的渴望与承受。人类开始放弃固执的自大，而开始向着虚空与黑暗，向着荒芜与广袤中观入得以发生的时刻，"人类才在其本质中响应观入的要求"，"如若神存在，那么它也是一个存在者"。② 海德格尔那里，神也是一个从本有而来的需要被组建的环节。对于集置的危险的理解，我们或许可以换个角度来考虑，从东方思维的体用关系来看，比如，在资本主义上升时期，那是电气时代，电被发现并使用。我们如果问：电的本体是什么？很显然，我们无法在任何地方直接看到电的本体，哪怕是作为一闪的闪电，我们都是通过电的作用来发现电的存在的。通过电插头，我们一插上它，灯亮了，于是我们知道，电在起作用。虽然我们无法直接认识电之为电的本体，这却并不意味着电的本体不存在，电的本体就是存在本身，存在体现为电之能动性。电没有作用，我们依然可以了解电是存在的。技术帮助我们认识电能、磁能、如今的信息能。互联网让我们现代人的生活越加便利，可是互联网的本体在哪里呢？所有信息传输的信息在哪里呢？是那些数字矩阵吗？是电能吗？都不是。本体依然是不可见的。但我们却在其作用中展开我们的生存。既然技术的本质是集置，集置作为一种危险就是对存在本身的这种摆置，伪置也好，错置也罢，都是与存在本身建立相关性。这种建立加速了人类进化的速率，但同样带来了巨大的危险。当电能被发现之初，人们照样认为那是如同怪兽一样的东西，就如火车的发明一样，被人们排斥，但最后人们出行无法离开高速火车了。互联网也是如此，人工智能也是一样。从这个意义上说，虽然在有用性的角度，集置使得存在本身，或者说那个本体更加被

---

① 海德格尔：《转向》，载于《同一与差异》，孙周兴等译，北京：商务印书馆，2011 年，第 118 页。
② 同上。

掩盖，但其作用又更加被放大。这是命运性的历史阶段，不能说到底是好还是坏。在危险中有着拯救的因素在，无论危险还是拯救都是出自存在自身的。所以"技术之本质才作为集置而照亮自己"[1]。是否可以照亮呢？虽然海德格尔不承认他是在描述时代特征，他的意思是说，他在谈论存在本身的一种命运性的展开方式。虽然时代本身确实以这种方式在延展着，"但我们尚未倾听"，从这个意义上说，他是某种被"无线电与电影搅得晕头转向者"[2]。问题在于，通过无线电或电影就无法倾听存在的呼声吗？在无线电和电影中难道就必然陷入存在的拒绝吗？海德格尔也说，在拒绝中不是一无所有，这是否意味着，在无线电、电影和互联网中，那个并非一无所有的东西还有待被倾听呢？

海德格尔因此认为，上帝的死活哪里会是人能决定的，存在存在与否，或者给出抑或拒绝给出，这都是存在自身的事情，与此在无关。不管你是虔诚或者不虔诚，你的哲学是如何论证或不论证，上帝都并不因此而变得多一点或者少一点。存在着的东西是什么？海德格尔一直讲的存在着的东西到底是什么？无论如何，这个东西在这篇文章中就是集置。而这个集置自身的幽暗复杂性让我们发现，我们必须了解到那个东西，才有可能观入那个东西。海德格尔说的"发生了对存在着的东西的观入吗？"[3]即您是否开始观入在者。这里的意思是什么？观入集置吗？观入危险吗？观入存在的拒绝给予吗？观入存在之转投吗？实际上，这里指的是：每个观入者自身，你们在观入的时刻，你们看到自己了吗？你们看到自己的位置了吗？因为毕竟那个被看的东西根本来说是无。通过无，你如何观看有、观看自己，这才是观入在者的关键所在。非常艰深的地方在于："我们能通过一种入于技

---

① 海德格尔：《转向》，载于《同一与差异》，孙周兴等译，北京：商务印书馆，2011年，第118页。

② 同上，第119页。

③ 同上。

术之本质并且在其中发觉存在本身的观看来响应这种观入吗?"① 也就是说，如果我们不可避免要进入集置中，在集置中组建一个全新的世界，或使得世界成为四重整体的世界，在人与神的彼此组建中与未来照面，我们是否可能在集置的处境中观入那个存在的东西呢? 这个存在的东西，因此就变成了某种闪光的荒芜。"我们能在技术之本质中看见存在之闪光吗?"② 这句话实在是太重要了。因为一般来说，我们都以为海德格尔的技术之思就是不遗余力地批判技术，其实并不是如此。他的深刻性和复杂性是不言而喻的。他居然让我们在技术的本质中看到存在闪光，就是说，在集置中看到本有居有过程的发生，或者说存有给出的那种拒绝给出的本质现身。这个拒绝的时刻是抑制的时刻，是黑暗而寂静（still）的，寂静的思考从集置（Gestell）而来，当所有的 Ge- 即那些不得不被逼迫的聚集消失的时候，人们开始归于寂静（der Stille），因为它处在沉默之中。寂静是作为寂静本身的闪光。寂静必然是抑制自身的。这种沉默与寂静如何闪光呢? 存在遮蔽在世界之后，世界当下世界化着，而此在承受着这种抑制的寂静，这种从集置而来的危险之拯救闪光。当所有的拒绝变成最遥远的，那恰恰最切近的东西就接近了，在最危险的时刻，拯救就要来临了，"世界世界化之际，最切近者是一切临近者——当它使存在之真理接近人类，并且因此使人归本于本有时，它就临近了"③。全球化不断地进展，一切的一切都变成了最切近的东西，以至于都在拒绝中变得最遥远，这种拒绝使得存在的那种无的真理反而是接近人类，为人类所发现、接受和承担。存在，存在作为无，作为在危难时刻的一次闪耀，就真的不远了。

---

① 海德格尔:《转向》，载于《同一与差异》，孙周兴等译，北京：商务印书馆，2011 年，第 120 页。
② 同上。
③ 同上。

第5章　差异问题后期的思考

在此一章中，我们将通过对海德格尔晚期著作《同一与差异》中两个重要文本《形而上学的存在—神—逻辑学机制》与《同一律》的文本细读，更深入地讨论差异问题在晚期展开的两个概念："分解"（Austrag）与"本有"（Ereignis）。之所以选择这两篇文章，是因为这两篇讲稿中较为集中地论述了"分解"与"本有"这两个概念，而这两个概念恰是后期差异问题展开的最重要的概念，目的是更好地理解差异在晚期海德格尔那里发展成了怎样的形态，这种形态的变体具有怎样的深刻思想意义。从"历史性此在"一路发展过来，谈到真理的本质问题，是有一种内在过渡的，而这个过渡离不开神学背景的潜在指引，所以在对分解与本有的这种同一与差异的探讨展开过程中，离不开对"形而上学—神—逻辑学机制"等问题的深入挖掘，尤其是在与黑格尔的对话中开拓一条对历史性、真理性、差异三者关系的更有效关联的拓展。最后，则通过对《一个序言——致理查森的信》与《致小岛武彦的信》这两封看似微不足道的回信进行解释学阅读，进而体会到为什么差异问题从始至终就贯穿于海德格尔整个问题意识中，并且在某种与东方世界的对话中推进延展。

5.1　《形而上学的存在—神—逻辑学机制》中的"分解"

《形而上学的存在—神—逻辑学机制》是海德格尔试图与黑格尔对话的篇章，

这篇文章是 1956 年关于黑格尔的逻辑学的讨论班的结束章节。关于"对话"作为"实事"（Sache），Sache 的意思是两种事情之间的关系（Verhältnis）。这种关系中的争执（Streit）首先意味着一种"窘迫"[①]，就是说，海德格尔把差异思考为存在—神—逻辑学机制从黑格尔逻辑学而来的一种窘迫，它"逼迫着思想"，是从存在问题本身的深度而来的不得不思考的从思来想事情。黑格尔那里的"思想之为思想"在海德格尔这里类似于"存在之为存在"，后者要看到黑格尔是否真正面对了存在问题，而面对思想的自在自为的辩证法运作，是否真的是存在问题展开的思路。抑或他们二人的思路从本质上就大相径庭呢？这里涉及艰难的问题：到底海德格尔是不是一个黑格尔主义者？为什么有研究者认为后期海德格尔越发成为另一个黑格尔了呢？甚至连海德格尔的学生伽达默尔都有这种感受。[②]

其实，回到思之为思（Gedachtheit des Gedachten）的问题，这个问题在康德那里是关于物自身的问题，因为思的能力是可知的，但思之为思属于先验领域，是不可知的，而黑格尔在这个部分则是通过思辨来面对它。黑格尔要通过思来运思这种在思中的要素，也就是对这个先于思的先验领域进行思辨，方法当然是辩证法。辩证法的准则如果是 A＝A 式的，那么思辨的准则就首先作为结果而被给予所思者，而思本身，即思的先验领域，用黑格尔的话说是思之所思，而用海德格尔的话说则是：那个原初的思。

思，在黑格尔那里成为"观念"（der Gedanke）[③]，当这个观念开展为绝对能动的自在自为之物时，它就是绝对理念。当黑格尔说"唯有绝对理念是存在，是不消逝的生命，是自知的真理并且是全部真理"时，这种表达被海德格尔揪

---

① 波尔特：《存在的急迫》，上海：上海书店出版社，2009 年。可参看此书以"急迫"为核心探讨后期海德格尔思想的发展脉络。

② 参见列奥·施特劳斯：《海德格尔式存在主义导言》，丁耘译，载于《古典政治理性主义的重生：施特劳斯思想入门》，刘小枫编，郭振华等译，北京：华夏出版社，2011 年，第 1 编第 3 节。

③ 海德格尔：《形而上学的存在—神—逻辑学机制》，载于《同一与差异》，孙周兴等译，北京：商务印书馆，2011 年，第 49 页。

住——什么是"绝对理念是存在"中的"是"（ist）？黑格尔把关于观念的宏大叙事当作存在，可他并不仅仅认为存在是"无规定的直接性"①，而通过绝对精神这个观念来考察存在。关于这一点，马丁·路德也有这个情况。海德格尔在《宗教生活现象学》中讲解保罗书信时讲到路德，信仰在路德那里是某种"无规定的直接性"，可以接近存在本身。如果说我们不可以绕道"绝对理念"，那并不意味着绕道"信仰"就可以。两者都是关于绝对的那个存在者整体上的不同进路，一个通过观念思辨，一个通过信仰投靠。这两条进路可能初衷都是为了接通存在本身，但都有可能已经偏离了存在本身。

海德格尔的扩展要点就是：存在—神—逻辑学机制。这个地方写的"－存在"（-sein）是形而上学意义上析出的那个作为存在者的存在的路径，而这里的"－神"同样是活在形而上学中的神学中的圣神路径。更确切的讲法，则是这篇文章最后要区分的内在论与超越论的分裂："－存在"机制更倾向内在论，而"－神"机制则代表了超越论的模式。海德格尔这种划分虽然有简单化的嫌疑，但并非没有道理。在神学中，本来就是内在论与超越论交织在一起的，后者的代表是早期教父神学，而前者的代表则以托马斯主义为圭臬。而在传统哲学传统中，也就是形而上学传统中，内在论与超越论的两个路径表现为如何存在和什么存在，这两条路径的典型代表就是亚里士多德主义与柏拉图主义。不管海德格尔是否把问题简单化，他要走第三条路，想既不在超越论也不在内在论也可以追问存在的意义问题②，所以，这篇演讲稿依然是一种尝试。结合《现象学与神学》一文，海德格尔通过剥离努力剥离两种机制，从而努力寻找第三条路。

---

① 参见梁家荣的两篇文章《海德格尔与基督教》与《海德格尔与宗教现象学导论》，载于《本源与意义——前期海德格尔与现象学研究》，北京：商务印书馆，2015年，第1页、第121页。
② 参见孙周兴：《后哲学的哲学问题》，北京：商务印书馆，2009年；《永恒在瞬间中存在——论尼采永恒轮回学说的实存论意义》，《同济大学学报（社会科学版）》，2014年第5期，第1—9页。

在《哲学的终结与思的任务》中，海德格尔对比了黑格尔与胡塞尔对于事情本身虽然表面不同但本质一致的那种唯先验意识的疑难，进而追问反思意识如何达到存在这个关键疑问。从这意义上说，反抗黑格尔就是在反抗胡塞尔。当别人把他误解为黑格尔的时候就类似把他当作胡塞尔一样是误解。对于事情本身，甚至现象学基本原则，海德格尔与这两位都是截然划清界限的。当真理被黑格尔设定为绝对的反思，乃至在这种反思中，客体在主体的思中得到呈现且获得意义的时候，物确实可能因此就消失了。这根本上是一种主体形而上学，这个思想自身运作发展的过程，难免叫作精神现象学。胡塞尔在使用纯粹意识现象学这个词时，同样是在某种先验意识中达到一种同一，而这种同一实际上就是主体，这个先验主体意识只不过在胡塞尔那里被更精致地描述为这么一种东西，它需要同时具备两种特性：一方面，它要不断允许新的赋义行为填充以便在这个填充中使意识流永远可以具有当下性，此时，这个绝对意识的自我也好，思之为思也好，就变成了一种同一性地基；另一方面，这个地基变得很诡异，它既要最空洞又要有能力保持永恒的同一性。说到底，若是没有先验自我，这个思之为思就无法有效地达成。因此，回想起来，就胡塞尔对于同一性问题的思考，我们可以谈论的依然是绝对被给予性这个艰难的问题，即 Ichpol（自我极）与 Substrat（基质）如何在先验意识那里被整合为自明性，而这一点是海德格尔说什么都不愿意承认的。如果在黑格尔那里，绝对理念是存在，而一般的存在（ist）就必然是一个阶段，那个还是在觉知表象中带出的一个阶段①，这与胡塞尔还是不一样的，毕竟后者认为那个阶段性的东西也是首先被给予的，具有命运性的独一无二差异性。

海德格尔接着讲什么是"对话"。对话是一种争执（Streitfall）。黑格尔与整个哲学史思辨，我们注意到海德格尔此处有趣的讲法："我们目瞪口呆。按黑格尔

---

① 海德格尔：《形而上学的存在—神—逻辑学机制》，载于《同一与差异》，孙周兴等译，北京：商务印书馆，2011 年，第 49 页，脚注 3。

自己的话说，哲学本身与哲学史竟处于外部状态的关系中。"① 黑格尔认为他自己才是跳出在哲学史之外看哲学史的人，他意识到了一种由辩证法规定的外部，历史因此作为一个暂时被切断的对象性断面来被黑格尔拿来审视，可这种审视所带来的历史性却又回归到审视自身的可能性中。换句话说，外部状态（后来福柯讨论过这个外部状态，即 la pensée du dehor）② 使得黑格尔谈论的"既不是历史，也不是学说意义上的体系"。海德格尔认为，黑格尔探讨的是一个历史性传送。在黑格尔的那个历史时刻思考辩证法本身就是历史性的，这个历史性因此就是绝对外部的，但这种外部又以黑格尔被绝对精神召唤的方式而实现，所以海德格尔说："思想的事实对黑格尔来说发生事件（Geschehen）就是历史性的，而这是在本有意义上讲的历史性。"③ 本有居有的方式，在那个时代正好就展现为黑格尔的运思方式，这是命运性的。"发生事件的过程特征是由存在的辩证法决定的。"④ 这就决定了思想的那个事实——那个作为事情本身的东西——必然在那个历史发生时刻，被思考为绝对理念自我认识的辩证过程。辩证法因此成了黑格尔要进行历史性对话的尺度，也可以说是方法或者路径，而这个方法就是事情本身，因为辩证法作为方法就是绝对理念自我认识的过程，是思之为思的那个实事。

　　海德格尔也要谈论那个原初的事情本身，那个实事（Sache）。既然要开始对话，就必然有一个方法：海德格尔的存在论的解构方法。这里海德格尔要强调的是，他不可避免也要用类似辩证法的方式来谈同一与差异问题，但借用方法并不代表抹去差异，而是方法"在同一的东西中区别显现出来"。他定位说：黑格尔思辨地历史地思考存在者之存在，他也要历史性地谈存在。他的谈论是不同于黑格

① 海德格尔：《形而上学的存在—神—逻辑学机制》，载于《同一与差异》，孙周兴等译，北京：商务印书馆，2011 年，第 50 页。
② 福柯：《什么是"当代"？——从福柯回溯到波德莱尔》，《艺术工作》，2010 年第 1 期，第 20 页。
③ 海德格尔：《形而上学的存在—神—逻辑学机制》，载于《同一与差异》，孙周兴等译，北京：商务印书馆，2011 年，第 50 页。
④ 同上。

尔的，是面向存在问题本身的，而不是仅仅从表面区分开来的另一种对于哲学史的意见。如何进行呢？"必须从事存在之分解。"① 这是关键要点，同一与差异中关于差异的关键词就是这个"分解"（Austrag）。差异被当作分解而展开就是这样开始的。"存在之分解"的德文是 Austrag des Seins，即存在之解决。② 这个词还有调解、澄清等意思。即对于那个最根本的实事本身，哲学家有不同的理解，而海德格尔需要一种存在论差异意义上的真正的澄清，既能领会其他哲学家意图，又根本上做出一个区分，一个差异性的区分，类似基础存在论的根本差异性区分，盯准作为差异之差异，以便为解决差异问题提供一个开放领域。在该书的前言中，海德格尔说："至于差异如何来自同一之本质，读者应当通过倾听在本有（Ereignis）与分解（Austrag）之间起作用的一致音调而亲自去发现。"③

　　海德格尔接着提出三个问题。解决第一个问题的关键点在于看到黑格尔那里思维的原初的实事到底是什么，他是直接面对存在而思，还是借由其他的路径而思。第二个问题问黑格尔与哲学史对话的尺度是什么，当然这个尺度来自第一个问题，即原初实事是什么定位好之后，就有了尺度。显然，海德格尔那里原初的实事是存在问题，而尺度也是他要考虑的。海德格尔一生都在解读哲学史的著作，甚至荷尔德林的诗歌，或前苏格拉底的巴门尼德残片等，这里面到底解读尺度是什么，这个不搞清楚是无法说明自己的解读是有意义的。第三，对话一旦展开，这种与历史的对话在海德格尔这里与黑格尔等形而上学家那里有什么本质性不同呢？抑或根本没有不同？深入展开这三个问题，他认为在黑格尔那里事情本身应该是存在，而存在在黑格尔那里是绝对观念的自我认识。这个东西被叫作"作为差异的差异"④，就是"与"——"存在者与存在"的差异中的"与"，这个是思想

---

① 海德格尔：《形而上学的存在—神—逻辑学机制》，载于《同一与差异》，孙周兴等译，北京：商务印书馆，2011 年，第 51 页。

② 同上，脚注 3。

③ 同上。

④ 同上，第 52 页。

的实事，是那个事情本身。而"尺度"如何理解？对话的尺度是说，在与其他思想家的理解中展开一种阐释，阐释需要一种方法性原则，那就是阐释学的原则。而在黑格尔那里，无论他和谁对话，他都会强调他的对话原则即阐释原则是逻辑学原则。比如，在与斯宾诺莎的对话中，后者经由泛神论完成了实体的思想，可在黑格尔看来思想还没有真正做到自在自为，还没有完全进入"绝对主体性的主体"，思想因此还被滞留在客体中，不是真正的自由（注意海德格尔对谢林之自由的再讨论）。①

而黑格尔在康德哲学中，通过"统觉"（Apperzeption）这个概念，看出康德先验哲学所触及的那个深刻领域，那个绝对精神自我认识的辩证法风暴核心。在这个意义上，海德格尔是赞扬黑格尔在外部的观察的，因不同哲学家的最独特力量被黑格尔洞察到了。唯一不同的在于，黑格尔是历史主义地看待绝对精神在不同阶段对各种不同哲学家的差异化征用方式。海德格尔说："黑格尔找到了思想家各自的力量。绝对思想之所以是绝对的，唯因为它在其辩证的思辨过程中运动，并且为此而要求分阶段的发展。"②黑格尔那里的历史主义是深受基督教历史主义影响的。海德格尔无法绕过黑格尔的历史主义，但又不相信那个是本真的"历史"（Geschichte），那只是一种历史的差异化方式。要进入跟历史的对话，我们就首先要进入某种对历史中更本源的声音的倾听，就是说在思想之中寻找那个比思想发端更原始的位置。"此在"不再是仅在已思考之物中安居，而是转投到尚未被思考的那些东西中去，根据那些东西所展示给此在的能指意义来获得关于尚未思考的东西的视野。历史作为一种事件发生（Geschehen），被思考的东西是作为为思考而准备的东西而存在的。如果把历史看作这思想是存在自我认识的一个整体发展过程，其实就比较容易理解海德格尔说的存在历史的某一个层面，虽然这个层面很像是黑格尔的观点，但海德格尔也意识到了这一点，并还有从本有而来的六道赋格的论述等。这个思路虽然有点绕，但根本上是遵从《哲学是什么》那里的一条思路过来的，而《哲学是什

---

① 海德格尔:《谢林论人类自由的本质》，薛华译，沈阳:辽宁教育出版社，1999年，第21页。
② 海德格尔:《形而上学的存在—神—逻辑学机制》，载于《同一与差异》，孙周兴等译，北京:商务印书馆，2011年，第53页。

么》本身是对《存在与时间》那种基本展开方式的一种再度推演，虽然这推演已经在努力克服《存在与时间》的通过此在进入存在的路径，换成了直接面对存在本身。通过存在本身而进入存在本身，其中一个方式就是通过同一与差异；而通过思想，即运思（哲学是什么意义上的"哲学"），进入后一种运思进路的前庭。

在《存在与时间》中，存在本身的意义还是有待展开，但我们确实已经处在存在意义的先行领会之中了。通过生存论阐释，存在意义不断展开，至少梳理时间问题为这种展开提供了场所。同样地，理解存在历史也是如此。如果站在黑格尔的立场，则历史本身就是一个自觉发展的能动的有机体，是个辩证的绝对精神的自我认识，所以历史作为精神现象本质化的一个有机整体，主体认识历史的过程就是认识自我的过程，认识的是那个绝对理念的绝对自我。我们本已在历史中，但却并不能一下子就彻底把握到真理——绝对精神，所以才有了辩证法的运行与扬弃过程。对于这种黑格尔式的解读，我们应该都很熟悉，但这个解读是理解存在历史的一个钥匙，虽然海德格尔的"存在历史"对黑格尔这种的历史观有某种釜底抽薪的批判性。同样地，它不是完全地否定这种历史主义的历史观念有它的历史性价值。在海德格尔那里，历史变成了这样一种东西："（历史）要求把传统思想释放到它的还依然被贮存下来的曾在者（Gewesenes）中。这个曾在者原初地贯通并且支配着传统，始终先行于传统而本质性地现身，但又没有合乎本己地得到思考，没有被思考为开端者（das An-fangende）。"[1] 海德格尔要说的是，在黑格尔那里必然被扬弃的那个不断回归的历史曾在现场，是绝对精神自我认识的真正开端。既然作为曾在者，它就总是在当前化，可是却没有真正地在过，而只是作为一种从未来而来的回返到曾在者那里的被当前化的东西而存在。"存在历史"，它是从第一开端历史到另一个开端历史的过渡的一种思想。根本上它有趣的地方在于，它对历史的理解不同于黑格尔，黑格尔看待历史，依然将其当作一个已经过去的

---

[1]　海德格尔:《形而上学的存在—神—逻辑学机制》，载于《同一与差异》，孙周兴等译，北京：商务印书馆，2011 年，第 54 页。

残留物，历史本身就变成了某种可对象性的东西，它必然在绝对精神的自我认识中克服自己的残留性。可历史本质上如果是海德格尔意义上的传送的那个从本有而来的呼声的话，它就是真真假假、虚虚实实似的交织在一起的一个广播器。历史就不再是考古材料堆积场，而是动态的东西，如同我们进入对存在本质的倾听的时候。不知道读者还记得《存在与时间》中良知的呼声吗？历史进程中也有这种呼声，在基督教神学中当然就是基督的道成肉身。这里，我们有一种方式是仅仅通过我在那个历史中的我思而得到的呼声，可还有一种是不一定让我们在历史中听见，它本身就是历史，它的降临就是听见本身。海德格尔会说，这个对于存在历史呼唤的倾听来自外部、域外，这种来自外部的东西，又恰恰成了历史性的东西，它甚至代表了真正的历史性。历史因此毋宁说倒是从它出发才有了意义。

根据《哲学论稿》存在历史的传送，新的跳跃，新的信息的倾听，不仅仅是对良知的呼声，还是对存在沉默之秘密的倾听，作为对那个差异之差异的倾听，是那个作为赋格（Fuge）的位置涌出（physis）存在的本有的一种运作。所以，海德格尔认为的那个曾在者恰就是那个开端者（das Anfangende）。这就是说那个永远在过去的那个东西，那个差异本身，总是会第一时间向你照面，在每次当下化中都会消逝，你在它之中，经受它。即使如此，你也不会真正完全把握到这个曾在者。换句话说，此在不可能完全去把握那个作为开端的开端，那就是作为差异的差异，一直贯通从始至终的那个曾在的一个东西。那个东西是不断的，应该在差异化的过程中生成，是从那种差异的缝隙之中听到阐释的新呼声（历史消息）的那个东西，换句话说是从它们之中听见"福音"的那个东西。

海德格尔分析第三个问题，即特征。黑格尔的对话的特征是扬弃，这个特征是海德格尔要克服的。他说："对我们来说，与思想史对话的特征不再是扬弃，而是返回步伐。"在海德格尔这里，扬弃到底为什么是某种必须扬弃的东西呢？他和黑格尔在与历史的对话的特征由哪些因素而来呢？一个根本不同在于，他们对时间的本质有不同的理解，其实也可以说对原初事情什么有不同，或者对存在本身究竟如何有截然不同的领悟。黑格尔那里的时间是点性的，而海德格尔是圈性的。① 此处的时间的本己属性就是在谈论那个 Da- 的时间性展开方式。黑格尔的时间展开方式开始是敞开一切可能性的，其实依然是自我封闭的，它的时间性体现在那个点性时间起对自身同一性的形而上学保持，也就是说，在黑格尔式的辩证法时间场域中依然有一个残留内核挥之不去，那就是先验自我——那个理性的主体性，那个自我认识的"我思"。虽然黑格尔叫我思为绝对精神，可这个精神依然是向来我属的，它是从主体而来又回归主体的。海德格尔那里则不是，思的事情可以没有"自我"，一个"无我的思"作为纯粹思的经验，因此那个 Da- 的时间性甚至可以是非时间性的，也就是说，并不一定表现为历史主义或者线性扬弃的辩证推进，它完全可以仅仅是从赋格（Fuge）处生成的一种原始争执（Streit），而这种争执的呼声时有时无，音调在不同的人类文明中体现得各不相同。存在基本情绪的给出、赠予（es gibt）方式，完全通过不同历史性民族的语言结构之不同，因此既具有在片段片面中的规律性，又从根本来说，像复杂的巴洛克赋格音乐的推进结构似的，具有不可翻译的非规律性和命运性。可以说，形而上学史是存在历史的一个命运性历史呈现，但要将形而上学史归属于存在历史才可以理解海德格尔，这种归属本身又不是黑格尔那里通过扬弃而达到的某种结果。存在历史更像某种谱系史，各种事件并非没有联系，但根本来说，联系并不是来源于某种可被宏大理性直接把握的隐秘根源的微小叙事与少数文学。②

接下来，海德格尔指出了黑格尔的扬弃特征和返回步伐（der Schritt zurück）的重要区别。扬弃所对应的是一个被设定的真理领域，那个领域是知识的领域，而且被设定为绝对存在者的领域，所以是符合性真理发生的领域。返回步伐是海德格尔所强调的，它是另一个领域，是一个通过跳跃建立起来的领域，它不在形而上学之中，不在存在—神—逻辑学机制内，因为机制领域必然不可避免隶属于

①　柯小刚:《黑格尔与海德格尔时间思想比较研究》，上海：同济大学出版社，2004 年，第 137 页。

②　让－弗朗索瓦·利奥塔:《后现代状况》，长沙：湖南美术出版社，1996 年。德勒兹:《卡夫卡——为弱势文学而作》，选自《什么是哲学?》，张组建译，长沙：湖南文艺出版社，2007 年，第 38 页。

扬弃的形而上学努力。返回或回返之领域是海德格尔所谓的解蔽领域，或者涌现领域、源出时间性领域等。这个领域并不是已经完成思考的，而恰恰是有待去展开思考的。下面到了关键的问题：差异之为差异。思想的回返是在面对一个思想的事实，也就是说，这个事实不同于黑格尔的那个事实，他面对的是一个思想形而上学历史整体，因为海德格尔不得不用表象的和设定的这种语言去表达这个所面对的东西①。在这种面对之中，实际上要表达本身恰恰在于没有办法表达，也就是那种，放弃表达的弃言②的模式。而此时此刻要表达的那个东西，那个被认为是海德格尔那里的本来的东西，即存在与存在者之间的差异是存在论差异，"返回步伐从那个未被思的东西，也即从差异之为差异，进入有待思考的东西中"③。这个差异并没有被思考，这里谈到的那个未被思考的存在论差异是说，存在论差异的体现为整个形而上学历史的那种意义没有被思考，存在本身没有被思考就被转换成了存在本身作为存在历史居有形而上学，形而上学史本身的意义没有被思考；其实也不是没有被思考，而是没有完全地被我们的思想面对和触碰。

以形而上学历史体现存在论差异的那种方式，海德格尔至少认为差异问题并没有被有效地思考，以至于使我们遗忘了应该如何面对本有去征用形而上学历史这件事。我们把差异的差异本身遗忘了，"这个有待思的东西就是差异之被遗忘状态"④，这种遗忘状态实际上是这个差异本身进行的自行遮蔽，并不是我们实在地把它遮蔽，而是它自己会有一个差异机制，即一个自行遮蔽机制——形而上学史拒绝给予的机制。技术的本质作为极致时，是存在被遗忘的状态，还是存在直接给予的状态呢？如果存在历史作为形而上学史呢？它实际上依然是某种拒绝给予的形态，即存在历史被遗忘的状态，换句话说，存在历史被遗忘，恰恰就被给予

---

① 海德格尔：《形而上学的存在—神—逻辑学机制》，载于《同一与差异》，孙周兴等译，北京：商务印书馆，2011年，第55页，脚注7。
② 同上，脚注1。
③ 同上，第56页。
④ 同上。

成了一种否定性的东西，或者说被拒绝给予成了某种叫作形而上学，它作为一种逻辑学机制存在了上千年的时间，而却被忘记去思它的意义。所以差异状态被归因于被遗忘状态，差异的被遗忘状态有很多表现。这样，我们发现在海德格尔那里，这种存在被遗忘的状态有很多表现，比如存在被遗忘，思想被遗忘，历史被遗忘，语言被遗忘。困难之处恰恰在于，这种被遗忘并不完全是发自人的，就是说，它并不是仅仅从此在这方面去达成的，虽然它表现得好像是此在遗忘的存在被体现出来。所以在存在和在者之间的这个存在论差异、这个分解是跳进一个领域。在这个领域的审视中，整个西方的形而上学都会成为所要面对的那个启思道路，或者说这个领域是跟着那个启思道路一起进入思考，并把那整个形而上学机制本身思入存在历史中去的努力。这个过程就是 Austrag，即分解或解分的过程。

形而上学的存在—神—逻辑学机制，其实有待于把形而上学历史当作存在历史的一个居有结果而重新带入思中，思这种从逻辑学而来的机制是如何通过内在与超越两个基本路径使得整个形而上学未被作为一个整体思考，而干脆遗忘了真正要思的东西。海德格尔提示道，在存在论差异这个区域中，形而上学可以被思，只要重新面对差异之差异问题，就可以回返到重新思考整个西方形而上学命运的正确路径上来。虽然历史上思想家都在用存在这个词，可"存在时时命运性地（geschicklich）说话"[①]。存在命运性地说话表现为理念、实体、神、绝对精神、权力意志等。海德格尔在作者注释中增补的意思是，回返是对于存在的那种形而上学命运的整体回返，就是从本有（Ereignis）中觉醒过来进而作为一个赋格（Fuge）的失本（Enteignis）。这不过是说，在觉醒过来进入本有之时，恰恰同时需要一种自行作为缝隙而保持的失本。真理去蔽的同时也在遮蔽。所以，思考差异之为差异，不是简单地思考存在与存在者的差异，而是更根本地面对存在论差异的源头，即：是什么导致了差异？是什么使得差异不断差异？是什么让遗忘不

---

① 　海德格尔：《形而上学的存在—神—逻辑学机制》，载于《同一与差异》，孙周兴等译，北京：商务印书馆，2011 年，第 56 页。

可避免地命运性发生？这时候海德格尔就已经沉思到，差异本质上就是一种"隐藏和扣留"①，有一种遮蔽是澄明作为澄明而遮蔽，即本有自身作为一种遮蔽。这是非常艰难的一点。澄明不是在场之所以可能的来源吗？如果差异之为差异是一切存在论差异的来源，难道正因为来源，遮蔽才发生？或者正因为来源的无限差异性，差异才一刻不停地差异下去？如果是这样，那还有没有所谓的同一呢？同一在本有这里到底还有没有存在的必要呢？这是德里达质疑的关键，因为后者那里的差异变成了纯粹差异，不再有任何同一的妄想与乌托邦。

当控制论统治我们，在存在者整体的控制上生命被表述为生物而产生一种生物学，其本质根本不是关于生物而是关于技术的。所以，需要返回步伐的目的是重新面对技术本质的问题，洞见（Einblick）其本质。回返不一定是回到早期古希腊，或许是黑格尔，也或许是印度思想或东方思想，这是不一定的。海德格尔开始针对黑格尔《逻辑学》相关问题追问开端为何。黑格尔提示不能是直接性或间接性的东西作为开端，根本上应该这么谈："开端就是结束。"② 这就类似存在就是Sein ist。这是类似神学的表达方式，而这个作为开端才更加有效。此处的难点就是"回跳"（Rückprall），开端是某种在自我认识的辩证思考中的回跳。回跳在绝对观念中延展到存在者整体的丰富性中，进而延展到绝对的存在之空虚中去，进而让绝对精神的那种纯粹知识在绝对空虚中得以开端。③ 如同上面说的，开端就是结束、结束就是开端的命题因此就必然是面向神的。在黑格尔那里，科学必须是以神作为开端的。因此，"神之学（Theo-logie）乃是关于上帝的表象性思想的陈述"。可是海德格尔认为，最初的神言（teologos）或神学（teologia）根本是"关于诸神的神话的诗意创作之道说"④，这种更根本的关于神学的界定与信仰、教

---

① 海德格尔：《形而上学的存在—神—逻辑学机制》，载于《同一与差异》，孙周兴等译，北京：商务印书馆，2011年，第55页，脚注11。
② 同上，第57页。
③ 同上，第58页。
④ 同上。

会、教义毫无关系。在黑格尔那里，存在是作为一个中介观念存在的，以使思想可以自我认识，达到绝对性。

海德格尔此处问了一个让绝大多数人匪夷所思的问题：为什么科学是某种神学？这个问题呼应了我们在第二章就试图通过《现象学与神学》讨论的问题。他解释说，因为对存在者的知识的研究并因此而形成的在概念下的统一性是真正的科学本义，在康德看来也是如此，如果各种差异化的存在者可以统一在某种概念下，那么这个概念就是先天性的，居有规定性并符合于真理。Ontologie 实际上是存在学，它是关于存在者的智慧。海德格尔在《形而上学是什么？》中规定形而上学是研究存在者整体（Allheit）与存在者自身的学问。这个所谓的整体性就是所有存在者的那个统一性。如此，我们发现，形而上学就变成了存在—神—逻辑学（Onto-Theo-logie）。他接着说了深刻的话："谁从生长渊源中经验了神学，不仅经验了基督教信仰的神学，而且经验了哲学的神学，他在今天就宁可在思想领域里对上帝保持沉默了。"[1] 这说明，形而上学从根本上来说被变成了存在—神学，如果说上帝进入哲学，那么是在哪种对于神性的理解上谈的就至关重要。[2] 要搞清楚这个问题，先要讨论"上帝如何进入哲学之中"。假设哲学是自由自发的，那么它是邀请上帝进入自身之中的，它甚至可以规定上帝进入哲学的方式。

到底这个形而上学的存在—神—逻辑学机制怎么来的？回返思考又一次针对黑格尔。我们看到黑格尔一个很奇特的地方：存在一会被他思考为最空虚无物的普遍性，因为只有绝对的无个性才能容纳一切个性以至于成为最大的普遍性，但他又从完成的角度来思考存在是圆满完成了的那个最高级的东西。按理说，这时候黑格尔应该把这个叫思辨神学或者存在神学，可是他反而取名叫逻辑学，这是从亚里士多德那里而来的一个名称。可是，逻辑学很显然是关于根据的一个词，

---

[1]　海德格尔：《形而上学的存在—神—逻辑学机制》，载于《同一与差异》，孙周兴等译，北京：商务印书馆，2011 年，第 60 页。

[2]　同上，脚注 2—3。

通过赋予根据让存在转变为观念而错失了真正的存在本身。"存在显示自身为观念。这就是说，存在者之存在揭示自身为那个自我探究和自我论证的根据。"[①]那么，根据（ratio）实际上应该理性，而理性就是逻各斯，就是 hen panta（一即一切）。本来黑格尔所谓的科学（Wissenschaft）最后被定为逻辑学，逻辑学竟然不是对于观念的研究，逻辑学面对的观念的最根本事实依然是存在。

海德格尔说："形而上学思考存在者之为存在者，即普遍存在者。形而上学思考存在者之为存在者，即整体存在者。"[②]这说明形而上学对于一般的存在者感兴趣，即那个普遍有效的东西，形而上学在各种不同存在者中寻找某种同一性的倾向中研究存在；形而上学还从超越者或者叫超级存在者，即那个在一切存在者之上的角度来思考存在。前一种我们常叫它内在论的进路，后一种则叫超越论的进路。因为后一种进路，黑格尔居然可以把逻辑学这个本来用来思考一般存在者之间的内在差异本质之统一性的东西作为所有存在者的最高根据来使用，这就不稀奇了。更关键的是，在 -logie 这个结构中，我们就更清楚地看到，到底海德格尔为何认为 Onto- 与 Theo- 都可以最后隶属在某种 -logie 之中找到其根据了。如此我们很清楚地看出来，形而上学本质上就是找根据的学问，无论是内在还是超越，都依然无法摆脱形而上学找根据的路子。而被控制得牢牢的恰恰就是逻辑学机制，这个逻辑学的定律框死了形而上学两种探索方式的根本限度。

说起逻辑学，那么"学"（-logie）作为一种机制，它其中隐含的是一种必须合乎逻辑定律，并且合乎陈述的那种符合论真理。这种对真理的把握实际上来自对存在者整体的考察或是对存在者一般本质的考察。这是两条道路即内在论和超越论之间的道路。内在论从本质上说，是在不同的个体事物之间寻找个别的本质，然后在这些本质之间寻找到某种统一性，这是亚里士多德主义所表现的。另一方

---

① 海德格尔：《形而上学的存在—神—逻辑学机制》，载于《同一与差异》，孙周兴等译，北京：商务印书馆，2011 年，第 61 页。
② 同上，第 62 页。

面，超越论寻找的是存在者整体的外化的根据，这是柏拉图主义的一个基本的思维方式，实际上依然是寻找根据，与亚里士多德主义的内在论路径并无二致，只不过柏拉图主义寻找根据并不是在具体的事物内部，不是一个无限向内推的逻辑过程，而是一个无限向外延展的逻辑过程。这里我们可以沉思到两种路径对时间的把捉方式的不同，实际上内在论把捉的方式更倾向于一种过去的时间性，因为它寻找根据和本质的方式是向内的，向内某种意义上意味着向过去，在那个经验的基础上，是在曾在的层面上把捉的，也就是在过去时间性的层面上把捉的。所以先验论某种程度上是对过去时间性的一种兴趣，因此它更关注经验本身的那种实在性，哪怕是先验范畴本身关注的也是它作为范畴观念的那种实在性。面对事物，过去已经完成的成就了的堆积的材料，当然需要某种准确的把握，因为这种准确性某种程度上就意味着对它全面地占有，没有对它全面地占有就不可能对它进行真正的认识以及预测。超越论的时间性则是面向未来的。也就是说，与内在论不同，超越论更倾向于面向未来去观察出一个外在根据。所以它是历史主义的，因为超越性所需要的那个根据是对于存在整体那个大全的合法性与合目的性。当然，这种历史的运动的观念恰恰使得超越性首先作为那个最未来的大全的合目的性，它首先就是作为根据的基础而存在的。所以超越论寻找的是一个关于是什么的根据，而内在论，是对事物如何展开进行说明。它们都承认运动本身是存在的，只是这种运动的真正的原因和根据，到底是在运动体内部还是在运动体外部，有一个不同的区分。究竟是哪个永恒静止不动的东西决定了运动的产生，还是运动本身来源于某种它所属的内在的静止不动的东西？但无论如何，我们发现这里边基本的区分就是动与不动、变化与不变化，说白了，是一个存在论差异的问题。也就是说，柏拉图主义和亚里士多德主义的一个最基本的区分，恰恰在于他们紧盯着存在论差异进行思维，但是他们并没有真正面对的问题是：是什么使得存在论差异可以作为他们哲学思考的原初的背景？换句话说，是存在者差异给出了他们的这些哲学思路（无论是内在论还是超越论），但什么是差异本身呢？在变与不变之间的那个"与"是什么意思？这个"与"此时此刻就是存在本身的那个更深的渊源。故海德格尔说，"对存在之为存在与存在者之为存在者而言的这个'与'本身"①，当对存在者是什么进行一种论证的时候，逻各斯（logos）做出答辩，答辩本身遵循逻辑学。所以内在论变成某种存在—逻辑学（Onto-Logik），而超越论则变成了神—逻辑学（Theo-Logik），形而上学如此就变成了存在—神—逻辑学（Onto-Theo-Logik）似的东西。这意味着形而上学从本质上被逻辑学机制所框定，此处的逻辑学不排除黑格尔对它的用法，通过某种逻辑学来对存在者本质研究从根本上是在寻找一种根据，在海德格尔看来这个根据恰恰是无根的（abgrundich）。

理性就是追求那个 prote arche，在笛卡尔那里是追求 causa sui（自因）［德文是 Ur-Sache（原初之事）］，无论是在个体意义上追求那个个体安立的根据还是在大全意义上追问终极的理性或者绝对精神。在形而上学中，"存在者之存在完全仅仅被表象为 causa sui"，这意味着形而上学的思考进入了上帝，因为上帝是自因的。反过来，关于上帝的神学思考也不得不借助形而上学的 causa sui 来思考，这时候上帝被当作黑格尔意义上的思想的基本事实——存在，存在这时候就必然以以各种各样的展现为依据的形式出现，或者作为逻各斯，或者作为实体，或者作为主体，或者作为基础（huepokeimonon）。从根本上，形而上学依然无法摆脱逻辑学机制，"形而上学是神—逻辑学，因为是存在—逻辑学，反之亦然"②。此时，我们发现这个机制并不能仅仅从存在学或者神学方面得到说明，内在论与超越论的路径都有必然性，使得 Onto- 和 Theo- 纠缠在一起的真正的根据在机制外部，是对于 Logik 之所以可能的一种凝视。还有一个问题是，既然 Onto- 和 Theo- 的共属一体，那么保证这种共属一体可以达成的那个东西是什么？这就要追问，Onto- 和 Theo- 要追问的东西什么意义上具有这种共属性。很显然，这就是问 hen panta（"一即一切"）是什么，且 hen panta 的一与多是如何共属的，或者更确切

①　海德格尔：《形而上学的存在—神—逻辑学机制》，载于《同一与差异》，孙周兴等译，北京：商务印书馆，2011 年，第 52 页，脚注 3。
②　同上，第 64 页。

地说是 Onto- 和 Theo- 中的连字符的意义，或者 *hen panta* 的一与多的"与"的存在意义。故海德格尔精辟地指出："终极的东西以其方式论证着第一性的东西，而第一性的东西以其方式论证着终极的东西。"终极的东西是超越论层面的，而第一性的东西是内在论层面的，所以，这两者相互纠缠的共属一体被机制化，而那个使得二者共属（zusammen）又区分的东西，即差异之为差异的领域，恰恰是没有被思考的。换成我们自己的话，就是：在内在论与超越论之外，是否还有一条思想之路可以踏上，而前面两条路与第三路的关系是什么，多大限度内前面两条路是以这第三路为源头的？或者说，所有的 Onto- 和 Theo- 的区分与共属恰恰从第三路即本有之路而来。

"形而上学的本质机制植根于普遍的和最高的存在者之为存在者的统一性中。"[①]这是海德格尔非常伟大的洞见。这个洞见的意义或许还要很久才能被更好地认识。形而上学是一种寻找根据的学问，它为存在者寻找基础，但根本上说，无论是从普遍性还是超越性都不可能找到，这意味着从个体或者从集体，从殊相与共相中也无法找到。形而上学从一开始就错失了存在本身，它并不是面对存在本身来寻找根据，所以它寻找的根据永远是无根据的，虚无主义在所难免。只有勇于跳出存在者领域，才有机会与存在本身连接。这要求一种态度，就是勇于把形而上学的这种存在—神—逻辑学机制当作一个问题来讨论，而不是回避它，如此才能更实事求是地思考西方形而上学的本质甚至西方的命运。海德格尔下面又分析了一组第二格用法，即存在者之存在（Sein des Seienden）与存在之存在者（Seiendes des Seins）。[②]这两个第二格，一个是从客体说，一个是从主体说；一个是作为宾语第二格，一个是作为主语第二格。无论如何，"当我们思考与存在者有差异的存在和与存在有差异的存在者的时候，我们才实事求是地思考存在"[③]。也就是说，

---

① 海德格尔：《形而上学的存在—神—逻辑学机制》，载于《同一与差异》，孙周兴等译，北京：商务印书馆，2011 年，第 64 页。

② 同上，第 68 页。

③ 同上，第 65 页。

只有严格地盯住存在论差异才能更好地面对存在本身。可我们又不能轻易地去表象差异，以导致差异变成某种区分，而在存在与存在者区分之间的关联就变成了一种关系，而思考存在论差异又变成了思考关系问题，这是不对的。思考并非不思考关系，但根本上并不是思考作为范畴的"关系"，而是思考"关联"，因为这种关联就是同一与差异的关联，是本有性质的关联，那种真理二重性的关联。在差异中区分并在区分中同一，这是存在者与存在之间最负责的那个位置（Ort），正是因为能总是保持一个位置，才有可能开展一种面向思的探讨（erörtern）。

　　实际上，差异本身不可被对象化，这是一个难点。差异如果是一个对象，海德格尔说，那你就会愿意把差异配到事物上。差异如果是主，那这就是"以物配主"（按照伊斯兰教苏菲派的思想）[1]，或者反过来。可无论是从宾格还是从主格谈，或者以主配物，都从根本上出现了问题，差异因此不可以被配在存在者那里抑或存在那里。可是如此又会陷入一个问题，即，差异到底从何而来？差异难道不依然是关于存在论的吗？难道不是存在与存在者之间的吗？既然不能配到存在或存在者上，难道差异不在任何地方？[2] 不在任何地方就和在任何地方是一样的。差异还是在变异（werden）的。差异在存在与存在者之间，在那个"与"或者第二格上，那么，"之间"（zwischen）是什么意思呢？"差异仿佛被插入到的那个'之间'从何而来呢？"什么给出了这个之间，还是说这个之间本质上就是给出本身，即 es gibt？如果我们在回返中面对差异本身，我们只能非对象性地面对它，似乎是要 Austrag（分解）它。Austrag（分解）的意思是 aus-（分开），并在这种分开中相互（einander）承担（tragen）。我们通过这个词来思考差异之为差异：差异是那种让存在与存在者可以相互（einander）分开却又相互承担（tragen）的之间（zwischen）位置（Ort）。难点在于，当我们说存在向存在者过渡的时候，

---

① 　金宜久：《伊斯兰教的苏菲神秘主义》，北京：中国社会科学出版社，1994 年；王家瑛：《伊斯兰宗教哲学史》，北京：宗教文化出版社，2007 年。
② 　此处海德格尔引用格林童话来讲这个"无处不在"：ick bün all hier。

也就是让存在成为存在者的时候，好像存在发生了变化，"可是，存在并不是离开其位置而向存在者过渡"，因为如果是离开了本位而过渡，那一开始存在者难道就不在存在中了吗？很显然不是这样。

　　存在如何进入存在者？存在离开的时候，存在者达到，作为一种解蔽的东西。海德格尔说了一个词"袭来"（Überkommnis），另一个词"到达"（Ankunft）①。他的意思是说，在一种解蔽的要求袭来之际有一种遮蔽着的到达，叫"存在显示自身为有所解蔽的袭来"，这个"作为解蔽着的袭来的存在和自行庇护的到达的存在者，就是在同一着的区分（Unter-schied）"。也就是说，存在进入存在者的时候发生了一种区分，而这种区分是以解蔽为目的的，但解蔽的过程伴随另一种遮蔽，整个过程都表现为存在论差异中的存在与存在者之间的那个之间（Zwischen）如何被打开的过程。在这个敞开领域中，就是在这个之间内，"袭来与到达相互保持并存，得以相互分离又相互并存地实现"，这个过程就是 Austrag（分解）的过程。差异因此变成了"既解蔽又庇护着的分解（der entbergend-bergende Austrag）"，这就是指分解内部的差异化运行机制——自行遮蔽的锁闭者的澄明②，而这个澄明的敞开领域让袭来与到达可以彼此分离又彼此承担。难点在于搞清楚到底什么是"锁闭者的澄明"。这个澄明并不是同一意义上那种澄明，虽然它也具备此本性，而是说它自身是以锁闭的本性来照面的，这是非常难以理解的。比如，当上帝道成肉身为基督之时，存在进入存在者，这不是一般的进入，而同样是一种袭来与抵达，而且是澄明境界，但却是自行锁闭和隐藏的澄明。这比从存在者回归存在的那个同一过程更难以理解。对于后者，我们比较好领会那种从一个被异化的人变成人、物回归物自身的过程。那种伴随着光照的澄明之境，我们说那是从存在者回归存在本性的时刻。反过来呢？差异时刻又如何？如果能洞察到这一点，我

---

① 我们无法在文献上证明德里达的"到来"是从这里受到的启发，但其真义却似相去不远，此问题在本书涉及德里达的"到来"时还会集中探讨。

② 海德格尔：《形而上学的存在—神—逻辑学机制》，载于《同一与差异》，孙周兴等译，北京：商务印书馆，2011 年，第 69 页。

们就能明白当存在区分为存在者时，存在者与存在之间就在一种"自行遮蔽的锁闭者的澄明"中被 Austrag 即分离与承担了。这里区分的"锁闭者的澄明"，正说明我们曾经关于两种二重性的理解是有道理的，其实也不过就是同一与差异，即，同一意义上的澄明与差异意义上的澄明。所以，海德格尔追踪差异的步伐比追踪同一的步伐更加有力，他希望差异被保持并跟踪差异的痕迹（trace），看看是否能找到差异之源。他"根据差异来思存在"。所以，分解其实是对存在遗忘状态的另一种表述，他转为"在作为澄明的分解的被遗忘状态中"思考存在意义。①

存在本身是时 - 空游戏，那么如果我们表象存在为一般性的、普遍性的东西，其实在我们这么思维时，那已经不是存在了。可我们日常中思考存在与存在者差异的时候，难道存在不会理所当然地首先就被想象成一个普遍性的空虚的本质之物吗？而存在者则被想象成有限的、具体的、实在之物，比如一本书、一个苹果。可海德格尔提醒我们在举例（zum Beispiel）的时候，我们就进入了存在者，而根本无法举出一个叫存在的例子来。这时候，具体的游戏可以被举出，而游戏本身，就是举例子本身无法被举出，故海德格尔说："存在之本质就是游戏本身。"② 如此，我们就很容易理解黑格尔那个只要"水果"而不要具体水果的例子了，那意味着存在不可能在具体存在者中被举出；同样地，在具体存在者的一般性中，也没有存在本身。故，"更不可能的是：把存在表象为具体存在者的普遍性"③，你即使是用 en，idea，logos，energeia 这些描述全体存在者整体根据或具体存在者一般普遍性的东西的词依然无法描述存在本身。但不管如何，这些概念被思想家们听到也是一种命运。海德格尔认为在追思（andenken）中才能听见存在在不同时期的命运呼声。这种呼声是自行解蔽的瞬间，当被看见的一瞬就自行照亮。④ 这种被

---

① 海德格尔：《形而上学的存在—神—逻辑学机制》，载于《同一与差异》，孙周兴等译，北京：商务印书馆，2011 年，第 69—70 页。

② 同上，第 69 页。

③ 同上。

④ 同上，第 70 页，脚注 5。

听见的实际上是一种让在场，"让"意味着发送、给予、征用、居有等。本有因此就是差异之差异作为一个它（es）在已经被遗忘的状态中被给予（gibt）①，es 作为本有或者最后的上帝，给予或者给予一个不给予的姿态，即一个无（nichts）。当差异之源被遗忘了，通过追忆（andenken）②的这个解蔽的袭来与遮蔽者的抵达就构成了分解（Austrag）。说到底就是在讲差异如何从本有而来，如何被本有给出并在袭来与抵达中保持。

海德格尔试图通过分解来思考差异，他思考的是两种差异：一种从存在到存在者，一种从存在者回归存在。这两种差异尤其是作为形而上学第一历史的开端、维持和在尼采那里的终结。形而上学的存在—神—逻辑学机制需要通过分解来思入。存在于是在形而上学中通过分解保持着的某种自行隐蔽的解蔽状态，存在之被遗忘状态就是这种解蔽状态的一种方式。而根据（Grund），在笛卡尔的思想之中是自因（*causa sui*），在法语中根据是 fonds，意思是财产，这就意味着：某些建基于聚集的 *logos* 上的类似于地产财产一样的东西作为根据被思考，但海德格尔则在分解中思考根据的建立问题。③ 分解实际意味着一种共属，在这种分解之中有一种相互（einander）分离（aus）的彼此承担（tragen）。我们会发现这种在到达者传送就是存在历史的传送，哪怕在第一开端它被思为形而上学的某种存在之遗忘状态，而这种历史是通过传送并使得到达（Ankunft）得以可能。只有在这种到达中才有可能建立起来新的基础，或者为所有形而上学寻找根据的做法提供一个非基础的基础。到达（Ankunft）直接关系到《哲学论稿》中关于"将来者"（Kunftler）的讨论。而将来者来自跳跃后的建基。某种被奠基的东西，它是自行

① 海德格尔：《形而上学的存在—神—逻辑学机制》，载于《同一与差异》，孙周兴等译，北京：商务印书馆，2011 年，第 70 页，脚注 1—2。

② 海德格尔：《追忆》，载于《荷尔德林诗的阐释》，孙周兴译，北京：商务印书馆，2000 年，第 93 页。

③ 关于马里翁对 fond 的深入讨论及其神学关联，参见吴增定：《存在的逾越——试析马里翁在〈无需存在的上帝〉中对海德格尔的批评》，《云南大学学报（社会科学版）》，2016 年第 1 期。

进入无蔽状态的到达，在这种敞开域之中存在者差异化着并成为存在者。故海德格尔说："奠基者和被奠基者本身的分解不仅使两者保持相互分离，也使两者保持相互并存。"① 这里最困难的理解就是，当我们从存在进入存在者的时候，我们会知道存在者为存在的到来奠定基础，而存在也为存在者的回归存在奠定基础。存在者回归存在的过程更倾向于同一性的过程，而差异本身是分解的过程。这时候，存在本现（wesen）的过程体现在那个 es 的给予方式，而这种给出是作为历史传送而给出，体现在一个敞开领域，这个领域是通过 logos 聚集的，"这同一 logos 作为聚集乃是统一者，即 hen"②。这个 hen（一），这个 logos（在机制中体现为 -logie 的那个原始本源意义）聚集为两个方面的含义："既是在完全第一性的和最普遍的东西意义上的起统一作用的一，又是在最高的东西（宙斯）意义上的起统一作用的一。"意思是说，在 hen 中，logos 的这种原始的聚集之意义，那种分解运行机制正作为内在论与超越论的来源而存在，而"一即一切"的聚集在当下抵达的这种历史性传送方式通过道说（Sagen）而被规定为一种逻辑学式的言说方式。因此，机制本身依然是某种符合本有思想而给出的某种特定结果。

这里面的难点是，只要存在一直显示为存在者的存在，而不能显示为无的存在或其他方式，那么它就作为一种存在论差异出现，或者是本质为差异，或者是本质为分解。存在就一直为存在者奠基，这意味着所有的奠基和论证之间就会相互地分离，但是这种相互分离使得它们能够相互并存。存在者进入存在而存在进入存在者，在这相互的差异之中它们双方彼此有一个反照。故海德格尔说："分解是一种圆周运动，是存在与存在者相互环绕的圆周运动。"③ 我们想到巴门尼德说存在是个圆球，海德格尔这里要谈论的是存在作为"圆周运动"的那个意义。其实这个圆周运动不是一个一般意义上的圆周运动，这里的圆周运动的真正模型应

---

① 海德格尔：《形而上学的存在—神—逻辑学机制》，载于《同一与差异》，孙周兴等译，北京：商务印书馆，2011 年，第 72 页。

② 同上。

③ 同上，第 73 页。

该是"莫比乌斯环"的圆周运动，是首尾相接并形成时空扭曲的圆周运动。如此，奠基就成为存在者对于存在来说的超越论的自因所引发的那种作用。因为在存在与存在者的圆周运动中，奠基的分解过程中那个最高者一下子就变成了最普遍者；同时，又从一切（Allheit）之中析出那个一性（Einheit）。

　　海德格尔在谈论分解的时候还得艰难地反思"一即一切"的关系问题。这"一即一切"的关系问题被体现为存在论差异，通过分解去进入对这种存在差异的解构，就是说，到底存在和存在者之间是怎么构成一个解释学循环的，是什么给出了存在和存在者之间可以构成解释学循环之可能性。形而上学是倾听 *logos* 之表达的学问，它倾听的是存在者之存在，对存在者之存在的思考则来源于对差异之成为差异者表达方面的规定性，换句话说，它只能把存在者之存在思考为某种差异者（Differenten）[①]，即表象化作为差异的差异，而这种表象的方法就是逻辑学。存在因此就成为某种存在—逻辑学，而在这种表象过程之中又不可避免地得从某种对超越性根据的探求作为归宿，哪怕对具体事物的先验论之普遍性的根据探求依旧是去寻找某种关于存在者那个一切（*panta*）的最高根据。因此，形而上学成为某种存在—神—逻辑学。

　　如果我们要理解"分解"的意义，只要紧紧抓住海德格尔曾对 *aletheia* 的描述就不会偏离太远。*aletheia* 是遮蔽着的解蔽，分－解（Aus-trag）则是本有之隐蔽着的显露。[②] 我们常常考虑 *aletheia* 的解蔽功能，而忘记在解蔽的同时遮蔽也就发生了。在对 Lichtung 的道说中，海德格尔谈的是自行遮蔽的在场之澄明。[③] 分解是本有的一种同一与差异化运作方式，而它更倾向是对本有的同一与差异运作的差异部分进行描述的关键词。海德格尔批评道，如果形而上学总要从存在者整

---

① 　海德格尔：《形而上学的存在—神—逻辑学机制》，载于《同一与差异》，孙周兴等译，北京：商务印书馆，2011 年，第 74 页。

② 　同上，脚注 1。

③ 　海德格尔：《时间与存在》，载于《面向思的事情》，陈小文、孙周兴译，北京：商务印书馆，1999 年，第 15 页。

体思考存在，它就不可避免地在差异者（Differenten）的层面来运思，进而无法真正面对差异本身，即存在本身，或本有。差异者，无论它本现成最高的存在还是最普遍的存在，从根本上它都还不是存在。下面他就说出了此文最重要的一段定义："如果形而上学着眼于每个存在者之为存在者的共同的根据来思考存在者，那么它就是存在—逻辑学；如果形而上学思考存在者之为存在者整体，也就是着眼于最高的、论证一切的存在者来思考存在者，那么它就是神—逻辑学。"[①] 这里我们看到内在论与超越论的海德格尔式经典表达。内在论喜欢在不同的个体之间寻找共性的共同根据，比如普遍人性等等，这种思维方式是形而上学的，是存在—逻辑学的模式；超越论喜欢把整个人类当作一个对象来审视，或者把一大群人当作一个集体来看待，也就是作为存在者整体来处理，进而寻找某种依据，比如人类生存的基础。人类的最高历史来源与天堂归宿等，如此思维依然逃不出形而上学，是神—逻辑学模式。这两种模式都被归于逻辑学中，归于那种可以表象其根据并表述谈论 logos 的逻辑学进程中。谈到这里，我们可以问，是否还有第三条路，也可以叫形而上学（在最原本的意义上用这个词，如果这种原本可以达到的话），它既不在内在论也不在超越论中运思，却依然可以是严肃的形而上学（《形而上学导论》意义上的形而上学，或思想）呢？

存在学与神学达成了某种统一性，可这种统一性来源于一个差异着的本有领域，作为差异的差异的效果，"差异使作为根据的存在和被奠基的存在者保持为分解（Austrag）状态，既分离又彼此相互承担。"如此，我们就通过分解（Austrag）的引导，跟着海德格尔进入了本有领域，这个领域拒绝一味地差异区分，比如存在与存在者、根据与被根据等，这些概念变得不本真以至于不够言说，主要原因在于这些区分中的概念首先就是从差异而来的某种表象性的差异者（Differenten），亦如本有（Ereignis）这个概念就已经不适合在形而上学视野里进

① 海德格尔：《形而上学的存在—神—逻辑学机制》，载于《同一与差异》，孙周兴等译，北京：商务印书馆，2011 年，第 74 页。

行有效思考与理解。那么，第三条路到底如何呢？海德格尔说，"不再：追问其来源——在林中路上；而是：放弃差异与超越，参与到存在与存在者的同一性中 //这就是说：把同一性克服到作为四重整体之权能的本有中去。"① 不再紧紧盯住差异来进入存在，而是直接进入存在；不再在差异思维中与存在照面，而是进入一种同一性的觉醒，通过这个觉醒投靠到天地人神的四重游戏的空间性中去，在本有中思考差异，在存在与存在者之间的相互居有关系中来倾听存在意义。这所有的一切探索都是为了讨论第三条路："上帝如何进入哲学中？"但上帝进入哲学中为什么是关乎第三条路的最重要的关卡和钥匙？

海德格尔沉着地说："上帝通过分解（Austrag）进入哲学中。"② 如果自因作为原始实事（Ur-sache），那么上帝就是某种人类无法向其祈祷、献供的对象，因为它是绝对存在与形而上学中的理性对象，同样地，我们也就根本不会真正敬畏这个作为 causa sui 的上帝，也谈不上在这位理性上帝面前"载歌载舞"。因此，"那种必须背弃哲学的上帝、作为自因的上帝的失去神性的思想，也许更切近神性的上帝"③。这个道理其实在信徒中很容易理解，但却无法如海德格尔这里讲得这么精准。这句话意思是说，某种抛弃了哲学或神学的心中的上帝，那个不在形而上学的构造中被接受的最普遍者与至善者，确确实实可能反而更接近神性的上帝。所以他自己接下去解释说："当这种失去神性的思想不想承认存在—神—逻辑学时，它对上帝更为开放。"④ 也就是说，我们确实在经验中有着某种不一定非要承认存在—神—逻辑学机制的对上帝的感受，这种感受好像意味着失去了神性，更确切地说应该是不再神学地信仰上帝了，或者不再哲学地思考上帝了，但在这种跳跃中，信仰才可能第一次真正地发生出来。另一方面，一种不在存在—神—逻辑学机制中的思已然可能，

① 海德格尔：《形而上学的存在—神—逻辑学机制》，载于《同一与差异》，孙周兴等译，北京：商务印书馆，2011年，第74页，脚注2。
② 同上，第75页。
③ 同上。
④ 同上。

那就是海德格尔开启并引领我们踏上的道路，他引领我们从对差异之差异的遗忘回返到差异之源即本有去，方式则是通过分解，分解即本有自行遮蔽的解蔽。

最后，海德格尔显然是知道那些可能的责难，即这在内在论与超越之外的第三条道路很可能最终依然会被理解为一种表象化的方式，进而被重新归于一种形而上学。所以，这条回返的解构之路到底是否可以为我们倾听本有之呼声提供帮助，这都还是个未知数，最坏的一种打算是被技术彻底摆置和改造掉。但这还不是最值得担忧的，最大的问题是语言。我们因此看到后期海德格尔为什么要关注语言，不断在阐释诗歌中谈语言、道说、沉默等。因为海德格尔知道，西方的语言根本上是形而上学语言，必然打上存在—神—逻辑学机制的烙印，那么西方语言是否可以具备道说，比如无、沉默、历史等思想，这一点却是真正应该担忧的。言外之意，如果语言是存在的家园，语言是本有运作的必经之路甚至最本己之路，那么，会不会有一种命运被西方人背负，那就是必然在其语言中只能言说形而上学而终究无法道说本有或从本有道说？这个叫运思道说的困境。类似 das sagende Nichtsagen 这种思想虽然海德格尔可以领悟到并试着道说，可这种方式最终能否开启真正的人性，还是悬而未决的。[①] 所以在说是（ist）时，西方人不可避免地要经由巴门尼德到黑格尔甚至到尼采（ist 被归属于权力意志了）一路设定的经验，如此就好像一种命运一样，西方的言说方式被它们有限的语言经验逼到了尽头。最后海德格尔提醒，不可以太着急地把 Austrag 思考为一种术语并且明天就要试图解释它。这是说，要透过这个概念去理解背后要表达的那个生命经验、那个从本有而来的差异经验到底是否被你获得了。如果缺乏这种获得，再多的关于词语意义的解释都只是让我们错过了某个有机会跳入或投奔存在的道路。海德格尔总结道："一个研讨班——这个词暗示的——是一个位置与时机，在某些地方播下那种沉思的种子。"[②]Seminar（研

---

① 海德格尔：《形而上学的存在—神—逻辑学机制》，载于《同一与差异》，孙周兴等译，北京：商务印书馆，2011 年，第 76 页，脚注 5。

② 同上，第 77 页。

讨班）与 Samen（种子）之间有一种形式指引的联系，而正是在指引下才有机会踏上沉思的路，"它可能在某个时候会以自己的方式生长起来并结出果实"。[①]

5.2　《同一律》中的"本有"

《同一与差异》这本书中的文章最难理解的地方，或许还不是深奥费解的行文，而是海德格尔自己添加的大量脚注补页。《同一律》这篇文章也不例外。在行文上，有着大量的思想上的增补，表现为各种附注，包括补页和其中划线的图形等。这某种程度上形成了一种特殊的思想风格，这些增补实际上甚至比正文更重要，如同德里达提示的，增补不断把开端重新召唤回来。《同一律》一文中同样存在各种各样的替补的脚注，或是增补的解释、扩展的解释，或是澄清，甚至自我反问，某种程度上是把一个线性的文本变成了某种具有非线性张力的、有着无数路标和标识并通过这些标识将文本不断地引导到文本之外的一种形式上有趣的探索。如果说海德格尔对这种形式上的探索并没有一种自发性的话，这是不可能说服我们的。

我们知道在《哲学论稿》中，海德格尔充分用了实验性很强的风格来写作，那种复调的推进方式别具一格。海德格尔还在论荣格尔的文章中对"此在"打叉，进行某种形式上的写作。所以他在某种程度上不愧为写作大师。他实际上对形式本身是非常关注的，虽然这种关注可能来自思想本身的、恰恰是某种尼采式的东西。而既然是来自思想本身，就意味着某种和传统形而上学差异的思想。因为这种思想本身要求思想者要重视思想的角度、视角面、修辞方式、策略等。这种替补是不断地在之后添加上的，这种添加某种程度上恰恰意味着，思想家在展开思想的过程之中带有历史性和局限性。这恰恰意味着思想本身从它的本性出发是在不断地上路、不断地思想着的；并不是一劳永逸地把某种理论摆在我们面前，而是在不断的替补之中形成那种对思想的探索。这是形式上的这种文献替补的意义。

[①]　同样地，我们无法在文献上证明德里达的"播撒"一定受到此处海德格尔文献的启发，但其真义却似同样相去不远。

在德里达的意义上谈，这种增补的文献，因为它不断地覆盖和重复，首先成为某种问题。在那增补的地方，我们恰恰看到的是某种在不起眼的修改的那个地方不断被下意识地涂抹、增补或掩盖，也可能不断地通过掩盖的方式被揭示，或者是通过揭示的方式重新掩盖的那个难题的要点。下面，配合着对增补的细读，与上一章类似，让我们再来看看《同一律》这篇文章到底是如何展开对 Austrag 与 Ereignis 这两个艰深概念的探讨的。

我们知道《同一与差异》这本书要讨论的是同一与差异的一体性问题。就是说，同一是差异着的同一，差异是同一着的差异。同一与差异是真理展现其二重性真理的方式，也即存在历史的差异化运作。表示同一的关键词是 Ereignis（本有），表示差异的关键词是 Austrag（分解）。同一部分的序言其实是对物是什么的追问，而这种追问根本来说是为了展开存在的空间维度。物是"天—地—人—神"四重性（Geviert）①带来的，其同一性因此是"天—地—人—神"四重时空游戏意义上的同一性，而不是传统形而上学那种符合论真理的同一性，故参考海德格尔《物》一文有着重要意义；差异方面的规定则来自 Differenz 的规定，而这种规定某种程度是在分解意义上得到解决的。

《同一律》是从讨论 A ＝ A 这个基本逻辑定律开始的，这个 A ＝ A 的定律就是同一律。A ＝ A 这个逻辑定律是在什么条件下被经验的，真正的同一性究竟是什么，这是海德格尔要问的核心问题。先谈同一，同一的希腊文是 *to auto*，拉丁文是 *idem*，一般翻译成自身、本身、同一。同一德文的 das Selbe，而同一者德文是 das Identische。讨论同一，我们必然会涉及康德说的同一，即"物自身""物自体"。海德格尔要从物开始谈起，《物的追问》一书同样重要，因为它涉及了物自身的康德追问，而这种追问本身与此处要考虑的关于同一是什么的追问有非常

---

① 参见海德格尔：《物》，载于《演讲与论文集》，孙周兴译，北京：生活·读书·新知三联书店，2005 年，第 180—181 页。其中对四重整体有相应的讲解。又可参考林子淳：《从比较老庄思想的视角论四重整体与最后之神》，《社会科学家》，2016 年 6 月。

重要的联系。实际上，A＝A 要指出的是："每个 A 本身都是同一的。"[①]每个实体，或者我们说每个物，它们自身同一于自身，而它与它自身是同一的。

海德格尔谈到柏拉图的《智者篇》中涉及的静止与突变之间的关系问题，谈到第三格的 *heauto* 本身都在回返其自身的意义上与自身同一。A＝A 实际表达了一种 A 与其自身的同一。这个并不好理解，是说 A 同一于自身，在回返自身的过程中，它重新归属于自身。如同这样一种情况，当我们要认识一个事物，那我们恰恰不去认识它，而去认识其他的它之外的事物，以便给出一个区分，在这个区分中回返到我们自身中去，此时我们自身恰恰就是事物自身。这种逻辑实际上应该是：所谓 A，即非 A，是名 A。A 之所以成为 A，在于我们回返到自身的差异之源，进而才给出了那个最原初的关于 A 的命名，那个最原始的同一。同一性因此在一种 mit 的关系中存在：在一种关联性中，同一才被展开；在某种与 mit 关联的统一进程中，同一才得以把握。柏拉图所说的同一，即那种与另外两个不同却与自身同一的状态，就是所谓的"不二性"。

什么是不二性？简单表述：既不是一，也不是二；既可以说是一，也可以说是二。不二的展开方式恰恰就是这种与另外两个不同却同一于自身。当柏拉图这样表达时，我们注意到，他是盯住这个概念——同一的概念，他在谈论这个概念的那个来自其自身的属性。就是说，同一这个概念在具体体现中，可以体现为一种存在，这个存在意味着两个完全不同的东西，彼此又实实在在成为整体性的东西。不二性，是你中有我、我中有你那种关系。但这种关系是完全均值对等的，它既不是包含于与被包含于的关系，也不是整体与部分的关系。它非常类似一个维恩瓶的结构，一个莫比乌斯带的结构。对立统一的双方在各自之中，并且成全为某种同一的东西。可它永远不僵化地完成为一个一，而是随时具备一个态势，准备舒展成二。阴阳之间的关系如此，体用之间的关系如此，基督的神人二重性

---

① 海德格尔：《同一律》，载于《同一与差异》，孙周兴等译，北京：商务印书馆，2011 年，第 29 页。

问题也是如此。如果说 Ereignis 是关于这个同一的海德格尔关键词的话，那么，思考和展开这两个词必在不二性的意义上来领会才能把握得更真切。Austrag 与 Ereignis 的关系就是这种不二性的体现方式。

海德格尔说，在德国观念论哲学这里才建立了对同一性本质的某种根本性庇护，虽然这个处所的建造某种程度上依然是表象式的。如果我们换个角度，把 A ＝ A 换成 A ist A，情况如何呢？这里就涉及一个很奇特的问题，什么是这里的 ist、存在、是，A ＝ A 中的抽象的且表象式的对等的那种同一性到底是如何被给出的？ist 如何变成 gleich？但我们听到的却是 A 如何存在。A 是以是自身的方式来存在的，也就是 A 是在与自身的同一中而是（ist）起来的，即"这个定律说出每一个存在者如何是（存在），也即：它本身与其自身同一"①。因此，我们看到这种讲法不过就是说 A ＝ A 是存在论差异，同一律就是存在论差异，因为存在论差异就体现为存在者之存在，就是存在者通过存在与其自身同一。故他说"同一律讲的是存在者之存在"②，所以，从 ist 到 gleich 的演变是自然而然的，因为当同一律要研究存在者时，存在者与其自身必然是同一的，同一性就囊括在每一个存在者中。海德格尔这里要讲的难点是，存在者作为存在者与自身同一理解起来并不困难，但存在者与存在同一，或者说，在存在中去成为其自身的那个同一性，就不容易理解了。其实，存在者与自身的那个作为存在者意义上的同一根本不算什么，倒是从存在论差异而来的同一，如果没有存在者通过存在而达成那个作为存在者的自我同一，同一性根本是无从谈起的。但问题是，这就意味着，同一性来自更本源的差异。差异是唯一的本质之源吗？这是海德格尔与德里达不同的地方。后者把此处对差异这个本质之源的立场推到极致，而海德格尔则依然坚持差异来自同一、同一来自差异，它们是相互征用和归属的，这不同于黑格尔的线性的历史

---

① 海德格尔：《同一律》，载于《同一与差异》，孙周兴等译，北京：商务印书馆，2011 年，第 30 页。
② 同上。

性扬弃，但也不同于德里达那种绝对差异深渊般的洞察。

同一性之同一性为形而上定调，它给出一个对存在者整体的表象性图样。在这个可摆置的图样中，存在者就被认为是可以理性思索的、可以说话的、可以被计算和预测的，进而其同一性是可以被精确性把握的。同一性发出话语指令，所以科学在成为自身，"因为对于科学来说，倘若没有预先总是确保了其对象的同一性，它就不可能成其所是"①。海德格尔对这句话加的注释是为了说明，科学的潜在对象是同一的，是那个作为存在者的对象不断永恒复现。这种科学的同一性构成了对 *hen panta* 的致命置换，把"一即一切"的内涵形而上学地表达为一个存在者与一切存在者（存在者整体）。而这个致命的主调（海德格尔加注）即是形而上学自身的调式。在这种形而上学主调的进程中的同一性并没有真正被倾听。其实，*hen panta* 是在谈论存在论差异，或者说在谈论存在者与存在的关系，而不是存在者与作为一切存在之规定性的那个存在者整体的关系。②

海德格尔说，真正的呼声是从存在本身而来的，也可以说是从本有而来的，当我们听见并应答从 Ereignis 而来的呼声，我们才真的进入同一性。前面说过 Ereignis 就是关于本有差异化运作之同一性的表达核心词语，从 Ereignis 而来的呼声（heiße）是通过声音传达的，根本来说还是离不开对 Wort、圣言或道的倾听与体认。这就涉及一个更晚一些的问题：什么是 Wort 的呼声？什么是语言之呼声状态？或者说，什么是语言之"叫"（heiße）？③ 我们发现，通过道（Sagen）回到词语（Wort），词语比圣言甚至有了接近本源的更大张力。如果说圣言说出还不得不依靠逻各斯（*logos*），因为"道与神同在"④，那作为只可凝视的甚至不可以

---

① 海德格尔：《同一律》，载于《同一与差异》，孙周兴等译，北京：商务印书馆，2011 年，第 31 页。

② 海德格尔：《这是什么——哲学？》，载于《同一与差异》，孙周兴等译，北京：商务印书馆，2011 年，第 5 页。

③ 参见海德格尔：《什么叫思想？》，载于《演讲与论文集》，孙周兴译，北京：生活·读书·新知三联书店，2005 年，第 135 页，脚注 1。

④ 参见《圣经》（和合本），《约翰福音》第 1 章第 1 节，北京：中国基督教两会，2012 年。

直视的绝对的符号，词语（Wort）多大可能突破逻各斯呢？[①] 可以体现为不聚集和拒绝给出吗？

接下来，海德格尔引用巴门尼德的残片：*to gar auto noein estin te kai einai*。他翻译成：觉知与存在是同一者。一般我们翻译成：思想与存在是同一者。存在如果是作为思的经验，经验的思就是存在的一种作为思想的存在状态，这时候我们就发现，思想与存在同一，实际上是说思的经验即存在论差异。因为思的经验本身就是从本有而来的经验，思与经验是同一的。此时，存在没有存在者，只是作为存在而存在；思也一样，思是无我的思，没有我存在，思此时与没有存在者的存在本身成为同一。最直接的责难是：如果没有自我，没有"我"，如何思呢？我思故我在（*cogito ergo sum*），这是笛卡尔的思路。哪怕发展到胡塞尔的纯粹意识领域，或者叫内意识领域，依然有一个自我，只是在胡塞尔那里，那个自我一方面是绝对的可能性，随时保持为有待被填充意义的装填，另一方面保持为绝对自明的同一性。但海德格尔讲的思，却是可以无我的思，即作为思本身。后期海德格尔对《存在与时间》中的此在论的批判也可通过这个思路理解，用他的意思说就是，不通过此在思考存在意义，而是直接面对存在而思存在意义。艺术、宗教等生命活动中，在大量存在无我的当下，在那个被给定的瞬间，乃至在很长的一段时期内，可以做到神秘主义意义上的无我境界，而那个境界中，思本身依然会照常运行。实际上，胡塞尔的问题恰恰可能在于，一方面他发现那个领域的存在，另一方面又一定要通过自我（*ergo*）这个虚假概念来证明那个所谓的纯粹意识的自明性。

与胡塞尔在对于"回到事情本身"这一原则上的分道扬镳的关键点就在于这个位置，海德格尔严格地纠结于到底"事情本身"是什么。结合上面的讲法就是："事情本身"［这个问题恰恰就是同一性问题，在康德那里表现为：什么是物自身（Ding an sich）］在《存在与时间》与《时间与存在》究竟是通过存在者来看存在，还是直接看存在意义？在《同一与差异》与《思的经验》中，究竟是有我的

[①] 参见德里达：《论文字学》，汪堂家译，上海：上海译文出版社，2005 年，第 31 页。

思还是无我的思？那在《物》中，究竟是对象性把握的那种物才到物本身，还是通过天—地—人—神四重整体来看物本身？在《哲学论稿》中，究竟历史是什么，怎么看待历史呢？是通过此在的历史性来看历史还是直接面对历史传送而倾听那种消息？在《哲学是什么》中，到底是必须经由形而上学才学会思考，还是直接面对思考，考察与存在的关系如何？在《形而上学导论》中，到底是通过有来展现无，还是我们直接面对存在遗忘状态或存在之拒不给出状态本身的意义？在《艺术作品的本源》中，我们一定要通过艺术家或者艺术作品来思考艺术吗？还是我们可以通过世界与大地的争执来思考艺术的本质？进而思考什么是对话、什么是语言、什么是思考、什么是建筑、什么是时间、什么是有、什么是神等等，所有这些，其实都可以回归到我上面谈到的那种思维关节中去摸索，即，到底有没有一种无我的思之经验？没有此在的存在意义——或者在神学可以说，没有上帝的神性之维——意味着什么？最后一个神性之维问题，就是《哲学论稿》中理解"最后之神"的海德格尔教义的最核心态度，而这个态度在基督教神学中也并不新奇，在否定神学乃至存在神学中，都有其表达进路。这些问题，倒是熟悉宗教生活的人比较好接受。但其中也有难点，比如，当把存在者最小化地压缩的时候，做减法做到无我的那一刻，大我上帝就是我，我就是上帝，这个观念却依然并不是正统新教教义讲述的，最多是东正教神秘主义才涉及的内容。虽教会已把曾如此讲述的古老大师如埃克哈特大师等神秘主义者重新当作珍宝，但毕竟这种论述也确实并不适合一般教众接受。可海德格尔确实不仅仅受到新教神学的影响，他对第二格用法的不断反思其实深受东正教神学的某种潜在影响。我们不能认为新教神学就是神学的全部，同样地，不能因为海德格尔思想不完全符合新教神学就说他不符合神学传统更深远的古老传统。

进一步的问题是：如何划分教众应该接受哪些内容？回到事情自身，那个作为事情自身的上帝本身如何（我们无法问是什么这个问题了，正如海德格尔在《哲学是什么》中提示的）？我们问如何的时候不是在问本质，而是在问存在，我们又不可简单地以为我们是在问实存。上帝实存，这类似的讲法又问题多多了。

所以，我们问上帝如何，是问上帝本身作为存在本身如何。既然不必通过此在通达存在意义，那么我们不一定要通过基督徒来通达上帝本身的意义，这是非常要紧和关键的一个难点。此时，我们开始进入最匪夷所思的哲学跳跃点！并不是说《存在与时间》的讲法是被否定的，而是，如果没有《时间与存在》的澄明的讲法，即让存在被澄明给出来规定，那《存在与时间》重点此在时间性规定是不可能的。我们发现了一种各得其所又相互归属的关系，存在与时间之间那个同一又差异的关联性。

说到时间性问题，回到《存在与时间》，细心一点，我们就会发现其中基督教时间观念的深刻影响：如果没有恩典的时间性根本就不可能有沉沦的时间性。是恩典时间或末日时间从远处决定了当下的沉沦时间或未认信的时间。恩典时间可以理解为《存在与时间》中的时间状态（Temporalität），但问题是，恩典时间是不是一个在场状态（ousia）？是不是一个敞开状态？这个恩典时间的在场性是如何被给出（es gibt）的？仅仅从字面来看，我的表达似乎很奇怪，es gibt 难道不是恩典吗？或者作为礼物的那个上帝的给予吗？可别忘了，es gibt 可以给出无（Nichts）。就是说，给出本身并不一定是恩典，就好比 Ereignis 不一定必然以基督教式的给出方式给出，还可以是以其他宗教甚至非宗教的给出方式，而给出那个在场状态的恰恰是不在场的那个 Nichts。这意味着，Sein 变成了 Nichts，上帝变成了无。即使如此，上帝依然可以给出——上帝作为无来给出。很显然，这是埃克哈特大师的伟大路径。我们发现了两种可能的表达：上帝作为有给出；上帝作为无给出。很显然，后一种表达此时此刻是更根本的，是把上帝作为澄明自身（Lichtung）来观入的一个路径，也是否定神学进入神秘主义的路径；而前一种，是上帝作为在场的且永恒在场的绝对存在者而给出，这个给出必是生产（produce）而不是生成（becoming）。或者这么表达：这个作为抽象的绝对性的存在者整体的超越物的上帝的给出方式变成了存在 Sein 即 being 的方式，而不是存有 Seyn 即 becoming 的方式，因此缺失 -coming 维度即弥撒亚维度，也就是把弥撒亚维度给固化了，把基督机制（X- 基督）给静态化了。而基督机制本来应该是个动词，好比我们说救世主。救世主本来应该是一直在动态中施予拯救的那位。这里的神奇之处在于，已拯救、正拯救、要拯救，过去、现在、未来是作为一个动态的整体而一以贯之的。所以，即使是基督教都似乎不可以把基督机制给名词化、克服名词化，而永远保持动词化。回到上面的上帝名词化的那个作为有的给出方式，我们要真正回到的事情本身恰恰是：回到动词化的上帝和基督，即让上帝作为无给出。当然，我们在这里发现，基督教自身的资料如果抛去希腊解释可以重新激活自身的话，这种激活本身又恰恰需要更深刻的希腊哲学思维提供某种概念上把握的途径与方法。附加问题是我曾经论述过的犹太教对上帝那个位置的坚守，时刻保持那个作为无的位置不能被轻易占据，进而保持为动词化，防止堕入名词化的危险，甚至戒命的来源即是如此。

可问题是，这种保持本身可能存在问题，即是说，这种固执的保持会有虚无主义与唯灵主义的危险，这同样是需要批判的。因为过分强调 -coming 变异的到来者的力量，从根本上说就是不信耶稣是基督，那么问题就很明显：这个上帝的作为无的空位，永远不能被填充，那么等到什么时候是终点？等待本身的意义何在？弥赛亚主义成为一种负担，一种非常沉重的精神压力，甚至压垮了本雅明。同样地，过分固执地认为那个意义填充就是把耶稣填充在"－基督"机制中，坚持认为这就是唯一的可能性并固化这种唯一性以便作为一种封闭的可能性甚至不可能性给出，恰恰是一种契机，即把上帝的名词性与动词性第一次连接起来的契机，这个契机的关键就是耶稣基督这个表达中，中间的连字符消除了。这种消除对应的是对中国传统的道成肉身理论（化身理论）的严肃提问与批判。意思是说，如果可化身之阿凡达（印度教化身理论的核心概念）有很多，则无法体现真理的唯一性与绝对性，但如果只有一个道成肉身占据了上帝的位置，则，这不是人类各民族文化之宗教经验的事实本身。上面谈了这么多，归根到底要谈的却是同一与差异，或 *hen panta*。我们首先要跳出造成上面各种矛盾的基本思维定式，即一般意义上的逻辑同一律。为什么不可以有一种可能，即上帝作为无的那个空位，既可以有一个具有唯一性的化身填充，又可以有很多其他的化身填充呢？耶稣的唯一性与其他所有化身的唯一性并不冲突。我的意思是说，唯一性中的"一"，应该在"一即一切"（hen panta）的意义上理解，那个"一"是存在的意思。唯一性本身就是存在本身的意义——那个不二性，那个毕竟性，那个圆满性，那个无碍性。耶稣作为基督，在于上连接上帝，于下连接人类的唯一性中，即是所有化身需要具备的存在本性。因此他作为绝对特殊的一个此-在（Da-sein）而生存。唯一性恰恰意味着一种普遍于一切的周边性和普适性，但必须在"一即一切"的意义上来体会这个唯一性与普遍性的关系。它并不是一个存在者与所有存在者之间的那种简单的存在者意义上体现的一多关联，而是 Da-sein 与 Sein 之间的关联。此问题还可进一步深化。暂放下不表。

形而上学所认知的思想与存在的同一，是一种存在者层面的同一，不是存在论层面的。这是什么意思呢？思想与存在的同一这种巴门尼德表达式中的存在是存在者，而思想就是关于存在者的那种在场形而上学，也就是在对象性的把握中的那种对存在者本质的表象活动。但巴门尼德真正的意思是"存在归属于一种（eine）同一性"①，这个同一性什么意思呢？对这个同一者本身的反思涉及了海德格尔对尼采最核心的思想"同一者的永恒轮回"的态度。在尼采那里，同一者是存在者整体上的那个同一者，也是存在者生命当下的那个存在者层面上的唯一性瞬间性的同一者。在海德格尔的视角面中，尼采的同一者是"一即一切"的同一性的错位表达，而这个"一即一切"说的恰恰是唯一的作为 ousia 的同一者与作为存在者整体的那个大全的权力意志的同一者。一个小的同一者与一个大的同一者在绝对关联中的同一性，这是永恒轮回教义的同一性核心意义。

海德格尔说："早在思想获致同一律之前，同一性本身已经说话了。"②就是说在巴门尼德残片中说话，然后我们听见这个说话向我说出的东西，我们开始全

---

① 海德格尔：《同一律》，载于《同一与差异》，孙周兴等译，北京：商务印书馆，2011 年，第 32 页。

② 同上。

新的阐释活动，在这个阐释中我们思考什么是同一律、同一律的基础如何。一般来说，人们把同一当作一种共相的东西来认识，它体现为一种共属性的关联，这种共属性的下意识对于人们理解同一是非常重要的障碍。这里要提出的是，我们有思维的惯性，这种惯性让我们总是下意识地如何思维，而这种下意识的方式是被给定的，这种被给定却不是一劳永逸的真理，而应是可变动的、可再生的，问题就在于这种被给定的思维惯性在所谓的思维准则的帮助下把自己表达为某种理所当然的东西，以至于似乎是显而易见与不言自明的，阻碍了我们进一步思考其合法性。海德格尔警醒地发问："什么能够阻止我们这样做呢？"就是说，什么阻止了我们不可避免地惯性地把同一性一劳永逸地理解为一种存在者层面的东西呢？海德格尔的回答是，巴门尼德这个话本身就体现了语言自身的歧义性，那种"二不性"①。同一性并不是存在的一个范畴特征，那样就变成了存在者层面的表述，但后来的形而上学喜欢从自身出发来规定巴门尼德原文的那种丰富性。回到那种词语原始经验的丰富可能性是通过词语，从那个原始领域变异到形而上学领域同样是通过词语。我们可以说，那是对词语、句法本义的一种"误释"，但这个错误是存在的遗忘甚至存在的拒绝给予的某种本现（wesen）状态，它是命运性的，但同样是有意义的，因为 Ereignis（本有）就是在这种同一与差异的运作中本现的，哪怕是以拒绝给出的方式本现，给出的同时隐藏自身。它给出的是一条错误的道路，而且这条道路居然一直延续到现在，这条道路伪装成了真正的思想的道路，而隐藏的却是真正的思想的道路。海德格尔找到并踏上的是后面这条道路，但对前面的形而上学的道路也表示说，那是后面这条思想道路的一个必然产物，因为必须允许思想可以踏上形而上学的表象之路。换句话说，形而上学之路恰恰是通过对真理之路掩盖起来的方式才被如此清晰明确地本现出来的。如果没有真理之路的自行掩盖或者叫 *aletheia* 的自行遮蔽，那就根本不可能让形而上学之路得以

---

① 张志扬：《偶在论谱系：西方哲学史的"阴影之谷"》，上海：复旦大学出版社，2010 年，第 3 页。

清晰成形地被塑造并保持下来。这里我们看到了这个真理二重性辨析的细微之处，而且这个二重性又带我们回到了巴门尼德残片的命运女神对巴门尼德的那个经典告诫："要踏上第一条路，而不是第二条路，前一条是真理之路，后一条是意见之路。真理之路就是思维与存在是同一的。"这里非常明确要更深入地思考一个概念——"命运"[1]，而关于命运概念，海德格尔在残片解释中也给出了细致的分析，是非常重要的篇章，尤其是对同一性本身探讨而言。于是，海德格尔总结道："我们不能企图从这种在形而上学被表象的同一性出发，去规定巴门尼德所指称的那个东西。"

海德格尔指出，"思想与存在的同一状态……比同一性……渊源更远"[2]，后者是同一律得以可能的前提，而前者是更原始的同一律的差异性来源。这两个概念的区分，其实很容易理解，只要深谙《存在与时间》就会知道这一点。同一状态（Selbigkeit）与同一性（Identität）就类似时间状态（Temporalität）与时间性（Zeitlichkeit）的关系。从形式指引（formale Anzeige）的角度来看，其实，Identität 这个词很显然有一个拉丁因素在其中，就是说，中世纪神学的内容对这个 Identität 的改造是非常严重的。当它被推进到 Selbigkeit 时，某种程度上说，能够对这个概念析出其本义的期望值之大小完全取决于对其拉丁语的神哲学改造的解构程度。换句话说，我们要看在康德那里、在黑格尔那里，他们的 Identität 或者对 selbst 的理解，对自身性、对同一性的理解多大程度上是神学残余，这种残余多大程度有效，多大程度为通向自身性本身制造了不必要的障碍。而"共属（Zusammengehören），那么属（Gehören）的意义，只能从共（Zusammen）亦即

---

[1] 关于 Mora 的精彩论述，可参考王凌云：《海德格尔与命运问题》，《海南大学学报》，2006 年。

[2] 海德格尔：《同一律》，载于《同一与差异》，孙周兴等译，北京：商务印书馆，2011 年，第 33 页。

从后者的统一性那里得到规定"①。这存在两种可能性。第一种，那个被聚集的听见，那个从同一性道说而来的发言被听见，此种从聚集（逻各斯）中而来的听见通过共（Zusammen）被给出。就是说属通过共，多样性通过统一性而被收敛到一个同一性中，在这意义上说，共是更根本的。第二种，共通过属，就是连共（Zusammen）也是一种聚集 logos 道说的听见。这种听见给出了共，如果没有听见，就不可能有共，属是一种更本源的东西。②

这里海德格尔又在思考第二格问题，他通过第二格来沉思差异的共属性。他提示，传统形而上学就是认为第一种情况是理所当然的，即共是更根本的，而属不过是通过共达成的。同一性貌似显而易见，可这种显而易见却有缺陷。很显然，他这时候指引了第二种情况，或者说第二条道路，即"不再从'共'的统一性中来表象'属'，而是从'属'那里来经验这种'共'"③ 才是值得继续深思的，这并不是空洞的第二格上的文法游戏。海德格尔强调共属作为一种共 – 属结构就是相互归属结构，强调属的这种"互即互入"的形式。"互即互入"这个词，我们借用的是华严佛学的核心概念之一，极其强调万事万物、事物与道理之间彼此的关系性质，也就是那种道理与道理彼此融入，互相征用，彼此居有，进而推进到道理与事物之间乃至事物与事物之间的相互归属与融入的不二性关联。海德格尔说，"按照巴门尼德的暗示，在同一者中相互归属"。暗示的思想是形式指引的思想，同样也是后来德里达的"踪迹"思想的原始根据地。他下面要谈论这种彼此归属与融入的思想，思想是属人的，"思想理解成人的标志"。那么人是什么呢？如何理解思想与人的共属呢？但这样思考本身依然是不行的，因为人与思想又都被看

---

① 　海德格尔：《同一律》，载于《同一与差异》，孙周兴等译，北京：商务印书馆，2011 年，第 33 页。

② 　Ge-hören 是对听的聚集。关于前缀 Ge- 的意思，从海德格尔阐释诗歌 Ge-birge 中，以及谈技术本质集置 Ge-stell 的作品中可以看到，Ge- 是一种聚集。

③ 　海德格尔：《同一律》，载于《同一与差异》，孙周兴等译，北京：商务印书馆，2011 年，第 34 页。

作是对象性的而排列组合（Zurodnung）了。虽然如此，但这种排列组合必然也体现出某种隐约的相互归属的机制已经存在了，即"共同中首先是否以及如何有一种相互归属（Zu-einander-Gehören）在起作用"①。

谈到人，人是什么呢？海德格尔说，人和所有其他存在者一样，归属于存在整体，与存在有某种关联；而人又不同于石头等一般存在者，人是可以发问的，发问带来思想，思想着的人就是人对存在有一个敞开的关联。人作为思想着的动物与存在本身相应合（ent-sprechen）。"人本来就是 ist 这种应合的关联，并且只是这种应合的关联。"②人是一个过渡，从存在者到存在的过渡阶段，通过人存在得以展开其意义。人的本质被转发给了存在，或者叫作存在的转本，即"被归本于本有之中"③，人归属于存在，而通过这种归属，人倾听存在的叫（heiße）或道说（Sagen）。④上面是讲人是如何，下面说存在。存在在传统形而上学中被思成在场（anwesen），存在可以在场是因为人打开自身的可能性给存在本身，听到了存在的道说，这是良知的呼声从人的内在发出来，以应合存在的叫。在场之可能需要某种保证，这个保证就是澄明（Lichtung）——澄明作用，或者空性作用。如来藏作为光明藏的作用本身，可以让在场显现出来，伴随着光照一同到来，如此，在场就与人类发生关联。故海德格尔说："在场（An-wesen）需用一种澄明的敞开领域，并因此通过这种需用（Brauchen）而被转本给人类。"⑤这里的思想极为深刻，在场需要澄明作为保证，人类需要在场，而澄明的那种真理自身的敞

---

① 海德格尔：《同一律》，载于《同一与差异》，孙周兴等译，北京：商务印书馆，2011年，第35页。

② 同上。

③ 海德格尔：《时间与存在》，载于《面向思的事情》，陈小文、孙周兴译，北京：商务印书馆，1999年，第27页。

④ 参见海德格尔：《什么叫思想？》，载于《演讲与论文集》，孙周兴译，北京：生活·读书·新知三联书店，2005年，第138页。

⑤ 海德格尔：《同一律》，载于《同一与差异》，孙周兴等译，北京：商务印书馆，2011年，第36页。

开性就通过在场性而把其自身的真理性本质转换给了人类。这里面有一个很重要的词——用（Brauchen），用的意思类似在彼此归属中的某种相互之间的关联性需要，用是这种关联性关系的一个提炼性概念。我们因此发现，澄明需要在场亦如在场需要人类。如此，就会引发一个很匪夷所思的问题：如果说，澄明是上帝本质面中有的那一面即光明面的话，上帝需要在场，并通过上帝的在场本质化地被人类对象性地把握，哪怕这种把握是不足够的、不完善的，甚至是不可能完成的任务，那么其将成为其对立面，即人类无法成为上帝，人类探寻怎能把握上帝的在场告一段落，进而使问题回返到上帝无法把握的那个上帝作为空无的更原本的地带。某种程度上，这确实匪夷所思。一般来说，我们并不认为上帝是某种需要我们的存在，只是我们需要上帝并归属于上帝，上帝是独立而外在于我们的。

　　海德格尔试图沉思上帝，他的方式是思考存在，却把上帝思为某种需要人类的存在，这中间问题多多。故海德格尔说："人与存在相互转让。它们相互归属。"[1]我们因此就比较容易理解这话的意思了。在相互归属中达乎同一，人类与上帝在相互转让、时－空游戏[2]中相互归属。相互归属这时候就被思为Ereignis（本有）。[3]这时候我们就更清楚Ereignis的意思了：原来Ereignis是相互归属。什么的相互归属呢？人类与上帝之间，确切地说是人类与存在之间，更确切地说则是：此在（Dasein）与存在（Sein）之间的相互归属。这时候并不是盯住差异，而是主要谈存在与存在者之差异双方的相互归属关系。那么，Da-sein 不能直接等同于人，因为诗、艺术作品等也可以作为此之在（Da-sein）而存在。[4]同样地，Da-sein 就不

①　海德格尔：《同一律》，载于《同一与差异》，孙周兴等译，北京：商务印书馆，2011年，第36页。

②　"时－空游戏"问题非常艰深，可参考《哲学论稿》"建基"章节之最后部分"作为离－基深渊的时－空"，孙周兴译，北京：商务印书馆，2012年，第395—404页。

③　海德格尔：《同一律》，载于《同一与差异》，孙周兴等译，北京：商务印书馆，2011年，第36页。

④　关于"此之在"问题，可参考《哲学论稿》中的"跳跃"章节，孙周兴译，北京：商务印书馆，2012年，第237—252页；亦可参考"建基"章节，第308—318页。

得不有另一个对应的更加原始的存在本身的讲法来被找到，那就是古德语的 Seyn（存有），而这个存有（Seyn）给出（es gibt）了存在（Sein）恰似此之在（Da-sein）① 给出了此在（Dasein）。关联（Be-zug）不是关系（Ver-hältnis），海德格尔的讲法是：存在委托于人，人对存在负责。这个表达式仿佛是一种关系式的表达，但其实依然是暗示一种关联，因为很显然，存在与人并不是对等的，"不允许一种单调的对置或混淆"。如此的强调依然是为了让我们不要在僵化的辩证法思路中去考虑同一性问题，因为那样总是无法直接把握存在论差异所体现的那个属，而仅仅对共之同一性有某种表象性的把握是不够的。避免把人与存在当作两个存在者来考虑并通过联结之类的词语来考虑它们的关系性不是一件容易的事。

接下来，海德格尔提到转投（Einkehren）的意思就是觉醒（Entwachen），这种觉醒是对什么的觉醒？或者这种转而投奔是向哪里投去？其实，这里说的觉醒是说从存在的被遗忘状态中觉醒，就是对存在的那个拒绝给出的本现有一种观入。很显然，这就是对存在论差异本身的观入。时刻关注差异，对差异锲而不舍地注视，才有可能使觉醒得以发生。Einkehren 其实在日常德语中是休息、投宿的意思，也引申为沉思与内省的意思。这意味着，沉思本身就是重新寻找一个投宿居所的活动，内省本身就是一种在休息中觉醒过来，从遗忘状态中觉醒过来，也就是重新获得追忆能力，追忆其源头（见海德格尔阐释赫尔德琳的《追忆》）。下面，海德格尔讲到跳跃（Sprung），跳跃是一种开创本源（Ur-sprung）的力量，"如何才能达到这样一种转投呢？那就需要我们自行脱离表象性思想的态度。这种自行脱离是一种跳越（Sprung）意义上的跳跃（Satz）"② 。这句话不好理解，它是在说：如果想要从存在论差异的遗忘状态中重新找到居所而获得一种休息，不再忙碌于形而上学盲目地进行而能觉醒于对存在拒绝给出之本现，那么我们需要一种从自

---

① 海德格尔：《同一律》，载于《同一与差异》，孙周兴等译，北京：商务印书馆，2011 年，第 36 页。

② 同上，第 36—37 页。

身而来的跳跃，跳出对象性的思维，进入非对象性的思维，这种非对象性思维本身有它的定律（Satz）和它自身的原理。这种原理是某种非原理意义上的原理，因为它不体现为可原理式把握的那种原理形态，甚或直接体现为存在论阐释学的姿态或者纯粹解构的姿态。

需要指出的是，法国后现代哲学中的结构主义与解构主义之间的关系，某种程度上，可以算作在同一性的许诺中的探索路径与在差异性中的探索路径。结构主义之所以还被叫作结构主义，是因为虽然列维－施特劳斯在不同的差异文化之间寻找共时性结构——这个寻找依然是差异化的，但他依然相信结构本身的创建性意义，依然愿意发现并建构这种共时性能指链条之间的相似性与可理解性，这是某种同一性的残余信念支撑作用之结果。但解构主义则一鼓作气把能指链条之间的相似性与谱系性打破，让差异体现为差异自身，差异化着自身，以便让差异变成某种不可能性的完全陌生性，进而彻底消除对同一性的信念残余，紧紧盯住原始差异领域之深渊。其实，海德格尔对同一与差异的思考的深度已经涉及了后来法国思想实际操作的那个原则性部分。如果跳跃可以发生也必须发生，那么就是跳出理性的这个基本预设，即人是理性动物的亚里士多德定律。那么，跳到哪里去？海德格尔说，跳出理性基本预设就是从 Grund 中跳跃出去，也就是 Abgrund，离开根据（准备跳跃）的那个空当。这个空当是什么，跳出理性的这种根据意识意味着跳入"虚无"吗？海德格尔说："难道是跳入一种深渊中么？"① 很显然，如果对象性地思考这个问题，那一定是深渊，以为没有地方可去了；不承认理性还要谈跳出理性寻找投靠的思想的原则，或者寻找一种思想与存在相互归属的定律（Satz），这似乎是不可能的。但海德格尔说，只要我们释放（Loslassen）自己就是可能的，跳跃就完全是可能的。释放又意味着使从睡眠中苏

---

① 海德格尔：《同一律》，载于《同一与差异》，孙周兴等译，北京：商务印书馆，2011 年，第 37 页。

醒过来，觉醒（entwachen）过来，"从开端性的本有之被遗忘状态中苏醒"①。这里我们看得很清楚了，跳跃是为了苏醒。从哪里苏醒？从对存在之遗忘状态中苏醒。一旦回忆起同一与差异，跳跃就有可能发生了。既然是忆起存在论差异，那么就重新跳进了存在之中，可以归属于存在，而这原来是归于存在者的。这个归属地，也就是存在居有我们的场所，并不是后来建造的，一般来说，它首先就是当下此在的生存，但艺术作品没有生存，因此就是当下的艺术作品这个此之在带来的原始争执，即此之在（Da-sein）的存有（Seyn）。海德格尔在本段最后说，因为存在居有人，通过在场居有我们人类，"只有在我们这里存在才能作为存在而成其本质也即在－场（an-wesen）"②，连字符是给出一个动词态，如同 da-sein 一样，防止运思表达中的概念名词化倾向是海德格尔一直严格坚守的原则。在场因此就在场化。通过跳跃，我们有机会感知到此在与存在的那种共属性，在没有途径和桥梁的情况下，突然觉醒到那种存在与此在之间的相互归属的同一与差异的二重性中。在这个意义上说，跳跃作为转投也好，作为觉醒也罢，都是某种不经过方便途径而直接进入某个神秘领域的情景，在那个神秘领域中摆脱了无家可归状态，因为神秘本身就是家园③，此在与存在在它们各自的本质中相互归属并完成了。这个过程从存在角度是差异和本现的过程，而从此在角度是同一和归本的过程。因此，能实际进入（einfahrt）这个同一与差异是非常重要的。其实这里面海德格尔没有谈论时机（Kairos）问题，虽然他谈论了很多恩典时间，即时间状态。希腊人的 Kairos 与恩典的时间性会不会有什么决定性的不同呢？

觉醒过来本质上是一种从某种存在遗忘状态进入追忆过去的状态，也就是进入某种怀念（andenken）的状态，某种兴思（erdenken）的状态。柏拉图的回忆

---

① 海德格尔：《同一律》，载于《同一与差异》，孙周兴、余明峰译，北京：商务印书馆，2011 年，第 37 页，脚注 5。

② 同上，第 37 页。

③ 参见海德格尔：《……人诗意地栖居……》，载于《演讲与论文集》，孙周兴译，北京：生活·读书·新知三联书店，2005 年，第 213 页。

说就曾经教导我们对理念世界的知识通过回忆而重新习得，当这种回忆得以发生，我们便重新获得了某种清醒的逗留（Aufenthalt）。进入觉醒状态意味着进入对 Ereignis（本有）自身的把握。把握并不是对象性的而是启示性的，是一种回忆的光照（Lichtung）带来的敞开领域，于是追忆本身就成为我对此在历史呼声之应答。通过良知的呼唤，我能够在追忆中突然觉醒过来，而这种觉醒本质上是一种使唤醒的力量在运作，就是本有的同一与差异的力量在运作。唤醒到哪里去寻找应答呢？进入与本有的相互归属的居有中，应答在那里发生。在"原子时代"，为了说明在原子能和计算机发展的这个当下的时代，整个世界被表象为技术性的可计算物，世界的本质如此就需要对技术的本质进行把握，实际上是为了去把握这个世界现在发生着什么，什么正在本质化中，即人与存在之间的那种相互归属和转投或觉醒的关系究竟体现为如何，这首先要沉思技术的本质。人类到底是成为技术的主人还是技术的奴隶，情形尚不明确，但"一味技术地"谈论技术的本质却无法很好地把握技术的本质，类似人们常常认为，技术世界需要某种伦理学来搭配，这种搭配的思考就已经是技术地思考技术了，而对存在本身的呼求置若罔闻。技术问题根本来说是一个控制论问题。[1]

　　海德格尔继续说，所以要去倾听一种"呼求"，一种存在的呼求，这呼求却是一种"逼迫"，这逼迫来自存在本身。逼迫（fordern）这个词实际上的意思是要求或需要，根本上来讲是挑起某个事情的一种状态，意味着对存在者有一个需求，而且这个情势是非常紧迫的，甚至具有迫不得已的强制力甚至宿命感。所以，这是存在转身离去的那种拒绝给出性带来的逼迫，就是技术的逼迫。当下的技术之逼迫发生在一个具体的情境之中，就是使人与存在相互投递（zu-stellen），使得他们"相互摆置"自身，它表现为在逼迫的聚集 *logos* 中的那个 Gestell。换句话说，Gestell 是某种摆置的聚集，这种摆置（her-stellen）是一种放置（setzen），也就

---

① 　海德格尔：《同一律》，载于《同一与差异》，孙周兴等译，北京：商务印书馆，2011 年，第 40 页，脚注 2。

是一种定律的聚集，或者叫规律（Ge-setz）。有趣的地方就在于此：跳跃而来的那个 Ge-setz 居然是与 Ge-stell 同构的，换句话说，技术的集置的本质恰恰给出了一个规律，一个来自技术自身的规律，而这个规律使存在与存在者相互投递，或叫作相互归属、相互居有、相互归本。对于 Ereignis（本有），海德格尔用了一个很奇怪的表述方式——die A-letheia[①]，用一个阴性德语前缀来展开真理希腊文的动词态，就是说，让真理的动词态德文名词化。这种词语构造方式有助于理解上面关于 Gestell 与 Gesetz 的讨论。

匪夷所思的是，关于技术本质的思考的核心词语是：集置（Gestell）。海德格尔说"集置到处与我们直接关涉"[②]，它是存在发出的一种呼求，同一性以集置的方式发出声音，被海德格尔听到并产生历史性应答。他试图通过 Gestell 这个词来非表象地指称那个他要讨论的作为技术本质的东西。其实，如果我们回顾一下福柯的权力理论，就可以比较好地把握到海德格尔这个匪夷所思的集置概念。集置曾经翻译成座架，暗示着某种人类在技术的控制中被摆置的原始谱系结构。其实，控制本身最集中的发生方式就是权力，而对应的效果领域就是人或者说主体性，其谱系演变痕迹就是主体性的塑造历史。福柯要做的就是探索人如何在历史语境中以并非理性的方式被塑造为主体的，而这些被塑造的关于主体的知识又是如何被源源不断生产出来的。表面上看，福柯没有谈论科学技术如何架构人类的问题，就如同海德格尔也没有在表面上谈论权力如何架构人性的问题一样，但本质上，福柯的权力学说某种程度上恰恰是海德格尔集置思路的某种扩展与推进，他并没有紧紧盯住科学技术座架人类的那种逼迫作用，毕竟技术与人类的关系比性、医院、学校、监狱等事物与人的关系更远一点，而对后者的主体解释学式分析更加深入地挖掘出权力技术对人性的摆置的复杂性与悖论性。甚至到了后期，福柯主

---

① 海德格尔：《同一律》，载于《同一与差异》，孙周兴等译，北京：商务印书馆，2011 年，第 39 页，脚注 2。
② 同上，第 41 页。

要讲述生存美学的技术问题，依然没有抛开技术来谈，只是他更关注历史学意义上的拓展思路，而这个思路据说更应该是从尼采那里发端的。但实际上，福柯某种程度也精读过海德格尔，比如海德格尔讲梵高的鞋而他讲烟斗。顺便说一句，我们在阅读福柯文献时，常常陷入这样一个困惑，不知道福柯到底是要表达背后的那个什么，就是说，他展开了各种谱系学分析，但最终背后的背后却貌似什么都没有。或者说，那个权力到底是什么，你会发现跟着福柯的路子走到最后你依然无法知道，你无法表象权力，权力明明在场且控制和摆置着人性并产生了各种关于人的知识，甚至关于人灭亡的知识，但权力本身却依然隐而不显，权力本身并不在场。引用海德格尔的话说，在谈论集置时也谈到这种奇特的感受："集置之所以是令人奇怪的，首先是因为它不是最后的东西，而是使我们轻易地得到那种本真地贯穿于存在与人之情势的东西。"[1] 福柯要批判权力无处不在的控制，但这个权力却是那个被我们轻而易举得到并可以支配我们与存在（福柯这里接续尼采的讲法，存在这里的讲法是生命）之间的基本关联方式的东西。同样地，那个不是最后的却是首先贯穿我们所有本真与存在关联的东西，也就是最后之神，作为最后恰不是最后的，而是首先就贯穿与普泛一切万物中的那个存在本身与此之在之间的关联。如果最后的就是最先的而又不陷入循环论，那么突破的关键要点，一定会转而涉及对泛神论的讨论。这是海德格尔对谢林自由问题讨论的部分了，但这部分很显然与福柯关注的问题背后的核心问题并非没有关系，因为，权力与人类的自由，或者集置与人类获得自由的可能性之间的关系，成为此处要讨论的艰难点。

人类归本到存在，而存在为人类赋予本质（赋本）。这个归本与赋本的过程是本有的同一性运作过程。现在的问题是，集置的这种同一性运作又如何呢？Ereignis 的讲述是与集置（Gestell）密不可分的，这一点需要强调。从文本细读的

---

[1]　海德格尔:《同一律》，载于《同一与差异》，孙周兴等译，北京：商务印书馆，2011 年，第 41 页。

角度，我们明确看到，海德格尔是在讲述集置问题的过程中推到不得不谈论本有问题的。"在集置中有一种罕见的归本和赋本起支配作用。现在要紧的是纯朴地经验人与存在在其中得以被相互具有的这种具有（Eignen），即转投入我们所谓的本有（Ereignis）之中。"[①] 此在与存在之间相互归属的那种同一性被叫作居有，而我们需要一种跳跃，这个跳跃是一种转投或觉醒，这个觉醒就是让进入那个叫作本有的差异化运作中去，即，突然瞬间体会到此在与存在之间的相互归属与居有的同一与差异式的动态关联。

Ereignis 一词独一无二，是单数的发生，而且如同逻各斯与道一样不可翻译，在海德格尔思想中最为重要和深奥。它是简单的事件（Sache）、事情（event）的意思。其实可以翻译成"事"，就是事事无碍的那个"事"。这个佛教词语就有独一无二的单数的那个一的内涵，但又很明显地通过这个一而就是一切；不是仅仅联结一切或者给出一切，而是一就是一切，一切就是一。*hen panta* 因此就是 Ereignis（事）。这种翻译的问题是，没有办法体现 Ereignis 这个词的词根中那个看的意思，除非认为事本身的象形就具有那种文字学的不可言说性。如果 sein 可以翻译成"是"，那么 Ereignis 翻译成"事"，也不是完全不合情理。但把 sein 仅仅翻译成系动词"是"的劣势有多大，把 Ereignis 翻译成"事"这一个字的缺陷就可能有多大。如此翻译的佛教阐释太多且不够直接，就预示着这种翻译多半会是失败的。

海德格尔从"集置"中把本有问题析出，但却并不认为仅仅通过集置就可以讲清楚这个问题，因为他说这只是个"前奏"。这里的难点是，我们要考虑到虽然通过集置我们开始思入本有，但由于"本有经受集置的单纯支配作用使之进入原初的居有之中"，使得这种从集置的回返或者说对本有的回返根本不是仅仅通过人类的效力就能达到的，故"并非单单由人能制作的"。这就是说，世界被集置了，

---

① 海德格尔：《同一律》，载于《同一与差异》，孙周兴等译，北京：商务印书馆，2011年，第42页。

被技术制作成了如此不可思议的程度，而这并非人类可以做到的。同样地，人类通过技术回归本有领域的事情，也需要借助集置的力量，这个回归的差异性运作恰非仅仅源自人类努力，而是从本有而来的呼声所引发的，类似天命发送在当下历史的一种回返，回返本身不仅仅在于简单地克服集置，而是以某种尚不清楚的通过集置之桥梁的方式展开回返，以便于另一个开端（eine andere Anfang）的建基得以发生。所以，本有本就是最切近（nahe）[①] 于我们的冷僻之物，它的冷僻在于它过于接近我们了。"本有乃是自身中颤动着的领域，通过这个领域，人与存在丧失了形而上学曾经赋予它们的那个规定性，从而相互在它们的本质中通达，获得它们的本质性的东西。"这段话具有总结性，却并不难理解。意思是：本有是一个动态领域之发生，是在自身性中不断自身化的动态领域之领域化（也同时包括去领域化的过程），在这种本有的同一化过程里，此在与存在不再居有传统形而上学对象性的那种符合式真理的规定方式，而是通过此在与存在的相互归本中彼此通达各自自身的本质，而这种归本又是永恒的动态过程，这个过程中此在与存在彼此发现，获得并完成它们各自的自身性。存在在赋本（Zueigenen）此在的过程中达至自身的本质性，此在在归本（Vereignen）存在的运作内完成自身的本质性。这个彼此的二重性不可避免地相互关联着的生生不息的运作过程就叫作本有（Ereignis）。海德格尔明确说"存在作为分解（Austrag）——：自身遮蔽之澄明——（真理的本质）本有"[②]。aus- 是出去、脱离，trag 是承受、承担，Austrag 是在分离中有某种彼此的承担。并不是差异区分之后就彼此不相干，而是在区分中承担一种相互归属的同一。这就意味着，看懂 Austrag 的内涵就是要看到 *aletheia*。后者就是遮蔽着的解蔽，或者自行隐藏着的澄明（Lichtung）。而 Austrag 不过是表达 Ereignis 的差异那一面运作本性的主导词，实际上，如果按照

---

① 关于"切近"的沉思，参见海德格尔：《物》，载于《演讲与论文集》，孙周兴译，北京：生活·读书·新知三联书店，2005 年，第 172 页。

② 海德格尔：《同一律》，载于《同一与差异》，孙周兴等译，北京：商务印书馆，2011 年，第 43 页，脚注 6。

海德格尔的倾向，Austrag 是要归属于 Ereignis 的。

那为什么这个 Ereignis 又不得已是一种名词性的东西呢？因为在海德格尔这里 Ereignis 就是 Es[①]，我们不妨注意 Ereignis 与 Es，Es 拉长是一个：E——s，中间的部分是 reigni，也就是词根 eigen，看的词根是 äugen。我们在这里发现了拉康的精神分析学的影子，而这个影子恰恰是海德格尔可能的关键性问题，即，在 E——s 中间有一个空白地带，或者说一个有待填充意义的地带。这个地带如果填充进 eigen，就必然涉及一个理性主义的根源，一个视觉中心主义的残留，一个拉康镜像阶段（mirror phases）的问题。我们知道，拉康在镜像阶段要讨论的恰恰是人的主体性如何形成的，那个神秘的从婴儿时期通过镜子隐喻被讲述出来的主体性诞生的故事可能是非理性的，即，E——s 之间塞进的可能是全然非理性的、暴力的、压抑的、支离破碎的词语（word）而非神圣的圣言（Wort）。也就是说，在海德格尔这里，Ereignis 作为对 E——s 的意义填充依然无法逃脱某种在场性因素，即使与 äugen 的视觉中心主义的在场性因素告别，海德格尔当然清楚这种告别，并以 äugen 来标识那个虽已告别却作为残留字根而保存在本有一词中的第一开端的东西。可是，只要还是一个词（Wort），就不可避免地要呼出来，要在听觉中生成作用，或者被听觉征用，如此也就不可避免德里达意义上的语音中心主义的责难了。德里达的解构逻辑当然就必然推到：我们看也不可以，听也不可以，看是传统形而上学，而听是海德格尔，那么书写怎么样呢？我们从文字学谈起怎么样？写是否可以更好地摆脱一切在场性呢？拉康那里，干脆不承认任何在场形而上学，或者他的意思是，在场的就是无意识，意识恰恰不在场。可哪怕是书写，你的书写多大程度上是意识的产物，又多大程度是无意识的产物，这依然是个关于 E——s 或 es gibt 给出方式的严重责难。甚至通过巴塔耶，我们知道 es gibt 的这种给予方式既可以是绝对神圣的也可以是绝对淫秽的（参巴塔耶《色情史》）。

[①] 海德格尔：《同一律》，载于《同一与差异》，孙周兴等译，北京：商务印书馆，2011 年，第 42 页，脚注 6。

这意味着在给出中有一种消耗，这种消耗是与欲望主体有关的，在场性的那种给出，它的神圣性展现方式依然是对欲望的压抑，只是那种压抑有时候叫升华，且这种升华标榜自身与激情有着天壤之别。

当海德格尔讲"本有的颤动"的时候，它要讲的是本有的动态构成，那个不断生生不息的动态就是颤动。这种解构式的建基工作是在颤动中发生的。语言体现了本有自身的那种微妙的"最温柔的也最无力的"颤动。因为语言是存在之家，所以通过语言此在归于本有之中。上面我们曾经说本有的作用方式是自身性的同一，同一性从本有而来，海德格尔在比较绝对的层面提示道："本有与同一性有什么关系？答曰：毫无关系。"这么说的意思是表明，本有并不是被同一性条件组合出来的，本有就是同一的那种从自身而来又回归自身的同一性运作本身。本有是那个把存在与此在归本到它们彼此的共同（Zusammen）中的东西，而首先通过集置（Gestell）体现其用（Brauch）。"在集置中，我们看到了人与存在的共属"，这种共属其实是一种相互的传送和"让归属"（gehörenlassen），在本有的运作中本有让存在赋本此在而此在归本存在。让归属是本有的最基本特性，它来自一种权限（Be-Fugnis）[①]，意思是说，来自那个六道赋格（Fuge）的允诺方式，即如何用（Brauch）的方式。海德格尔接着谈道，形而上学的思路就是把同一性对象化为一个范畴，但事实上，同一性是某种从本有而来的让归属的权限允诺方式，让存在与思想彼此归于同一运作中。而这种让共属就是本有。本有的意思越来越明确了，同一性不过也只是本有的"一个所有物（Eigentum）"。本有是存在与思想之间彼此归属，并在这种归属的动态关系中同一的那个让归属的赋格（缝隙）即Fuge。是这个作为之间（Zwischen）的赋格（缝隙）给出了共属（Zusammen）的可能性。

海德格尔演讲将近尾声时总结道，"同一律"这个定律原本被当作一个根

---

① 海德格尔：《同一律》，载于《同一与差异》，孙周兴等译，北京：商务印书馆，2011 年，第 44 页。

据性的范畴性特征原则而被使用，但我们在使用的过程中，或者说在它起用（brauchen）的过程中，它跳出了其作为思想原则的那个根据（Grund），即跳出（Sprung 或 Satz）了形而上学的那个同一性定律本身，而跳入了某种觉醒状态，即对存在本身的遗忘状态开始被重新启思（erdenken），进而投奔到了一个深渊（Abgrund）中安居，这是一种转投（觉醒）。但问题是，这个跳出根据而投入的深渊并非一无所有，也不是迷乱的混沌（Chaos），而就是本有，是存在与思想之间相互归属的那种原始的自身同一。这一切都在本有这个运作现场中，而语言把现场听见的表达了出来。这个本有运作的现场另一个名词就是存在，如果说存在是语言之家，本有自然也是语言之源。为什么说现场而不说在场，因为本有的这个当下的同一与差异的运作，并不是被表象把握的那种必须借助光照的在场性。当然现场也意味着，某种听觉的声音中心主义的在场性残余依然没有被消除，虽然克服了视觉中心主义的 ousia 问题，但此处对本有的获得，海德格尔的语音中心主义疑难体现得淋漓尽致，而这一部分疑难是海德格尔的局限性。换句话说，这里面有一个隐秘的思维步骤，源头的通过倾听获得，而非源头的是苦于对倾听的隔绝（存在的遗忘）以至于只能体现为观看获得的知识。在这个意义上，观看获得的知识就永远不是第一位的，而是第二位的，是没有建基合法性的。问题是，通过倾听而获得的知识的建基合法性又有多少呢？多大程度上可能听错呢？圣言多大程度可以通过海德格尔这个人言来建基呢？

　　关于"同一律"，最后海德格尔得出的创造性解释是："同一性的本质所需求的是一种跳跃，因如果人与存在的共属应该进入本有的本质之光中的话，那么，同一性的本质就需要这种跳跃。"[1] 这段话的意思是，同一律其实是告诉我们，需要一种跳跃，跳出把同一性看作是存在者的特性的那种思路，而跳入对存在的领悟中，此时的存在就是本有，本有的要求是：让此在与存在彼此相互归属而成其

---

① 海德格尔：《同一律》，载于《同一与差异》，孙周兴等译，北京：商务印书馆，2011 年，第 46 页。

自身。同一律（Satz der Identität）这个第二格就是一个相互归属，表面上意思是定律，但实际上 Satz 是跳跃，同一律就成了：同一性的跳跃，或者跳进同一性中去。我们发现：同一性恰恰是对可以让思想与存在在转本中成其意义的那种差异化运作本性。其实，这里说的依然是让我们从对象性的形而上学思维中，乃至从前期海德格尔的那种此在生存论思维中，跳跃进一种更深的差异思维中，这种思维发生的过程就是本有的过程，也就是让此在与存在彼此更深刻地归属和居有的过程。

海德格尔故而认为，集置的那种逼迫当然也是本有运作的一种闪现方式，而它的意义在于，在抽离人类的存在意义那种绝对窘境中，逼迫人们回忆起存在本身，努力去经验存在本身，即"首先去经验它们的存在"。这就是说，海德格尔不是一味地如一般理解那样，只是强烈批判技术，认为技术是人类的坟墓之类的。深入研究集置与本有的关系问题后，我们发现那种以为海德格尔是反技术主义者的意见都依然是片面的，集置思想甚至某种程度上可以让我们发现海德格尔是某种绝对技术主义者。因为集置的这种最大限度的对人类的逼迫，恰恰逼出来一个"存在的急难"，一个紧急状态。正因为这种逼迫让此在第一次不得不抛开所有的一切而直面存在本身。去经验存在本身就成了一种具有不可抗拒的必然性历史任务，不但在海德格尔身上，在一切人身上都正在发生。即，越是技术控制我们的一切，我们越是会问：什么是那个最根本的东西？存在本身到底如何？本有是什么意思？故海德格尔说："我们既不能把现代技术世界当作魔鬼的作品而抛弃掉，也不可毁掉技术世界——除非技术世界自己毁掉自己。"集置当然不是本有，而是本有的一个极端的本现方式。海德格尔有趣的地方就在于，如果上面说的是不能抛弃技术也不能迁就技术，那么根本上，这意味着似乎无论如何都必须在技术中调整此在的生存。但他接下来又说："我们更不能沉湎于一种意见，认为技术世界的一个特性是完全禁止一种离开技术世界的跳离。"[①] 这就是说，彻底

---

① 海德格尔：《思想的原则》，载于《同一与差异》，孙周兴等译，北京：商务印书馆，2011 年，第 47 页。

不要技术也不是完全不可能。一个完全不要技术的生存世界完全不可能这件事是一种偏见。因此，这种偏见就总是表达为禁令式的，禁止什么呢？禁止考虑完全不需要技术而依旧生存的那种模式。海德格尔认为，即使黑格尔在把握同一性方面就经历了漫长的时间，他不期望对于同一性回归本有的这种把握可以很容易完成，这个意义上的思想就永远在准备中，向着未来准备着。不管这种关于同一律（Satz der Identität）的本有之思作为一种先思（Vordenken）多么地本源，它都依然源自效果历史的此在当下的历史性倾听，那个对存在本身即本有发送的消息的接纳。此时运思（denken）的历史性是在追思（Nachdenken）中开启（erdenken）的，而效果历史的传统依然是起到了支配作用。正是对传统已思想的东西的考虑，即思想的回返步骤，比如黑格尔的逻辑学中对同一律的考虑、费希特对自我同一性的考虑，才有可能开启对未思考东西的考虑，而那些未思的就是海德格尔有待发现并道说的。这种道说首先来自一种历史传送，那从本有而来的道说被倾听者应合。

5.3 矛盾律与根据律：黑格尔辩证法中的差异疑难

海德格尔在《思想的原则》中要谈的是：思想规律。这个规律最基本的内容就是逻辑律，包括同一律、矛盾律和排中律。海德格尔要反思这三个定律的基础问题，即形式逻辑基本思维原则的基础。他要考虑的是，是否这些基本思维原则真的适合于一切思想方式。一般来说，大家都认为这是显而易见的，因为形式逻辑的基本规律甚至不必考虑其内容和运算过程，就适合于一切思想的展开。逻辑律被概括为：A = A，A 不是 A，与 X 是 A 或非 A。矛盾律有时候被设想为同一律的否定形式，但同一律也可以被设置为矛盾律的和解形式，或者"矛盾律尚未展开的形式"。排中律则被认为是个中介，即矛盾律与同一律之间的一个过程环节，某种程度上是必然地归属于二者的一个结果性的东西。思想规律（Denkgesetze）是一个思想定调的过程，因为规定本身就意味着一种定调。既然传统形而上学的思考都在这种基本思想原则中进行，那么，形式逻辑恰恰就是哲学那种思考方式的定调方式，作为规则而出现的一种由亚里士多德在《逻辑学》中固定下来的东西。我们发现一个悖论，这些基本的思维原则定律与其说是定律，不如说是思维规定的基本公理，它拒绝证明，因为任何证明或证伪的意图都已经必然在逻辑律的规定之运作之中进行了。如此看来，海德格尔展开问题的方式几乎完全是一个套路，如同存在问题，如同哲学是什么的问题一样。当我们要进入对"思维的原则"的运思的时候，我们就陷入了解释学循环。我们不是在逻辑之外思考逻辑的基础，当我们思考的时候必然在逻辑之中，但逻辑的基础并不因我们在其展开的形式中运思而更加清晰可见，相反，逻辑基础依然是个问题，或者说，这些思维的原则真正的意义依然是隐而不显的。按理说，这时候海德格尔应该讨论逻辑律的基础问题，但海德格尔的法宝不是数理知识，而是哲学史与对词语的经验。他诉诸哲学史，他的意思是，如果说逻辑律问题从来就不是个问题而且无法被触及和讨论，那是不符合历史的。很显然，历史上，德国观念论的几个大师都曾经讨论这个问题，从费希特到谢林到黑格尔，甚至诗人荷尔德林等的诗歌写作，都在某种辩证法的思维法则中运作。当然，黑格尔的《逻辑学》则是对逻辑律问题最经典的一种考察了，这是历史文献的事实。故"思想借由进入辩证法维度中的这个事变（Vorfall），是一个历史性的事变"①。这就说明这个事情已经发生，而且是个历史事实，我们继续思考下去是有意义的。

海德格尔马上批评了人们总是喜欢用历史学的观点来看待历史，因为肯定有人会反驳说，虽然历史上真正有人考虑过逻辑律的问题等，但那也已经过时了，甚至被证明是一种错误的形而上学的玄想，根本上来说不具备真理性。海德格尔就说，人们如果把历史当作事件在时间上的排列组合，那么就无法真正把握到思考的历史性，也就无益于把握问题的实质。"历史学表象阻碍人们去经验，真正的

① 海德格尔：《思想的原则》，载于《同一与差异》，孙周兴等译，北京：商务印书馆，2011 年，第 122 页。

历史如何在某种本质性意义上始终是当－前（Gegen-wart）。"① 这个当前、当下，其实是一种迎向我们的东西，它是有待被开启和解封的，面向一个未来的维度，但这种解封和开启却需要一个回访，一个带着问题的回到那个具体的历史中的努力。这时候，我们做出的是一个猜度，就是重新发现可能性，并讲述和书写那可能性。目的是让事物重新焕发活力，让我们此在自身也在这种猜度中复活起来。作品总是在这种不断被重新激活的态势中不断地被揭开其可能性的。海德格尔说："伟大的传统作为将来者走向我们。"② 将来（Zukunft）回访回去并组建当下的重要维度，如果失去对这个时间维度的观照，那么当下总必然是对过去的清算，那样的当下不是真正的当下，那样的过去也不过是历史的残渣与骨骸堆积的历史材料的过去。伟大的作品恰恰是把一个可诠释的绝对丰富的可能性带给人们的东西，因为作品带来一个世界。这里我们发现海德格尔依然在谈论历史，他说："真的历史就是当－前。"③ 当下这一刻才是历史，是历史性的，而不是历史学中那个有待回顾、标签并评价的知识片段。理解海德格尔讲述的当下并不容易，当下是某种未来性的东西，是一种在对未来的盼望中达到的东西。当下是逻各斯的当下，是一种聚集，对于已存在的、正在持存的与作为可能性和潜能的不在场者的一种聚集。很显然，海德格尔考虑到了人们说历史没有新东西的这个责难，所以他讲历史应该是什么，怎么理解历史才更对。"历史是曾在之物的到达。"搞历史的能力，其实是一种让历史当下化的能力。如何可以在当下的讲述中把历史材料激活，让它具备某种全新的理解维度，让历史重新焕发意义？如果说历史就是过去的东西，而非历史的东西就是当下的东西，那么这种计算中的历史就没有未来，当下压根就不知道怎么被当下化出来，而当下作为现实之物同样是没有未来的，即"现实之物始终是永无未来的"。

---

① 海德格尔：《思想的原则》，载于《同一与差异》，孙周兴等译，北京：商务印书馆，2011年，第123页。

② 同上。

③ 同上。

海德格尔下面谈到维度问题。我认为，解释学是通过叙述在三维世界虚拟出四维时间性的那种艺术。存在论阐释就具备了这个功能。它为我们提供了某种超越三维历史的幻觉，让我们有一种身处在无限可能性的四维空间的感受。当我们拘泥于一般的三维世界的维度关系中时，我们把这种拘泥叫作现实性，但这种所谓现实的东西不一定可以带给我们真正的真实，反而是某种想象性的东西、一种在阐释中延展的东西让我们觉得更加符合真实。某种叙述中的尺度的把握让我们对真实的边界有所把握。有时候，现实性那种僵化的空间性并不是一个敞开的具备位置性的地带，换句话说，那种所谓的现实性中没有维度性，让我们在那种现实中被把握为一种质朴的感动，那种感动恰恰可能是虚假而造作的。"尺度总是给出和开启一个领域，尺度在此领域中安家并且因此才能成其所是。"① 对三维世界的扭转式的书写，即向死而生的头尾相接的空间扭曲所带来的阐释学维度的增加，必然塑造一种看似荒诞而不着边际的寓言效果。现实的可能性本身并不孕育在现实性自身之中；通过对寓言的宣说，一种更大的现实性，即无限的可能性，乃至不可能性，都孕育在寓言所有的内在背后了。而最终可能性最好的把握恰恰不是现实性能够把握的，历史知识就变成了某种总是被把握为可能性的预言未来素材。

海德格尔接着说，如果说辩证法代表了思想的维度的话，那么这种维度的意思当然不是简单的空间意义上的东西，而是"由于思想成为辩证的，思想家进入一个迄今为止仍锁闭着的尺度区域"②。这是一个自由的区域，在辩证法的帮助下，在此自由区域中，思想可以对自身负责，面对自身来做出思想的实践。思想在此区域中自在并通过在此区域中的运作而达到自为。我们都知道思想本来就是一种以思想本身为对象的活动，根本的思想就是反思活动。在反思活动中，思想

---

① 海德格尔：《思想的原则》，载于《同一与差异》，孙周兴等译，北京：商务印书馆，2011 年，第 125 页。

② 同上。

达到自身。思想思考自己，思考与自己的表象是不相分离的。这里有一个意识流形成的问题，即，当思想以自身为对象的时候，是否依然涉及一个胡塞尔的内意识流的结构问题？海德格尔不同意辩证法认为思想思考自己的运作可以通过心理学研究达成的观点，他认为此运动是在对象中而对象化本身的一种自在运动。对象就是思想，而在思想中通过思想来达到对思想进行自我认识，即让思想认识自身，或叫作让思想自在自为起来。实际上，辩证法自身的思想规则比抽象出来的 A＝A 的定律更加丰富，海德格尔精辟地指出："A 是 A 这个定律，如果它并没有打破 A 与自身的空洞同一，并且至少把 A 与它自身（A）对立起来，那就根本不能设定它所设定的东西。"① 这句话的意思是说，同一律的抽象定律模式本身就已经蕴含了某种对立统一。在 A＝A 中，这种对立统一已经发生，而并非定律之后的副产品。只有在 A 与其自身的矛盾之后才有一种与其自身的同一性。言外之意，这是差异着的同一，差异总是在逻辑上先行的。A 显然作为一个特指，一个形式指引的起点，它并非完全空洞的。如果完全空洞无物，那么 A 甚至"绝不能进一步展开其他某物与它自身的同一"，如此这种同一就不可能是抽象同一了，也不会仅仅是适应所有事物的定律了。所以，在 A＝A 的这种表达形式中，其实有比表面看上去更多的内涵存在，而这种内涵恰恰需要通过辩证法来将其发现和表述出来，仅仅通过数理逻辑的方式，是无法有效表达这丰富的同一与差异的内涵的。黑格尔那里，矛盾是最根本的，同一却是其次的，因为在我们所有认为显而易见的简单形式中，其实我们最不讲究其思想准则。按理说，对于 A＝A 这种定律，它应该是显而易见的根本，但黑格尔却认为，A＝A 的直接性恰恰来自矛盾无处不在的直接性，在于矛盾的暂时和解。就类似牛顿力学中静止是运动公式中加速度为零的一种特殊状态一样，实际上，静止并不是最真实的状态，运动才是最真实基本的万物状态。同样地，矛盾才是辩证法最核心的精髓，所有合题都是

---

① 海德格尔：《思想的原则》，载于《同一与差异》，孙周兴等译，北京：商务印书馆，2011 年，第 126 页。

暂时的合题，在未达到绝对精神之前，都不过是发展阶段，最终会被扬弃。这是典型的黑格尔思路。海德格尔要看到黑格尔的好处，但又必须试图克服黑格尔的形而上学，即：如何克服矛盾作为第一推动力这种辩证法中的历史主义？把矛盾当作唯一的动力的那种倾向，其实是紧盯住差异不放的一个关键思路。因为矛盾从差异中来，如果差异不消失，矛盾就不会消失，而所有的差异运动都是为了消除差异而运动，最终是为了达到至善的绝对精神领域，或者说使得那个绝对精神自我实现。

如此，我们就发现，实际上，海德格尔先要区分两种差异，即在存在者层面的辩证差异，以及存在论差异，就是在存在与存在者之间的差异。对于后者，黑格尔会把它区分为绝对精神与万物的差异，海德格尔认为绝对精神依然是那个超级存在者，那个作为大全的存在者整体的一个代名词，后来在尼采那里就是权力意志。两种差异区分的不同，是海德格尔与黑格尔不同的要害之一，第二不同就是 Da-sein 的不同。这个原始的 Da-，在黑格尔那里是感性的无规定之直接性，在精神与现象学中翻译成"定在"，它虽然是作为整个辩证法的起点，但归根到底，依然是低级的起点。从感性到理性，从信仰宗教到知性哲学，从亚里士多德哲学到黑格尔式的辩证法，很显然，黑格尔的思路中决定他思维方式的一个重要局限是时间性问题。他的时间观决定了他看待思维规则即辩证法的基本倾向，而这个部分是海德格尔与之不同之处。海德格尔并不在流俗的时间观中看待问题，但也不抛弃亚里士多德的时间观的那种看待方式，他是在某种时间展开状态中看待时间的，从他的此在分析中就能理解这一点。因此 Da-sein 就不再是一个简单的感性起点，它甚至是全部终点和归宿之处，黑格尔的方式所展开的路径可以归属于海德格尔的路径中，但后者却无法完全归属于前者的思路之中。海德格尔的 Da-sein 虽然有一个从《存在与时间》到《时间与存在》的过渡，但与黑格尔不同，这种过渡只是切入存在问题的不同路径，而不是一种在历史主义螺旋上升的流逝时间性的寻求。其中的难点就在于，一方面海德格尔不能拒斥一般的时间性，毕竟那是存在让与的一种基本方式，虽然是最棘手的方式；另一方面，他又必须紧紧坚守在那个原初的时间性中，如果是海德格尔的基督教影子的话，他的时间既有末日论的到时性时间意识，又有恩典论的那种当下解脱觉醒的时间意识，而这两种时间意识在海德格尔那里是否真的达到了某种和解与协调，这还是不得而知的，至少在原则上，我认为，前期是从到时性到恩典时间的过渡，后期则是直接面对恩典时间的给出方式进行的艰难思考。如果这种关于时间的态度都涉及一种我所成为时间意识的东西，那么实际上，要搞清楚这个问题，依然需要回归胡塞尔的内时间意识领域的探讨才有可能找到某种更深刻的理解视野。

　　海德格尔发现黑格尔在各处表达了矛盾是根本的这个观点：矛盾是一切的根本，任何运动、生成、衰亡都从矛盾中来。黑格尔甚至把生和死作为一个矛盾对立统一起来，说"死与生矛盾"。这是与海德格尔理解的向死而生的时空意识完全不同的，荷尔德林说"生即是死，而死亦是一种生"[1]，类似庄子讲的方生方死，生死并不是可以被刻意割裂开的两种截然不相关的东西。后来，诺瓦利斯甚至认为矛盾律应该作为最高的逻辑律来被遵循，而这恰恰使得这些遵从黑格尔思路的诗人们陷入了悖论，因为矛盾律要求它自身应该被克服，它无法成为它所被期望成为的那个最高的逻辑法则——"消灭矛盾律，以便拯救矛盾"[2]。黑格尔实际上却是为了消灭矛盾律的这种必然性，以便有朝一日可以达到对现象的拯救，那个不在矛盾中的同一的现象可以如其所是地作为绝对精神的哪怕一个阶段向我们照面。马克思主义的辩证法，即辩证的唯物主义，如今成为某种世界观式的东西，而世界观是海德格尔所批判的非常重要的一个观念，在《哲学的世界观》与《世界图示》两篇文章中可以看到相关的讨论。当世界观变成某种意识形态而政治化，它就开始以某种方式变成了某种实际上控制人类的东西，辩证法成为某种控制人类的核心哲学观念。我们沉思辩证法作为世界观的时候，我们并不是在思考某种

---

① 　海德格尔：《思想的原则》，载于《同一与差异》，孙周兴等译，北京：商务印书馆，2011年，第127页。

② 　同上。

已经过时的历史残余物。物理学摆置原子能，政治使用原子弹，但实际上这种摆置自然界能源的做法并非物理学真正能够把握的那个边界，或者说，原子弹的使用可以在瞬间摧毁整个地球，使人类趋于灭绝，这种灭绝比奥斯威辛大屠杀来得更加惨烈和不可控，即使后者依然是一种人本主义变异的摆置之展开方式而已。技术摆置我们到我们即将无能为力的地步。

海德格尔反问：思想本身更强大还是原子弹更强大？原子弹可以把人类消灭，而人类本来终有一死，可是思想如若无法阻止这种消灭，那么地球上到底还留下什么值得的东西呢？如果无论是原子弹还是人类思想都不是最重要的，那么到底还有什么比这些更具命运的优先性？观念（Gedanke），这个更具优先性的东西主动与我们相连，而不是我们走向它，我们必须服从观念，以便听见它的呼声和召唤。这种思想，一种在恩典和感激中聚集的东西，一种历史天命发送而至当下的东西，并"不是由终有一死者制作而成的"，相反，观念提出某种要求，终有一死者在倾听中接受或者拒绝这种要求。思考这观念的就是海德格尔式的思想家。我们发现海德格尔这里巧妙地回到了思想的原则这个题目上，这时候，思想已经被置换为观念，现在要寻索的是这个作为观念的思想的原则，而这种原则并不在基本逻辑律中，但也不离开逻辑律所带来的关于辩证法的思索的全部场地。所以这时候说的思想就是沉思的，是开辟一条能思的道路。海德格尔对题目的澄清花了很多口舌笔墨，就是为了筛出那些不够纯的成分，让事实本身的那种要谈论的思想得以被我们面对。于是，他定义思想的原则："首先意味着，为思想的规律，思想与它所有的判断、概念和推论都服从的那些规律，受这些规律制约。思想是这些规则所涉及的客体。"[1] 这里涉及的是文章要详细深入讨论的"第二格"用法问题，第二格用法有基本译法，思想的原则意味着：为思想的原则，即 *genitivus obiectivus*。这个问题在宗教哲学与宗教的哲学的区分中，可以一目了然地被理

---

[1]　海德格尔：《思想的原则》，载于《同一与差异》，孙周兴等译，北京：商务印书馆，2011 年，第 129 页。

解。同样是黑格尔，在《宗教哲学讲演录》中，他讲的宗教哲学是 philosophy of Religion，这个 of 是对象性的"关于"，就是在宗教的对面研究宗教，对象性地研究宗教，那种关于宗教的知识在思维运作中被抽象地认识和提炼。黑格尔说"宗教是绝对精神的自我认识"，这个意义上的宗教依然归属于一种哲学认识范畴，而不是一种从宗教本身出发的研究立场，因为他必然从一个概念即绝对精神来阐释宗教，而宗教是绝对精神自我认识发展得比哲学低级的阶段。黑格尔分析不同的宗教类型，那种分析的方法都是亚里士多德式的分类法，虽然他考察了很多历史，但从海德格尔的思路看，那种对历史的理解都恰恰不够历史性，而是非常历史学的。对应黑格尔的另一个例子是俄国的思想家索洛维约夫讲的：Religious Philosophy 为宗教的哲学，是一种从宗教自身出发的自我定义。这就是第二格的用法。他认为"宗教是人与绝对存在的有机联系"，并认为"世界是万物统一"。万物统一的根基是以宗教精神为核心的，对于知识的来源即完整知识，索洛维约夫认为："完整知识是经验主义、理性主义和神秘主义的结合。"而神秘主义是所有知识的根本。神秘主义的经验是最根本的，在东正教的哲学中，这个部分有着非常明确而丰富的表述。

让我们回到对第二格（属格）的思考。如果要讨论第二格，我们要回到思的经验这个基本立场，思的经验是一种神秘主义经验，而不是一般意义上的理智思辨或者感性经验，海德格尔谈到的思的经验是神秘主义经验。这就涉及一个现代中文和民国时期的语文中常出现的表述："思的经验"与"思底经验"。底是第二格的一种归属性表述。我们可以这么说：对于那个东西，那个事情本身，那个本有，思是一种从本有中生发出来的东西，思是从属于经验的、修饰经验的某种装饰性的东西，甚至说，对于本有来说，思本身是"赝品"，是自我遮蔽的东西。因此，思归属于经验，思是一种经验，但经验对于思却是更根本的。第二格意义不仅在于此，还在于：莫非经验是可以独立实存的？对上帝的经验就可以一劳永逸地经验上帝本身？显然不是，经验也需要思，经验征用思，经验需要在思中使自身成为自身。某种程度上也可以说，经验同样也被思所规定、牵制、设置，用海德格尔自己的话说——集置。思把经验摆置出来，经验就变成可经验的，思就成为不可经验的了。其实，这时候的思就变成了形而上学。这就是柏拉图等哲学家们一直做的事情。本来思与经验处在原始的混沌未开的相互隶属的关系中，思却僭越，思开始摆置经验，通过与权力合谋，思把经验摆置在"外观"中，欣赏并沉迷外观。当思把经验摆置，经验就遮蔽为某种不可思的东西。我们发现，一定有什么东西帮助思把经验摆置为它的反面。到底是什么呢？权力。为什么是权力？谁的权力？思的权力吗？这涉及海德格尔对尼采的阐释，暂不是我们这里可以处理的。

康德继承笛卡尔，认为一切思想本质上都是"ich denke..."，就是我在思，简单说就是我思，这点在康德那里毋庸置疑。如此就会带来一个结果，一切事物就可以被我思对象化地把握，一切事物都可以被我思表象出来。哪怕是在尼采与叔本华那里，从叔本华的基本思想就可以看出，即使是唯意志的世界，也依然作为某种作为意志和意志表象物的世界而呈现在我们的我思中。海德格尔说"我思中的自我必定与自身相同一，必定是同一个自我"[1]，这是典型的巴门尼德的符合论真理的路径。思维与存在相同一，能思维的就是能存在的，能存在这里的意思是说：能被表象的。如此，自我的实在性就被我思的能思性，其实是能计算性、能对象性的把握与预测性、能掌控性所确证。那么费希特呢？费希特说自我是自我，虽然他认为这种说法与 A ＝ A 截然不同，但难道这种自我是自我的讲法，不是从 A ＝ A 中得出来的吗？有趣的是，在费希特看来，是先有了自我是自我，然后才有了 A ＝ A 这种逻辑抽象形式的思维定律。换句话说，自我与非我的费希特式知识学探讨从一开始就认为真正思想的规则恰恰是辩证法意义上的对自我的自我设定这个东西，而这种思维依然是从笛卡尔的我思同一性那里演变过来的。费希特认为，"自我是自我一句比 A ＝ A 这个形式上普遍的句子更为广泛。"[2] 思想因此

---

[1] 海德格尔：《思想的原则》，载于《同一与差异》，孙周兴等译，北京：商务印书馆，2011 年，第 130 页。
[2] 同上。

从本来是作为客体的位置变成了主体的位置，思想开始自我思考，即黑格尔所谓的绝对精神自我认识的过程。海德格尔继续分析第二格用法的奇特性，这种奇特性在于：思想在主语第二格中与宾语第二格中都有所归属，是一种既是主体又是客体的状态。这个状态模棱两可，形而上学选择的是放弃一种解释而屈从于另一种解释，使用的是"或者……或者……"的模式。但海德格尔指出，是否可以采用"既……又……"的结构来看待这个问题："如果思想既是它的原则的主语又是原则的宾语，那么思想本身的情形又怎么样呢？"下面的阐述就精彩了。A ist A，如果像费希特说的那样，连 A＝A 也是从 A ist A 设定的，那么，这里面的 ist（是，存在），海德格尔要问的是：这个 ist 是什么意思？我们一直在被海德格尔牵着走，我们知道他要讨论的是思维的原则，而且不是逻辑律那个原则，而是叫作 Gedanke 那个思想，然后他把这个思想归到历史上从笛卡尔以来已经讨论的问题中去，考察到了费希特，考察到了"自我是自我"中的"是"到底是什么意思。他认为这个思想的原则的起源即是探讨自我如何是自我，这个问题中的那个是、那个存在是如何在起来的。而这种本源式的探讨是无法作为一门科学来探讨的，它必然不是科学式的谈论方法，即对存在本身的探讨。对自我是自我中的是的含义的探讨，就是对思想的原则的最原始的规定的探讨。如何找到通向这种探讨的路径呢？所以海德格尔会说这种话："这种科学不是也不可能是科学，因为没有一门科学能达到那个地方，在那里，思想的原则是起源的地方，也许也可以获得探讨。"① 但这个规定思想准则的起源的地方，其实还必须被承认在"一片幽暗中"。在这个幽暗中，思想还在活动，人们如同不能消灭一切神秘一样，"不能消除这种幽暗"。幽暗是神秘的，而神秘是存在之故乡，用什么方法可以让神秘的东西保持为神秘，而不被解释为可理解的东西？用什么路径可以让幽暗保持为幽暗，而不至于让幽暗变得光明起来，以至于使得我们丧失了思想的原则性对应，失去

---

① 海德格尔：《思想的原则》，载于《同一与差异》，孙周兴等译，北京：商务印书馆，2011年，第131页。

真正的启思（erdenken）源头？海德格尔区分了幽暗和昏暗，后者是光彻底地缺席和不在场，如此，我们就知道海德格尔说的幽暗是那个起初、太初的部分，而不是存在者之缺席的那个不在场的、缺乏光照的那个空洞的部分。

在佛教的如来藏学的意义上说，海德格尔说的幽暗是作为如来藏的幽暗。如来藏是大光明藏，即，如来藏本质上是那种幽暗的处所，而此处所是光明与黑暗的来源。这种来源性的幽暗从本质上是一切能显现光明的那个根本性条件，即（澄明 Lichtung）之境，也只有澄明之境作为一个空（Leer）存在，存在才是如来藏。如来藏分空如来藏、不空如来藏、空不空如来藏。空本身并不是发出光明，而是让光明得以可能，即从 Leer 中导出 Lichtung 与 Nichts，即从空到空明（Lichtung）与空无（Nichts）。所以，我们也可以说，这个差异化运作本身是本有（Ereignis）居有的过程，是从存有到无，再到存在与无的区分的这些细致差异领域。这就不难理解海德格尔说的"幽暗却是光明的奥秘。幽暗保存着光明。光明属于幽暗。幽暗决不同于那种光明单纯不在场的昏暗"[1]。他要求我们"保持幽暗的纯正性"。他甚至引用老子《道德经》里的箴言："知其白，守其黑。"

当思想演变成辩证法的时候，它就开始阻碍我们回到幽暗之中去了。因为在思想源头处，那种思想的原则是对存在问题的探究，非辩证法所能企及。海德格尔引用马克思《1844 年经济学哲学手稿》的一段话，并不否认马克思洞察的实在性，后者认为历史是人创造的，尤其是人通过劳动创造历史，而自然界对于人类来说是一个对象，人在改造这个对象的过程中更加成为人。人的劳动，这种现实性是无论如何都不能否认的。海德格尔反思的是，什么是"劳动（Arbeit）"？当马克思说人是"自身生产劳动"的时候，劳动的意思是什么？很显然，马克思的劳动概念是从黑格尔那里借用过来的，劳动因此是在一个辩证法中运作的概念，是一个以矛盾律为基础的概念，劳动需要在现实中展开它的可能性并在可能性中

---

[1]　海德格尔：《思想的原则》，载于《同一与差异》，孙周兴等译，北京：商务印书馆，2011 年，第 132 页。

完成它的现实性。马克思的现实不是绝对精神，而是实际具体的劳动的人。马克思是颠倒的黑格尔，他认为物质第一性而意识第二性，绝对精神无论如何依然是一个第二性的东西。重要的不是通过意识去理解世界，而是要试图改变世界。改变世界就需要具体的劳动者、劳动的人去进行生产活动。生产活动当然是与生产资料打交道。如此，打交道的方式还是在一种对象性的订制关系中建立的，而这种订制恰恰是海德格尔要批判的。根本来说，思想原则的考察就在《同一与差异》和《根据律》中展开。这种展开有待于对《根据律》等书更深切的阅读与评论。

5.4　从两封回信看海德格尔对差异问题的引申讨论

在《同一与差异》一书最后，刊载了两封看似不起眼的回信，即《一个序言——致理查森的信》和《致小岛武彦的信》，字里行间对回应同一与差异问题的潜在思想引申与回应自己其他关于同一和差异问题的相关讲解有着桥梁式的解释学作用。

海德格尔首先从回答理查森的两个问题展开，这两个问题是非常要紧的问题：第一，思想道路的最初动因是什么？第二，思想道路的转向意味着什么？海德格尔上来就提到，他的回答不能仅仅当成一个表象物的知识结论来看待，比如，当我说是因为这个，那么就是这个了，仿佛仅仅因为这个就足够了。实际上，他要强调的无非是，那个作为动因的东西是复杂而多方面的，言外之意是说不清的，而且说出来的部分往往可能还不是，反而那个未说出的部分才是更真实的。海德格尔承认从布伦塔诺那里获得了一个问题："究竟什么叫存在？""叫"就是那个"唤"，存在呼唤此在听见的方式从亚里士多德那里开始有四种划分："作为特性的存在、作为可能性和现实性的存在、作为真理的存在、在范畴图示中的存在。"[①]到底是哪种呼唤起了决定性作用，抑或各自都是决定性的吗？这四种方式之间应

---

① 海德格尔:《一个序言——致理查森的信（1962 年）》，载于《同一与差异》，孙周兴等译，北京：商务印书馆，2011 年，第 140 页。

该如何协调并有机地结合在一起呢？如此，要想弄清楚这个问题，就要去探索到底存在是如何从哪里获得了这四种规定性，这种获得是如何成为必然的，是否真的是必然如此规定的。

海德格尔承认形成这个问题意识就花了十年的时间，然后从三个方面给自己切入这个问题提供了最重要的帮助。第一，胡塞尔的现象学。从现象学那里，海德格尔获得了对于现象的"敞开"的重要理解，即那种 logos 的自身显示机制。第二，亚里士多德在诠释中对真理的解蔽性质提供了决定性认识，a-letheia 就被得到，进而通过 aletheia 开始关注"在场"（ousia）问题，由于对在场性的认知，那种从时间性出发解释存在意义的路径就渐渐形成。而从时间性出发，就得对此在的时间性有一个先行的厘清，于是就进入了《存在与时间》那种分析中。追问在场性问题，就要追问在什么样的时间性视野中形成了那种在场性之展开，而在《存在与时间》中揭示的那种时间性特征，尚不是存在最本己的特征，这也是海德格尔有所意识的。海德格尔说自己的现象学活动，"不再仅仅通过文献阅读，而是通过身体力行"[1]。这就是在获得了 aletheia 与 ousia 之后，他开始操练他所获得的这种揭示方法。由于存在问题一直作为核心关注问题保留在海德格尔的意识中，他就考虑与胡塞尔分道扬镳，最基本的问题岔路是："是否要把事实本身，规定为意向意识，或者规定为先验自我？[2]"这说明海德格尔对于意向性到底被规定为什么有着至关重要的一个决断，那么，他决断成什么了呢？就是说，什么才是海德格尔意义上的事情本身，或者那个现象学的现象？很显然，那就是存在。存在成为那个事情本身，毋庸置疑地替代了意识的意向性结构。存在的存在论结构在《存在与时间》中就表现为此在的生存论结构。海德格尔认为胡塞尔的思想是某种笛卡尔—康德—费希特立场的延展，故抛弃了胡塞尔先验自我的路径，而转向了

---

[1]　海德格尔:《一个序言——致理查森的信（1962 年）》，载于《同一与差异》，孙周兴等译，北京：商务印书馆，2011 年，第 141 页。

[2]　同上。

对存在的揭示。在这个意义上，他认为自己更加原本地坚持了现象学返回向事情本身的精神。甚至本有这个词就有"事情"的意思，即那种事情本身所发生出来的东西。所以他有"对现象学原则的更加恰如其分的坚持"。海德格尔的存在论因此不同于胡塞尔的现象学立场。

海德格尔在纠正理查森的书名的过程中，提到"存在之为存在，同时也显示自身为那个有待思想的东西，后者需要一种与之相应的思想"。存在需要一种从存在而来的沉思，而这种沉思实际上并不是在胡塞尔那个现象学路径上延伸的，而是由海德格尔自己另辟的一条道路。这种存在之思（Seinsdenken）从来不是完成了的，毋宁说是在发生中，包括此时海德格尔对理查森的答复过程。于是，他开始讲述第二个问题：转向是如何发生的？人们喜欢诟病海德格尔被迫充当弗赖堡大学校长的那十个月的黑色时光，并因此常常有意见认为，海德格尔的转向是受到了那个政治事件的决定性影响。海德格尔总是回避这种判定，因为思想在海德格尔这里总是更加自在自为的，思想本是不食人间烟火的，以至于如果说那种政治性问题从根本上决定了海德格尔前后期的转向的话，那就降低了思想的崇高可信性。所以他强调："在转向名义下得到的思想的事实，早在 1947 年之前，就已经激荡着我的思想了。转向之思是我思想中的一个转变。而这种转变的发生，并非基于一种立场的改变，更不是抛弃了《存在与时间》中的问题提法。"[①] 这里他指明了他的思考是一个内在的思考事件，由从时间性来思考存在意义，到后来从存在来思考时间作为澄明的自行展开。在《时间与存在》中，展开为另一种东西，即"存在如何给出，时间如何给出"。虽然存在与时间的前后位置换了地方，但这里面却有非常重要的不同，尽管这种不同也依然是对存在问题的"惦记"中的不同切入路径的转换。《时间与存在》是从存在直接思考存在意义，而《存在与时间》则是从此在的生存论绽出的时间性来思考存在的时间状态。

---

① 海德格尔：《一个序言——致理查森的信（1962 年）》，载于《同一与差异》，孙周兴等译，北京：商务印书馆，2011 年，第 143 页。

因此，在后期讲稿《时间与存在》中，海德格尔对时间的理解又有了不同，它被海德格尔理解为一种有，也就是 es gibt（给出）。给出或者不给出，如何给出，这是大问题。而这种给出是直接性的，并不一定通过此在，而是仅仅面对存在就可以看到这种给出已然发生了。海德格尔用 es gibt 的另一个词 Lichtung 即澄明来代替时间这个词，我倾向于叫这个词为空明，对应的另一个词是 Nichts，即空无。空是因为它们都是从本有而来的，都是二重性运作的一个体现形式，都是 es gibt（给出）的不同方式。在聚集中被带入光明本身就需要一个林中空地式的敞开领域，一个光明领域，一个 Lichtung 的发起。如此这般，存在就通过澄明来规定，而并不是澄明作为时间、作为存在而规定，即"在场（存在）归属于自行遮蔽的澄明（时间）"[①]。这意味着，并不是时间归属于存在，而倒是存在归属于更原始的时间性——那个澄明本身，那个空无本身。"而自行遮蔽之澄明（时间）带来在场（存在）"，若说这个转向不重要，那是不可能的。这是极为重要的一个转变。自行遮蔽的澄明，就是那个 Lichtung 自身，是它给出存在，当然，它也可以不给出存在，或者说，把存在作为一个无（Nichts）给出。但更根本的不是存在，而是澄明。这就好比，最根本的是太初，而不是逻各斯与上帝。太初即澄明，澄明给予"太初有道"中的"有"之后，才有了所谓的逻各斯与上帝。这就是一个机制，一个叫作存在—圣神的机制。在这机制中，逻各斯与上帝同在，都在有之后被给出，而给出的那个存在此时被变异成了形而上学。即，太初之澄明给出（存有）一个存在，一条虚无的道路，一条形而上学的道路，一条拒绝给出的道路，而形而上学这条道路就逐渐演变成了存在—神机制的道路。

海德格尔拒绝把《存在与时间》中的此在看作一个主体的概念，或者人的概念。当我们说海德格尔的人学的时候，这是极其荒谬的一种讲法，因为他分明说的是此在，而不是人。你怎么知道此在就是人？人可以是此在，但此在不一定是

---

① 海德格尔:《一个序言——致理查森的信（1962 年）》，载于《同一与差异》，孙周兴等译，北京：商务印书馆，2011 年，第 146 页。

人。不过这本著作确实也是没有办法摆脱这种误解，那种属人的东西遍布其中。即使非把此在当作人来看，那关于这个人，海德格尔在《哲学的基本问题》中说道："人在这里也不是人类学的对象。人与存有相关，或者倒过来说，存有与人相关。"这种相关性就是归属、归本的过程，而这种归本就是本有运作的过程、本有居有的过程。真理归于本有，而在希腊人那里体现为 aletheia 的东西根本上并非偶然性的东西，也不是海德格尔主观发明的东西，而是词语，尤其是希腊语言"最高的礼物"。本有使得在场者可以遮蔽或解蔽，而这种差异化运作本身是一种给出，一种礼物，一种馈赠（Gabe），所以海德格尔总结道：理解"海德格尔 1"与"海德格尔 2"是一个相互的过程，没有 1 无法理解 2；可以没有 2，也根本没有从 1 而产生的东西。①

在第一封信的最后，海德格尔说："谁若毫无感觉，不能洞察这样一种赠礼向人的赠予，不能体会这样一种馈赠的发送，那么，他就绝不能理解有关存在之天命（Seinsgeschick）的谈论，就如同天生的盲人永远不能经验什么是光和色。"②这句话非常重要。海德格尔明确指出了，理解存在历史问题的思路是体会那个给出，即那种从本有而来的达乎存有的那种给出，那个有出来的过程，那个有起来的状态，乃至有一个"不"的拒绝给出的命运。感受到那个部分给出的传送——传送本身就是关于历史的，或者说恰恰就是历史性的当下成为，如此才能对存在历史这个艰深问题有一种本质性的领会，才有可能领会到六道赋格问题的深奥意义。

下面，让我们进入对第二封信《致小岛武彦的信》的分析。这封信是回复日本学者小岛武彦的，是与东方对话的一个尝试。海德格尔就小岛的三个问题给出回答：什么叫世界的欧洲化？无人状态是什么意思？通向人类本己之路在哪里显

---

① 参见海德格尔：《一个序言——致理查森的信（1962 年）》，载于《同一与差异》，孙周兴等译，北京：商务印书馆，2011 年，第 147 页。

② 海德格尔：《一个序言——致理查森的信（1962 年）》，载于《同一与差异》，孙周兴等译，北京：商务印书馆，2011 年，第 147 页。

示出来？世界的欧洲化问题，其实不太难理解，配合集置的讨论就可以把这个问题搞清楚。世界的问题是从欧洲自身的问题中带来的，而欧洲的问题归根到底是一个希腊的问题，是形而上学作为虚无主义本现的集置问题。欧洲的虚无主义变成一种全球化的东西，让整个世界为它买单。海德格尔把欧洲特指为现代西方，古代西方的问题尚不足以构成全球化问题，只有在哥伦布发现新大陆之后，现代西方的殖民扩张才使得欧洲问题成为一个推及全球殖民地以及殖民地之外全球其他主动或被动学习西方的民族国家那里去。现代技术，就是现代西方推及全球的那个权柄与控制者，或者叫掌权者。在技术的思维中，"自然科学追求一种知识，它保证自然过程的可预计性。唯有可预计的东西才被视为存在的"[1]。人类通过技术对自然进行一种控制，海德格尔叫它摆置，让自然在"一种可计算的对象性中显示出来"。从希腊的 *techne* 角度来思考技术，那么技术就是一种 her-stellen（置造），意思是说：让某种还没有在场的东西放在一个可以被理解、可以被通达甚至可以被支配的东西之中去。技术的本质就是这个东西——置造。这是一个不太容易理解的难点。首先，那个被摆在眼前的东西尚未被通达，或者尚未澄清其存在的意义，但这个不必操心，我们在这种摆放中就已经认为可以通达它，可以在计算中预计它的未来，并且在这种预计中得到对它的通达之掌握。在这种掌握中，我们控制这个东西，占有这个东西，以便让这个东西为我所用。现代的数学、物理学的展开都是根据这种技术思维方式。通过这个技术的谋制，被人类当作外在于人类的自然界被人类摆置并在这种摆置中被计算出其中蕴含的丰富无穷的能量。人们不断地开放这些能量，变异地改造自然，以获取对能量的固定；固定地掌控之后，再变异地强化能量的不同形式，把这些形式发送到不同的区域中去。自然界的能量就因此受到技术的控制，而这种控制本身也受到进一步的另一种控制。控制无处不在。这种控制在推动我们而不是我们推动它，如同我们使用手机一样，

---

[1]　海德格尔：《致小岛武彦的信（1963 年）》，载于《同一与差异》，孙周兴等译，北京：商务印书馆，2011 年，第 149 页。

我们的使用根本赶不上手机更新的速率。对于在自然中隐藏的资源，技术也贸然地开采，以便利用它，收藏它，控制它，并变异地改造它以便分发出去。集置的这种权力摆置的运作，把所有已经存在与可能存在的一切事情都计算在内，变成某种可以确保不断显露其自身的东西。这种权力，作为集置的一种霸权，无处不在，渗透到了科学、工业、经济历史中。这恰恰就是福柯探索的问题关键点。权力机制，而不仅仅是技术，作为科学技术的集置在人类生活的各个方面丰富展开，以便对人类进行各种规训与惩罚。技术的这种摆置的权力延伸到地球的各个领域——学校、医院，甚至修道院都是一种权力机制的订制，在历史演变中产生了某种谱系学似的裂变，以至于让我们无不处在一种被塑造为知识主体的命运中。摆置的直接后果就是，所有独特的民族性的、地方性的东西彻底丧失。那种属于其自身原初意义的民族文化消失了，取而代之的是一种以欧洲文明或者美国文明为代表的全球文明的谋制与锻造。海德格尔悲观地说，即使是欧洲自身也还不具备能力去很好地思考集置的本质，即这种置造的技术所可能带来的全球性后果。

第二个问题关于"无人状态"与人之死。这两者有着千丝万缕的联系。我们不知道福柯的人之死多大程度上从海德格尔这里过渡，但无人状态恰恰表达了某种人作为人本身的死亡，而主体诞生了，一个知识的主体、一个功效的主体诞生了。无人状态（Menschenlosigkeit），是指把人给丢了的状态，意思是：人类不断地丧失自己的人性基础。这种在东方或者欧洲传统中都可设想的人性，那个独特的东西，在集置面前就面临一种危险，即在技术统治全球的当下，人无法再像传统的人那样去生存与思考了，人之为人的那个独特性也开始裂变。海德格尔说，最关键的危险还不是这个，人失去人性不是最严重的，最严重的是：人类似乎不被允许再成为人类本应该成为的那种人了。人类在不知不觉间遭受了技术的摆置，在摆置中，人类回不到原来的轨道了，技术一旦启动，就不是人类的力量可以轻易使之停下的东西。海德格尔说人类"着魔于"对自然乃至人类自身的摆置——那种谋制与订制。人类渴望订制一切，或者说，人类渴望成为上帝，而这种渴望再也没有一种发自其内在的力量去阻止它前进。人类看似掌握技术，实则被技术掌握，把人之为人的主权交给了技术，而失去了"通往本己的道路"。海德格尔觉得，大屠杀也好，主体性危机也罢，都还不至于把人类逼上绝路。他的理由是，这两种后果不过都是技术的天命的一种表现形式而已，是技术集置人类的一种订制实验。在这个实验中，人类被推向那种悲惨境地。于是，此在就变得非常"无聊"，无聊就是无所事事、漠不关心，在失去本己性后没有任何生存的自发性。海德格尔精辟地说道："这种无聊从未真正得到承认，通过信息生产、通过娱乐业和旅游业，它虽然被掩盖起来了，但绝没有被排除掉。"[①] 集置拒绝给予人类一个有意义的东西，这是人类最大的危险。

第三个问题，那么道路在哪里？如何才是有意义的人类本己的道路呢？海德格尔认为，在摆置的技术占领全世界之后，世界之外不可能再有一个领域让我们来抵抗这种摆置，那么，唯有在技术内部可能有抵抗的道路。换句话说，我们只有在认命的前提下寻找改变命运的可能性。它要求一个东西，即我们不再全神贯注地盯住技术世界，而是游离在摆置之外，要变异成某种退守的姿态。这个叫回归步伐。回归不是为了复古，不是回到对形而上学开端的一种复古式的模仿，同样也不是以头撞墙式地一味地去阻挡技术的进步，而是在某种回归中从技术中跳跃出来，回归步伐其实本质上就是跳跃这个概念的先驱。让我们在某种回归式的沉思中跳出技术之外看技术，在跳跃中创建某种不是开端的开端。另一个开端因此是好多个个体同时默不作声的彼此认同的沉默的开端，在寂静中让技术无法将我们人类轻易订制与把握的奇特开端，某种抑制的、变异的、差异化的、匪夷所思的沉默的开端。

通过这种跳跃的回归步伐，我们让集置的那种权柄性敞开为一种明显的反对面，但又不成为一个可以被集置的对象性之物。换句话说，我们保持为一种不成为具体可划归之物的非物。我们反对却不是反对者，我们观看却不占据观察

---

① 海德格尔：《致小岛武彦的信（1963 年）》，载于《同一与差异》，孙周兴等译，北京：商务印书馆，2011 年，第 151 页。

视角。故海德格尔说："通过这种沉思步伐，摆置之权力进入到一种敞开的反对（Entgegen）中，而同时又没有成为一个对象。"① 本有征用存在者，同样地，集置也征用人类。集置很需要人类，这是非常重要的一个洞见。没有人类，集置无法完成其自身的发展与订制万物的企图。人类如果非常明确地进入反对的对象性结构中，反而陷入了集置的陷阱，照样被马上订制为其所理解的东西。人类因此需要变化，幻化为某种在集置之中，又不被集置所订制的东西。如此集置必然会调整那种对人类的征用，此种征用使得有朝一日人类夺回对技术的主权，而这种夺回又并不是明显摆明的，以至于让集置将这种夺回重新摆置起来。

海德格尔抱怨当年在欧洲发表后即被误解的关于"无的场地守护者"（der Platzhalter des Nichts）的思考，在日本却很快被理解和接受。"无的场地守护者"是说，人听到了存在的呼声，敞开一个对存在即对无的许诺的场所，在这个场所中，人类守护着无，而不是驾驭和控制无。人类对存在守护，而不是谋制存在之在场状态。无不是某个存在者，所以，它是无，就是说它给出一个无，本有通过其差异化运作给出一个无。无作为一个不存在的存在者而存在，它自身就是那个自我退避的带来者、自我遮蔽的敞开者。人类这种东西被集置需要着，集置需要征用人类，而人类要面对的恰是如何面对这种征用，这个本有的过程。Einblick，一个闪入、一个观入、一个洞见被我们听到，即，世界的世界化中那种摆置的未来在于我们要形成一个观入、一个决定性的洞见，就是让我们在一种回归中跳跃出去，让本有居有我们，让摆置无法发挥效用却可以被我们所用。追问存在问题，才能紧紧地守住摆置所要求我们面对的东西。上面我们谈到了在技术面前获得自由，但这并不是要让我们成为技术的主人。海德格尔提示说，人类绝不能一味地去成为技术的主人，也不可能仅仅是它的奴隶。只要你还妄图做技术的主人，你就被技术摆置了。但人类却也不可能是技术的奴隶，原因很简单，技术需要人类

---

① 海德格尔：《致小岛武彦的信（1963 年）》，载于《同一与差异》，孙周兴等译，北京：商务印书馆，2011 年，第 152 页。

而非仅仅是人类需要技术。就算我们控制了原子弹也不代表我们就是技术的主人，主奴二元的这种思维方式并不是面向事情本身的那个方式，也就不是海德格尔所提倡的跳跃之沉思回归要操练的。

最后，海德格尔谦虚而诚恳地说，面对这个全球化的技术本质问题，乃至对技术本质的天命的倾听与应答的问题，这个对集置之危险的观入之一瞥，需要西方和东方的对话，并不再能够通过西方的思考路径得到解决，但也离不开西方路径对问题提出已经开辟道路层面的对概念的预备过程，西方的道路同样可以作为某种可能性提供，假设这条西方的旧道路可以被重新激活，在海德格尔式的运思中得以发生，那么这就是本有重新居有西方思想的时刻。这个复杂而深刻的技术本质问题，经历了两千年的准备，在几个百年中得以展开，而妄图仅仅通过人类的理智在几个晚上辛苦思索就得到解决也是不可能的。仅仅通过人类的谋制（Machenschaft）就彻底搞清楚这个问题并解决它，是不可能的。但这种解决终究会发生，最后的拯救会把人类带到一个人性本己的居住之所，在此之前我们只能等待并准备一种思想。

第6章 差异问题的德法演变

　　海德格尔对差异问题的思索，通过前后期不同的变体的探索，产生了多方面的影响与效果，这种效果甚至对后来的法国现象学产生了巨大的影响。尤其是德里达与列维纳斯两位法国思想家，差异思想可谓深入其思想骨髓。德里达的"延异"（Différance）与列维纳斯的 il y a 就是海德格尔差异思想的另一种表达方式。但其产生的深刻思想意义，却可能是海德格尔始料未及的。这种对差异问题的法国现象学拓展伴随着对海德格尔的内在继承与批判，而受到差异问题影响的法国思想家并不止于这两位，因篇幅有限，我们只对德里达与列维纳斯关于差异问题的思考进行分析论述，以便更清楚地看到差异问题的德法演变是如何产生其深远意义的。而所有关于差异的沉思都指向那个不可名状的作为到来者的绝对他者，那个永远赠予（gibt）恩典的"最后之神"。

6.1 德里达的"延异"

　　根据德里达所说，延异[①]并非一个词语或概念，它缺乏明确的定义。在时空游戏的角度来说，它是不在场之在场，由于不断地延迟自身的出现，这种不在场

---

① 德里达：《延异》，汪民安译，《外国文学》，2000 年；原文译文亦可参见：李为学：《德里达〈延异〉文译解》，上海：华东师范大学出版社，2015 年，第 70 页。

之在场体现为幽灵性的东西。它作为"差异之差异"无法归约到同一性中，而是在差异中纯粹地生成并无休止地播撒。我们可循着延异的不可能性展现之时刻去感受它的存在，沿着它的痕迹寻找它播撒的复杂谱系。延异作为差异之源需要不断地被再现来替补，这意味着，在差异中不断地让本源推迟的同时，可通过未来的书写让本源不断到场，却让它永远作为不合法的到场而存在，如此以使差异永远发生下去。语言作为词语之延异播撒（Dissemination）[1]意义。词语在德里达那里总是意味着从他者的道说中生成意义，词语成为某种无法直接从瞬时当下获取意义之物。词语总在不停地述谓、滑动、播撒，如同种子一样，留下各种显而易见却不可名状的痕迹。我们无法真正说出个什么真实性来，仿佛总有某种命运性的缺乏存在着。此种感受就像语言在道说的起始就自动保持沉默并拒绝道说似的。延异是使种种差异成为可能性的不可能性源头。我们发现，当海德格尔讲到"差异之为差异"时，他用的是"区分"（Unter-schied）[2]一词。与德里达不同的是，海德格尔的差异与同一还具有某种内在平衡性，而不是以彻底非对称的差异化过程而运行。同一性被海德格尔隐秘地转化到了本有（Ereignis）叙事当中。不过，延异在德里达那里则更像表示纯粹差异之源的唯理论记号，这种记号拒绝所有定义的企图；定义本身即对差异的同一化聚集，延异要防御这种逻各斯之聚集。延异同样指引了词语记号本身的那种差异关系网络，它某种程度上兼具海德格尔那里的形式指引的意义。

他者在延异中推迟其到来。文本诠释得以可能的条件就是这种不断推迟到来的关于文本原意的替补性裁决。替补恰恰是无法裁决的替补，无法做到一劳永逸地把文本意义焊死在字面意义上。词语之意义于是无法仅从共时性符号网络中被确定，而须在历时性的瞬时中被确定，其实这种确定恰恰保持为不确定性，让

---

① Jacques Derrida, *Dissemination*, trans. by Barbara Johnson, Chicago: University of Chicago Press, reprinted, 1983: p.3–5.

② 海德格尔：《形而上学的存在—神—逻辑学机制》，载于《同一与差异》，孙周兴等译，北京：商务印书馆，2011 年，第 68 页。

意义可以继续播撒，进而播撒到不可能性的坚固内核中去。在德里达那里，差异之源本就是作为不可能性而存在的。延异要求我们去防护自身的差异性却又拒绝去成为任何一个拒斥其他多元之他者的霸权同一者。海德格尔那里的差异要求我们在与他者的彼此观照中，发现某种既不能同一又不至于差异到分离的状态，德里达则要求保持一种发生彻底分离时刻的不可化约性。延异是包括事物内在的与外在的甚至语言符号之间的一切纯粹差异。在这个意义上，差异就是某种无限差异网络，它使得述谓活动得以可能。述谓的基点是词语，而词语总是不可避免地"尸体化"，差异使得词语不断地"借尸还魂"。在面对语言系统时，德里达发现语言是被差异网络决定的，如若不在符号中捕获事物之在场，在场就根本不可能发生作用。差异是决定事物在场与否的关键，在场却总是被无限地推延，延宕推迟着的差异化过程让在场得以可能，又瞬间抽离在场之为在场的一切合法性保证。

德里达发问的是：现象之在场显现本身是如何可能的？意识作用是如何发动对各种意识相关项进行范畴性重组的？或者说，那个所谓的"事情本身"之显现如何可能？[1] 其实，在瞬时中我们根本无从捕捉显现，唯有在第二次的复现中把握才是可能的。瞬时快到一闪而过，而替补就在此瞬时一并发生。吊诡的是，使显现得以可能的所谓本源之奠基居然来自显现完成后的残余物。每一次差异性的重复与再现根本上都与原初那次差异性地区分着，这些差异又不可避免地配上从他者而来的种种关注方式。这意味着，差异作为某种再现总需要不断再现，必有更多再现得以替补才可维持差异本身，于是无限层次的差异被呼唤而来。这就出现一个无限的差异因果链，无限的他者给出各种话语论述，这些论述具有类似拉康强调的在潜意识层面的话语符号作为差异中到来的他者之决定作用。根本的差异之源就是尼采所谓的"混沌"（Chaos），当差异网络的原始混沌变异为差异链全面参与到述谓活动中时，所有的差异都在不断地比量与调配，符号化系统在对

---

① 德里达：《胡塞尔〈几何学的起源〉引论》，方向红译，南京：南京大学出版社，2004年，第34页。

符号化表述的区域区分清楚后，发出从存在者方向而来的认同指令，遗憾的是各种不认同也总同时次生出来，好比小数点后面总是除不尽一样。这时候就需要诠释学的出场，其实诠释学是为了对差异中不可比量的区域进行一种暂时性话语协调。试图诠释差异性新区分的符号系统时，要一层层地回归差异之源，因而陷入某种无休止的纠缠。符号的符合性关联若能永远有效也就罢了，问题是有效关联并非每次都有效，总是有无法关联的时刻存在，进而使得差异的瞬时变成出口与开端，此开端是不可化约的时空点。作为不是开端的开端，此时空点居然可作某种开端时刻而存在。因为在瞬时当中有绝对的差异，而这种绝对差异恰恰是文本得以诠释的不是起点的起点。作为某种文字撒播的痕迹，它是一种不可能性的剩余物①，这个剩余物是个幽灵性的东西，在所有文本之间驻足与徘徊。文本不断地在替补中书写自身，意义似乎已然固定在了文本之上，但其实意义总在之外。体会德里达处的延异，就是理解差异问题被他把握到何种深度。延异总在引导我们去激发对不在场之欠缺感的体会，引导我们体会文本之外的"无"。

替补（Supplément）②展现为到来中的他者，他者不是另一个主体，而是任何可构成差异之物，所有这些差异构成都是成为差异化过程中可进行替补之他者。作为他者的"到来者"（l'arrivant）某种程度上是那种对瞬时此刻不断重复改写的不在场者。替补之物总是体现为隐秘的、次要的、渺小到不可名状的东西。这一点与马里翁对存在论差异逾越时所采取的那种经由否定神学而导向上帝的态度截然不同。德里达的到来者并不意味着作为必然性的崇高神圣者，反而那个总可使他者得以到来的东西才是崇高而神圣的。到来本身就是正义。到来作为正义不可被解构。相比海德格尔把差异化运作过程当作一种分解与聚集，通过各种时机

---

① 夏可君：《无余与感通》，北京：新星出版社，2013年，第351页。

② 关于"替补"的论述，参见在《声音与现象》中关于"根源的补充"，载于德里达《声音与现象》，杜小真译，北京：商务印书馆，2001年，第111页；又见《论文字学》第二章"此种危险的替补"，载于德里达：《论文字学》，汪堂家译，上海：上海译文出版社，2015年，第204页。

性的因缘条件使得在场在逻各斯中聚集①起来，对德里达来说，"播撒"就是要批判这种关于在场的聚集之道说。播撒本身像撒种子一样，有的可结出果实，有的则不一定。在延异的差异运作过程中，播撒抵抗着那种把词语专名暴力化的危险。

与伽达默尔的"巴黎论战"②中，德里达认为，尼采被海德格尔认定为最后一位形而上学家的做法是危险的。尼采思想是丰富意义的集合体或某种意义上的差异之源，他的思想不能简单地被签名化地概括在词语暴力的命名之下。就是说，尼采的思想本身就是多声部的发言，任何认为尼采的思想必然具有内在同一性的观点，都可能把同一性的暴力强加给尼采。尼采的高明在于他如同克尔凯郭尔一样，与自己辩论，质疑并推翻自己，并在碎片性的格言讲述中表达隐微或显白的真理。③尼采做到了对真理显隐二重性进行文本的实际操练，展现为重写查拉图斯特拉的文学风格。我们不能把尼采单一化，如同不能对用过很多笔名来写作的克尔凯郭尔仅用一个签名就概括他思想的复杂差异性。"尼采"作为一个"签名"④的出现恰恰是为了让我们看到签名背后的专属命名之不可聚集性。签名是某种专属的逻各斯中心式暴力，是延异运作的权力化书写痕迹。任何签名在签下之时就一定伴随对象性的思维方式，签名的留痕当然为从同一性出发的对象性认知提供了基本条件，但若一定认为聚集在签名下的就是真实的思想全体，理由则很不充分。其实，当我们每次陷入海德格尔之问，即"这是什么"这种问法时，马上就会有一个无形的空间打开，它是对象性思维得以可能的空间，但使得所有类似空间得以可能的恰恰是"到来"之不可能性。在延异时刻，根本就不可能再去谈论

---

① 海德格尔：《形而上学导论》，王庆节译，北京：商务印书馆，1996 年，第 132 页。
② 德里达、伽达默尔：《德法之争——伽达默尔与德里达的对话》，孙周兴、孙善春编译，上海：同济大学出版社，2004 年，第 41 页。
③ 张文涛：《尼采六论》，上海：华东师范大学出版社，2007 年，第 45 页。
④ 德里达、伽达默尔：《德法之争——伽达默尔与德里达的对话》，孙周兴、孙善春编译，上海：同济大学出版社，2004 年，第 50 页。

逻各斯的聚集或对遮蔽之无蔽的运作，亦或对于某种纯粹被馈赠物的收取。因为，任何话语在聚集为一个特殊签名之时，会作为某种全新的遮蔽而遮蔽住太多被忽略的东西，那些隐藏在叙述系统中最微不足道的话语细节，例如存在与时间中的"与"，书写与差异中的"与"，声音与现象中的"与"，这些不起眼的关联性小词，反比存在、历史、真理等大词具有更古老的不可通约的本源力量。它们作为一种不可阐释的被忽视物而存在，以一种不在场的方式在场，并起到看似无用却至关重要的作用。

德里达的"痕迹"（trace）概念与海德格尔的 es gibt 中的 es 非常类似。德里达要让意义在延异中不断地播撒，逻各斯的聚集本身却拒斥此种播撒行动。对 es 的讨论是否有助于理解"痕迹"与"到来"呢？ es 是某种不可祈祷的神[1]，作为最后之神之"掠过"，而掠过本身就是一个痕迹。"最后之神"在德里达这里被表达为"到来"（arrive）。对于到来，我们只能期许并等待，在期盼中希望与其相遇在某个地方。德里达说，"到来"是"在一种肯定的论调中来临，自在的标记自身，它既不是一种欲望也不是一种秩序，既不是一个祈祷者也不是一个要求者。就是说，到来被决定的语法的、语言学的和语义学的范畴都被到来本身颠覆了。"在到来中没有传统神学意义上绝对被动接受的从上帝而来的馈赠的那种坐享其成。如果说敞开是某种启示，那么到来之启示就是无启示，或者启示"无"。虽然是无，但又忍不住道说，在道说中抹去自身，任何不抹去自身的关乎自身的言说都陷入形而上学，可抹去又不是总能做到，痕迹永远残留。我们如何可以既道说又不留下痕迹呢？这类似福柯在对话语与权力关系探讨时思考的：真理是如何被讲述出来的，其多大程度上是被权力挟持的产物，而关于真理的讲述又不得不回到权力的再生产之中。

到来作为深层次的 es gibt 中的 es，在存在历史中不再仅仅作为语言自行道说

---

[1]　可参考《哲学论稿》中"最后之神"的论述。海德格尔：《哲学论稿》，孙周兴译，北京：商务印书馆，2012 年，第 429 页。

而是作为延异之痕迹不断地发生。arrive 不再是 es 馈赠礼物的过程，而是存在者承受 es。承受者被允诺有 es 到来，但无法询问 es 究竟是什么。海德格尔强调语言自行道说的运作方式，而德里达批评这种自行言说的现象学描述，是语音中心主义之残留。在所谓的自行言说中依然有神秘主义式的他者在场，海德格尔与德里达的区别在于，后者认为道说不一定发生，此他者完全可以不倾听且不呼出词语。此他者完全沉默。幽灵之为幽灵可以完全沉默。在沉默与寂静①中，一种幽灵性延异化机制发生了作用，我们看到了德里达与海德格尔的不同。德里达精辟地看到，在海德格尔那里 es gibt 的无人称句提示出：真理虽然不断地二重性差异运作，并在解蔽之时自行回撤，却总是无法抹去 es，残留与剩余的东西就是"痕迹"。这个没有形象却在不断运化万物的残留物 es，本应该被彻底抹去，却依旧不断激起哲学家最后一丝法执。

延异、痕迹、播撒、到来等概念，都是德里达创造的对差异运作做现象学描述的语汇库，这些语汇是对那不可能之差异之源的勉强命名。那到底什么是到来呢？②当我们问"什么是到来呢？"这种问法马上陷入海德格尔在《这是什么——哲学？》中警告的那种从古希腊而来且唯有古希腊才有的对象性观审之发问方式。其实，到来意味着所有开端之前的领域。这个领域不可能被所有事件自身的运作机制所思考。它除了要求一种时间的先在性，还要求一个空间"场地"，而它自身却非场地。到来是延异化过程发生的那个场地之所以可能的东西，是海德格尔那里使"天—地—人—神"之"四方"（Geviert）时-空游戏得以开展的不是基础的基础，是本有（Ereignis）之赋本（Zueigenen）与此-在之归本（Vereignen）③

---

① 寂静与秘默学的关系，参见海德格尔：《哲学论稿——从本有而来》前瞻之《存有与它的静默（秘默学）》与《静默》，孙周兴译，北京：商务印书馆，2012年，第86—87页。
② 将来者与到来者的内在隐秘关联，参见海德格尔：《哲学论稿——从本有而来》"将来者"章节，孙周兴译，北京：商务印书馆，2012年，第421页。
③ 海德格尔：《同一律》，载于《同一与差异》，孙周兴等译，北京：商务印书馆，2011年，第42页，脚注1。

活动之所以可能的前提，是到来呼唤了本有作为"事件"（event）①而发生。"到来"已经不能简单地被当作某种形而上学或存在论来思考，它不再是历史主义或基督教末世论意义上的历史终结或末日，而是存在者之外的从远方而来的不可命名之命名或不可言说之言说，它就是一种最单纯的来临，因而是最神秘②之物。故而到来比本有更加神秘与原本，是德里达意义上的本源，因它从来没有试图成为本源而存在，却使得存在得以出生并一直发挥作用。到来是比本有居有之澄明境界更加透彻而纯粹的神秘领域。

　　总结一下，我们知道延异根本上是为了解构，那究竟什么是解构呢？在德里达那里，解构是通过文字对语音中心主义的化解，通过癫狂对逻各斯中心主义的化解，通过他者文化对白人中心主义的化解，最后通过动物对人类中心主义的化解。所有这一切都在对各种"中心主义"的暴力进行反抗，解构故而也是一种暴力，类似以暴制暴，在已经极度偏激的立场内下一剂猛药，以此来撼动统治着我们的所有与在场形而上学有关的传统，去发现与听取所有被压抑的、弱小的、残缺的、不在场的场外之音，对那个永远不会到来却正在到来中的他者进行等候与追悼，解构的姿态因此才是面向正义的姿态。解构所关注的源头，永远是悖论性的，几乎微小到似乎不存在一样的源头。此源头作为永恒的他者正在到来中。此源头，我们不能说它不在场，亦不能说它在场；不能说它已然逝去，亦不能说它可当前化。在场形而上学总希望把握到的那个彻底正确的关于在场的真理，恰恰是一种签名式的遮蔽。因为每当这种在场式的把握发生时就遮蔽了他者，遮蔽掉所有替补的可能性。即使如此，痕迹常在。源头变成了对将来的替补，作为源头的东西居然总是次一级的完全不起眼和微不足道的尚未消逝的幽灵们。文本意义

---

① 　高宣扬：《论巴迪欧的"事件哲学"》，《新疆师范大学学报（社会科学版）》，2014年第4期。

② 　"神秘"（Geheimnis）与家园的关系，参见海德格尔的《……人诗意地栖居……》一文的讨论，载于《演讲与论文集》，孙周兴译，北京：生活·读书·新知三联书店，2005年，第213页。

的真正开端，是那些在对文本意义诠释的活动展开之际已然压抑掉的作为过去的微不足道之处，这些充满不可诠释性之处恰作为文本的差异的瞬时点，使得文本诠释活动得以可能。从开端处跳跃出本源，在跳跃的时刻开端隐去，在对其哀悼的过程中让我们不断替补再替补，循着痕迹等待在延异中的"到来"。

6.2 列维纳斯的"有"

列维纳斯喜欢反其道而行之，认为海德格尔《存在与时间》之中最有意义的思考即是"存在论差异"，但他不认为存在论差异可以真正支配此在。绽出（Existiert）若在差异意义上谈，则是存在者绽出存在；若在存在自身意义上谈，则存在本己同样具备绽出自身的能力。如果存在这个概念仅是唯名论意义上的抽象概念，则此在如何竟被一个抽象概念囊括与主宰？列维纳斯并不同意海德格尔从工具的"上手状态"来展开此在之生存论建构，列维纳斯考虑的是：此在与世界的关联并不仅仅是使用工具那么简单。他强调"享受"的意义，就是存在之"居家"状态首先体现在此在与世界打交道的方式——在感恩中享受世界的馈赠。当列维纳斯谈到"此在的孤独是由于他是存在的主人"时，他与海德格尔的思想分歧其实很明显。因海德格尔会说"语言为存在之家"，此在并非存在之主人；此在唯有作为存在之守护者才有可能绽出存在，此在并不占有存在。对于列维纳斯，此在与他人沉沦共在的方式某种程度上才是本真的存在方式。海德格尔那里的此在是抽象化的，仿佛生活世界的整个背景都被悬置了似的，在这个抽象状况下的共在就不再是相遇中的共在，而是彼此不相关的共在。哪怕是"闲谈"，在列维纳斯那里都可以是与他者相遇的最原始与本真的方式。故在海德格尔那里没有真正意义上的他者，在不遇见真正意义上的他者之前不可能有本真的自我。他者在海德格尔那里是无情绪面孔[①]之共在，而列维纳斯的面孔则是作为可见与不可见之二重性交织的面孔。在他者之脸显现的时刻，脸作为生动的对象而存在，在除了

---

① 孙向晨：《面对他者——莱维纳斯哲学思想研究》，上海：上海三联书店，2008年，第142页。

凝望之外的对话交谈中体现出无限的意义，言谈中差异得以展现，主体与他者之间得以绝对地区分又彼此责任化地相互传达道德之内在要求。

倘若在海德格尔意义上的抽象共在中绽出的存在者并不真实，某种程度上就可以解释为何海德格尔那里的伦理学问题是巨大的硬伤。从根本上来说，绽出是意识通过意向性作用组建范畴生成意义的海德格尔式表述，对这种组建方式的不同领会路径，使得列维纳斯与海德格尔对此在之生存理解不同，尤其是对死亡与他者的理解差异更大。在海德格尔看来，此在的"向死而生"使绽出得以发生，并最终成为使此在之生存论筹划得以可能的先决条件。通过"向死而生"，此在才有无限生存的可能性，但在时间性中持存的那个关于死亡的在场方式到底是如何敞开自身的呢？换句话说，死亡如果不是作为生存终点的一种标记，而是作为生存起点的标记，那想要从被抛状态走向他者，是否可以跨过死亡却照样能绽出生存呢？摆脱被抛状态必须面对死亡问题，这就把问题逼到了一个界限，即死亡是不是虚无？什么是虚无？列维纳斯接着海德格尔关于无的思考批评道：无是存在本身，而死亡根本不存在；死亡即使归于虚无，依旧是某种从存在而来的东西。故而列维纳斯提出死亡作为彻底的虚无之不可能性，使存在作为可能性得以发生。就是说，克服畏（Angst）之罪感就必须克服死亡，但终有一死作为此在之本质反过来只能是此在生存的可能性边界，这边界的划分来自死亡作为无之不可能性本身，后者才是此在得以筹划的真正差异性本源。每当死亡发生，生存论建构就会被终止，海德格尔所谓的"向死而生"就无法有效地展开，死亡就此变成某个不可把握的时间性节点，进而就不能被作为绽出得以发生的那个未来可预期之终点而被考量。按照海德格尔，我们是在面对死亡之时看到了某种生存的可能性进而展开生存，而列维纳斯在战争集中营体会到的却是面对死亡之时刻的那种不可能性。因为无法展开可能性生存，所以不可能性此时的到场没有可能性，没有过去与未来，此在甚至不能筹划任何一件事。他只能硬生生地存在，但却没法为其可能性做出任何实际行动。此时，他必认为死亡不是虚无，如此才恰恰可以筹划其生存，在这种不是虚无的认定中，此在体会到从存在本身之 il y a（有）领域而来的重压。相信濒死的自己不会真的死亡，而是作为无数的他者继续存活下去，不仅此在的生，甚至此在的死都变成某种不被揭示的奥秘。后来我们还会发现，由于对死亡不是虚无之独特时间性的领悟，在列维纳斯与布朗肖既相通又差异的关于 il y a 的感受中，进一步揭示了存在与 il y a 之间的关系。①

列维纳斯克服在场形而上学的方式，是保持未来与过去在聚集中的不可能性。这即是说，从未来而来的差异化聚集具有不能被在场化的特性，未来与过去不可被通约地被表象为在场的东西。列维纳斯沉思的时间性是"瞬时"的时间性，从这个瞬时出发，在面向未来与过去的过程中把绝对差异性的运作机制析出，此种差异性运作本质上愈发不仅仅是关于存在者之存在的差异性运作，还体现为在场表象化摆置发生之前的那种存在自身之无尽超越，这种无尽超越得以可能的来源即是那个叫作 il y a 的不可能领域。按照列维纳斯，即使传统形而上学总是试图给 il y a 命名，并认为 il y a 是某种可见之物，或可被欲望改造之物，实际上都在错失 il y a。因为 il y a 是匿名化的存在，它虽然可以展现为被主体理解与感受，被主体欲望与消费，但却不是向来我属的东西。此在总是试图掌控 il y a，而在这种掌控中体现的并非对真理把捉的自由，而是不懈的形而上学冲动，类似被存在当作存在者的冲动。但不同的是，存在论差异固然有差异，却并不意味着存在与存在者之间已然分离并划界。存在者之存在并不逃逸出存在者，差异无法保证存在被黏着于存在者之上或被当作空洞符号而被玩味。列维纳斯认为 il y a 是一个没有存在者黏着其上的绝对存在，他呼唤这种"没有存在者的存在"。这种存在类似海德格尔后来所谓跳过存在者思存在的那个古高地德语之名：存有（Seyn）②。il y a 与 Seyn 都是更加纯粹的动词状态的差异之源的姑且命名。而 il y a 作为差异之源，又是我思得以可能的源泉；在我思的辩证回返中，同一性得以创建。意

---

① 王嘉军：《"il y a"与文学空间：布朗肖和列维纳斯的文论互动》，《中国比较文学》，2017 年第 2 期，第 116 页。

② 关于存有（Seyn）的论述，参见海德格尔：《哲学论稿——从本有而来》"存有"章节，孙周兴译，北京：商务印书馆，2012 年，第 444 页。

识主体的自我建基是在 il y a 的差异化涌现中成为可能的。在 il y a 之瞬时超越中，此在具备了诞生时刻，此在才开始操劳并开始在与他者的照面中遭遇共在并对他人负责。建基总在面向他者的过程中经由匿名 il y a 自由地发生。因此，意识主体在时间中的涌现就不再是沉沦的样式，而是某种自我更新的样式。

值得注意的是，列维纳斯是通过使用神学中的一个常用概念"位格"① 来表达这种没有存在者之存在的体验的。通过位格，存在论差异某种程度上可以被克服。因为规避存在论差异就是跳到差异之外来看存在本身，看这个匿名 il y a 是如何给出的。如果存在是个抽象而空洞的名词，无论我们如何辩证地谈差异都会有玩弄词语游戏的嫌疑，面对存在意义问题就无法更加深入。但跳过差异之后，我们发现匿名 il y a 的领域就更加匪夷所思，几乎差点陷入不可知论的窠臼。它是某种神秘的、外部的、异质性的东西，il y a 具有不可言说性。位格呼唤一种不断地自我重复差异化的瞬时起始状态，此种不是起始状态的起始状态让存在常新。"位格"的那种压迫感就在于在瞬时位置中开启的那种本有事件，那种在瞬时中承受的生生灭灭的存在意义之自我更新。如果世界仅是交织的力之网络，其中没有伦理与道德，只有生生灭灭的次生性差异运作，那什么才有权给出（es gibt）存在呢？无人格性的纯粹差异性自行给出，这种给出过程既可被感受又充满神秘。例如，在一个失眠之夜，我们经验到它的存在，它既不是此在也不是实体，自我设定却尚无命名——它就是 il y a。

il y a 是无人称句的经典表达，在日常法语中极为普通常见，它体现了某种存在展现自身的最原始方式，就是从法语出发的存在本现（wesen）经验之命定模式。il y a 是作为主客二分尚未发生之前的原始混沌状态之名。列维纳斯谈到"失眠"于漫漫长夜时，我们都感受到了 il y a 的差异性经验，匿名的 il y a 在失眠中使主体的煎熬感剧烈。il y a 领域那种位格式的从存在而来的森严的压迫感有时也体现

---

① 王恒：《时间是与他者的关系——从〈时间与他者〉解读列维纳斯与海德格尔的关系》，《南京大学学报（社会科学版）》，2005 年第 6 期，第 67 页。

在当爱给予时的强大赠予能力。在禁令与爱的双重张力中，从存在而来的压迫即是对他者的责任承诺。我们知道，在海德格尔那里，存在者之存在绽出可通过很多方式通达，有存在者的存在是一种方式，无存在者的存在方式也同样可以绽出。前期他倾向以此在这个存在者为先导去展开通达存在意义时间境遇，而列维纳斯的瞬时时间性则是存在本身要超越其自身的那个纯粹差异化时间境遇，即 il y a 的瞬时时间性境遇。il y a 不可能有纯粹固定的存在样式，它有具体的效果和意义，但却无法被有效把捉。主体需要一个位置去安睡，不然他会"失眠"，哪怕主体从来不主动去摆脱被抛状态而投入所谓的本真存在。主体是使意识得以开展的建基性处所，如果没有主体，失眠将终不可免，而给出主体或给出存在者的 il y a 的许诺。il y a 领域总在应答此种许诺。il y a 领域并非真正意义上的不可知，它只是神秘，因为列维纳斯已然观看并踏入此领域，并通过现象学话语试图道说 il y a 领域，这意味着，对于 il y a 领域人类无法穷尽其一切。不可能性体现为此领域之神圣光照。il y a 既是开端也是诞生，因此它是抽象时间的差异中的缝隙与断裂，它是一个停顿与休止符，这种断裂是存在者此在从自身而发出的同一与差异的运作，从自身发出并回到自身的辩证过程，而这个过程在瞬时时间中被锚定。所以，时间不是作为存在者的存在的存在论境域，而是作为超越存在的一种样式，il y a 与绝对他者的关联回归到最彻底的境地。只有在绝对有之给出的 es gibt 或 il y a 中才有对他者的真正相遇。我们发现，真理给出意义的路径并不相同，究竟是列维纳斯的 il y a 方式抑或海德格尔的 es gibt 方式，有某种命运性的安排。此种命运栖居在法语与德语两种语言之差异道路上。无论德里达还是列维纳斯，其思想如果回返到海德格尔的运思语境，他必定会说：延异与 il y a 的沉思，都依然是种从存在历史而来的对语言自行道说之倾听，都是本有纯粹时－空游戏的历史性之自由本现。

为什么说列维纳斯思想中没有真正意义上的过去与未来？因存在本身要自我超越之时，本真时间维度不在过去、现在、将来的流俗时间性中被组建，而瞬时时间性中实际是无法展开流俗时间性意义上的多重时空区域的，他者本身就足以作为一个绝对性异质性因素而存在了。但是，在列维纳斯这里也有某种意义上的异托邦（heterotopia）①。他的异托邦可以理解为：所有到来中的他者所构成的时空区域，或"脸"之显现。脸的二重性意味着：可见的脸是关于有限他者的脸，通过对这种从此在出发面向具体他者可见之脸的关注，使所有总体性中把一切主体乃至万事万物都统摄的形而上学瓦解。所有他者到来中的脸都是无法被摆置的，并非作为一种冷冰冰的数据而存在。他者"可见之脸"是具体的此在绽出其意义的隐喻，它拒绝被分析或分解为某种脸的集合物。②"不可见的脸"则通向无限，即通向存在本身之匿名 il y a 领域，在与他者照面之时，并非绝对的马丁·布伯式的对等性照面③，而是在差异中的照面。话语的聚集与脸的照面同时在场，逻各斯在照面的交谈中回应交谈，进而使回应内在地镶嵌在伦理责任中，而此种镶嵌则通向无限性本身，即 il y a 领域。

在列维纳斯那里，唯有当下这个甘于沉沦并经受不可抗拒之 il y a 重压却又差异生存着的存在者才是真实的。此真实由无限多的他者不断决定着，故此存在者面向他者，与他者一同在 il y a 的光照中存在，如此独特的瞬时存在方式就逼迫出比海德格尔的存在论更为本源的作为第一哲学的伦理学。超越对于列维纳斯就不再是海德格尔式"返回步伐"（der Schritt zurück）④ 的对存在者之存在的超越，而突进为彻底超越存在者直面存在（即直面他者）的一种责任倾向。此种倾向朝向的是正义与美善，朝向的是勇敢与责任，朝向的是对古希腊实践哲学尤其是伦理学光芒的呼应。其实，存在自身的列维纳斯式超越依然是一种绽出，这种绽出直接拥抱虚无，却奇特地面向了伦理与责任，这不得不让我们感到惊叹。在这种

---

① 福柯：《另类空间》，王喆译，《世界哲学》，2006 年第 6 期，第 52—57 页。

② 孙向晨：《面对他者——某维纳斯哲学思想研究》，上海：上海三联书店，2008 年，第144 页。

③ 马丁·布伯：《我与你》，陈维纲译，北京：生活·读书·新知三联书店，1986 年，第 27 页。

④ 海德格尔：《形而上学的存在—神—逻辑学机制》，载于《同一与差异》，孙周兴等译，北京：商务印书馆，2011 年，第 55 页。

存在自身以极端方式自行绽出的过程中，列维纳斯弥补了海德格尔伦理学上的重大缺失。这种绽出是从 il y a 而来的深沉的宽容与爱。① 列维纳斯曾言，语言的本质是友爱。他自己被友善的法兰西所接纳，他本人也像友善的法兰西一样待人友善，对于他者永远保持虚怀若谷，充满友爱与善良。②

综上所述，从海德格尔发端的"存在论差异"思想，经过前期体验结构分析到形式指引方法论的析出，再到早期与中期关于此在时间性、存在历史等的讨论，再到后期对"分解"与"本有"的探究，都直接或间接影响了法国哲学的这两位伟大思想家德里达与列维纳斯。德里达的"延异"思想的诞生与列维纳斯的 il y a 思想的深刻论述，都既受益于海德格尔思想又某种程度超越其视野。德里达的"延异"思想就是对海德格尔的"作为差异之差异"的深入回应，而其对"播撒""痕迹""到来"等的论述，更使差异问题在解构主义的道路上走得更加深远。而列维纳斯则在某种程度上发展了海德格尔的"有"的思想，形成了某种法语思想独特的概念 il y a。经由列维纳斯，所有与 il y a 相关的他者、伦理等问题的思考成为当代法国现象学最重要的理论贡献。通过对以上三位思想家差异问题的重述，我们清楚地认识到：在德法现象学演变的复杂思想背景中，差异问题具有重要的研究意义与学术价值。

---

① 关于爱欲现象学的相关讨论，可参考列维纳斯：《总体与无限》，朱刚译，北京：北京大学出版社，2016 年；巴迪欧：《爱的多重奏》，邓刚译，上海：华东师范大学出版社，2012 年。
② 汪堂家：《汪堂家讲德里达》，北京：北京大学出版社，2008 年，第 292 页。

第7章 总结

　　海德格尔穷其一生都在解释自前苏格拉底以来的思想家与诗人——赫拉克利特、巴门尼德、柏拉图、亚里士多德、康德、黑格尔、尼采、荷尔德林、里尔克等，以获得一个重新解释哲学史的时间性视野，而这种不断解释的冲动源自古老的哲学本能中差异性思维的力量。通过差异化，海德格尔从宗教原始体验中领悟到了某种区分，而这种从生命本然而来的区分，使得他不断地倾听到存在通过此在的丰富道说，这种道说经过词语而达到概念的肉身。海德格尔故此在欧陆哲学的现象中和传统中，把哲学思考带向了语言。从早期对宗教生活的体验以及通过司格特范畴论与胡塞尔所找到的形式指引方法，到后来在存在论差异基础上展开的对此在与存在历史的分析，再到中后期对赋格、分解与本有的沉思，都把差异问题推到了前所未有的高度，并深刻地影响了后来的德法现象学思潮。所有这一切的努力都是一种面向思本身的事情，它或许从作为隐秘源头处的宗教感激中来，而感激（danken）本就是一种沉思（denken）。让我们随着对海德格尔思想的深化，不断地"回到存在论差异"中去，因为存在论差异是哲学思维最隐秘和最深刻的策源地。一切形而上学乃至从形而上学跳脱处理出的海德格尔式思想本身都无法摆脱存在论差异的原始提法。差异是一个不是源头的源头，也是跳跃到另一段存在历史的不是开端的开端。同时，差异亦是某种深渊，它让我们警惕海德格尔思想内在的陷阱与危机。无论如何，海德格尔的此在都是敢于在苍茫大地上面对自身本质的，都无愧于其所生发的思想经验事实。哲学就是不断地上路。正如海德格尔自己说过："行这样的道路，要求做行走方面的练习。练习需要手艺。愿您在真正的急难中保持在此道路上，并且去学会思想的手艺，坚持不渝，而又不畏歧途。"①

---

① 海德格尔:《物·后记：致一位青年学生的信》，载于《演讲与论文集》，孙周兴译，上海：上海三联书店，2005年，第195页。

参考文献

一、海德格尔著作

A: Gesamtausgabe（德文全集版）, Frankfurt am Main: Vittorio Klostermann

Sein und Zeit. Bd.2, 1977.

Kant und das Problem der Metaphysik. Bd.3, 1991.

Erläuterungen zu Hölderlins Dichtung, Bd.4, 1996.

Nietzsche. Bd.6.1 (1996), Bd.6.2 (1997.)

Vorträge und Aufsätze. Bd.7, 2000.

Was heist Denken? Bd.8, 2002.

Identität und Differenz. Bd.11, 2006.

Seminare. Bd.15, 2005.

Reden und andere Zeugnisse eines Lebensweges, 1910–1976. Bd.16, 2000.

Einführung in die Phänomennologische Forschung. Bd.17, 2006.

Grundbegriffe der Aristotelischen Philosophie. Bd.18, 2002.

Platon: Sophistes. Bd.19, 1992.

Prolegomena zur Geschichte des Zeitbegriffs. Bd.20, 1994.

Logik: Die Frage nach der Wahrheit. Bd.21, 1995.

Die Grundbegriffe der antiken Philosophie. Bd.22, 2004.

Die Grandprobleme der Phänomenologie. Bd.24, 1997.

Phänomennologische Interpretation von Kants Kritik der reinen Vernunft. Bd.25, 1995.

Metaphysische Anfangsgründe der Logik im Ausgang von Leibniz. Bd.26, 2007.

Einleitung in die Philosophie. Bd.27, 2001.

Der deutsche Idealismus (Fichte, Schelling, Hegel) und die philosophische Problemlage der Gegenwart. Bd.28, 1997.

Vom Wesen der menschlichen Freiheit: Einleitung in die Philosophie. Bd.31, 1994.

Hegels Phänomenologie des Geistes. Bd.32, 1997.

Aristoteles, Metaphysik Ⅸ,*1–3: von Wesen und Wirklichkeit der Kraft.* Bd.33, 2006.

Vom Wesen der Wahrheit: zu Platons Höhlengleichnis und Theatet. Bd.34, 1997.

Sein und Wahrheit. Bd.36–37, 2001.

Logik als die Frage nach dem Wesen der Sprache. Bd.38, 1998.

Hölderlins Hymnen "Germanien" und "Der Rhein". Bd.39, 1999.

Schelling: vom Wesen der menschlichen Freiheit (1809). Bd.42, 1968.

Nietzsche: der Wille zur Macht als Kunst. Bd.43, 1985.

Nietzsche metaphysische Grundstellung im abendlandischen Denken: die ewige Wiederkehr des Gleichen. Bd.44, 1986.

Grundfragen der Philosophie: ausgewählte "Probleme"der "Logik". Bd.45, 1992.

Zur Auslegung von Nietzsche Ⅱ.*Unzeitgemässer Betrachtung, "Vom Nutzen und Nachteil der Historie für das Leben".* Bd.46, 2003.

Nietzsche Lehre vom Willen zur Macht als Erkenntnis. Bd.47, 1989.

Nietzsche: Der europäische Nihilismus. Bd.48, 1986.

Der Metaphysik des deutschen Idealismus: zur erneuten Auslegung von Schelling: philosophie Untersuchungen über das Wesen der menschlichen Freiheit und die damit zusammenhangenden Gegenstände (1809). Bd.49, 2006.

Nietzsche Metaphysik: Einleitung in die Philosophie: Denken und Dichten. Bd.50, 1990.

Grundbegriffe. Bd.51, 1991.

Hölderlins Hymne "Andenken". Bd.52, 1992.

Parmenides. Bd.54, 1992.

Heraklit. Bd.55, 1994.

Grundprobleme der Phänomenologie (1919–1920). Bd.58, 1993.

Phänomenologie der Anschaung und des Ausdrucks: Theorie der philosophischen Begriffsbildung. Bd.59, 1993.

Phänomenologie der religiosen Leben. Bd.60, 1995.

Phänomenologie Interpretationen zu Aristotles: Einfühung in die Phänomenologische Forschung. Bd.61, 1994.

Phänomenologie Interpretationen ausgewählter Abhandlungen des Aristotles zur Ontologie und Logik. Bd.62, 2005.

Ontologie: Hermeneutik und Faktizität. Bd.63, 1995.

Der Begriff der Zeit. Bd.64, 2004.

Beiträge zur Philosophie (Vom Ereignis). Bd.65, 1989.

Besinnung. Bd.66, 1997.

Metaphysik und Nihilisums. Bd.67, 1997.

Hegel. Bd.68, 1993.

Die Geschichte des Seyns. Bd.69, 1998.

Über den Anfang. Bd.70, 2005.

Zu Hölderlin: Griechenlandreisen. Bd.75, 2000.

Feldweg–Gespräche (1944–1945). Bd.77, 1995.

Bremer und Freiburger Vorträge. Bd.79, 2005.

Gedachtes. Bd.81, 2007.

Seminar: vom Wesen der Sprache: der Metaphysik der Sprache und die Wesung des Wortes zu Herders Abhandlung "Über den Ursprung der Sprache". Bd.85, 1989.

Nietzshe: Seminare 1937 und 1944. Bd.87, 2004.

Zu Ernst Jünger. Bd.90, 2004.

B: Einzelausgaben（德文单行本）, Frankfurt am Main:Vittorio Klostermann

Frühe Schriften. 1972.

Briefwechsel 1920–1963. Mit Karl Jaspers, 1990.

Heraklit. Mit Eugen Fink, 1996.

Briefwechsel 1912 bis 1932 und andere Dokumente. Mit Heinrich Rickert, 2002.

Briefwechsel 1925–1975 und andere Zeugnisse. Mit Hannah Arendt, 2002.

Holzwege. 2003.

Wegmarken. 2004.

C: 中文译本

《存在与时间》，陈嘉映、王庆节译，上海：上海三联书店，2014 年。

《根据律》，张柯译，北京：商务印书馆，2016 年。

《林中路》，孙周兴译，上海：上海译文出版社，2004 年。

《路标》，孙周兴译，北京：商务印书馆，2000 年。

《面向思的事情》，孙周兴、陈小文译，北京：商务印书馆，1999 年。

《尼采》，孙周兴译，北京：商务印书馆，2002 年。

《同一与差异》，孙周兴等译，北京：商务印书馆，2011 年。

《现象学之基本问题》，丁耘译，上海：上海译文出版社，2008 年。

《谢林论人类自由的本质》，薛华译，北京：中国法制出版社，2008 年。

《形而上学导论》，王庆节译，北京：商务印书馆，1996 年。

《演讲与论文集》，孙周兴译，北京：生活·读书·新知三联书店，2005 年。

《在通向语言的途中》，孙周兴译，北京：商务印书馆，2004 年。

《早期弗莱堡文选》，孙周兴译，上海：同济大学出版社，2004 年。

《哲学论稿》，孙周兴译，北京：商务印书馆，2012 年。

二、相关研究文献

A：外文著作

Christopher E. Macann(ed), *Critical Heidegger.* London: Routledge, 1996.

D. Janicaud, J.−F. Mattéi, *Heidegger: From Metaphysics to Thought.* Trans. Michael Gendre, New York: SUNY Press, 1995.

Derrnot Moran, *Introduction to Phenomenology.* London & New York: Routledge, 2000.

Emmanuel Levinas, Committee of Public Safety, "Martin Heidegger and Ontology", in *Diacritics,* Vol.26, No.1 (Spring, 1996), p.11.

Friedrich−Wilhelm von Hermann, *Wege ins Ereignis: Zu Heideggers "Beiträgen zur Philosophie".* Frankfurt am Main: Vittorio Klostermann, 1994.

Graeme Nicholson, "The Ontological Difference", in *American Philosophical Quarterly*, Vol.33, No.4, p.337.

Hans−Georg Gadamer, *Hermeneutik im Rückblick.* Gesammelte Werke. Bd.10, Tübingen: Mohr, 1995.

Hugo Otto, *Martin Heidegger: Unterwegs zur seiner Biographie*. Frankfurt am Main: Campus, 1988.

J. Derrida, *Margins of Philosophy*. Trans. Alain Bass, Chicago: University of Chicago Press, 1982.

J. Derrida, *The Ear of the Other: Otobiography, Transference, Translation*. Ed. Christie McDonald, trans. Peggy Kamuf, Lincoln: University of Nebraska Press, 1985.

Jean Beaufret, *Dialogue with Heidegger*. Trans. Mark Sinclair, Bloomington: Indiana University Press, 2006.

Jean-Luc Marion, *Being Given: Toward a Phenomenology on Givenness*. Trans. Jeffrey L. Kosky, Stanford: Stanford University Press, 2002.

Jean-Luc Marion, *Reduction and Givenness: Investigations of Husserl, Heidegger and Phenomenology*. trans. Thomas. A. Carlson. Evanston: Northwestern Univesity Press, 1998.

John D. Caputo, *Heidegger and Aquinas: An Essay on Overcoming Metaphysics*. New York: Fordham University Press, 1982.

John D. Caputo, *The Mystical Element in Heidegger's Thought*. New York: Fordham University Press, 1986.

John Steffney, "Transmetaphysical Thinking in Heidegger and Zen Buddhism", in *Philosophy East and West*, Vol.27, No.3, p.323.

Kevin Hart, *The Trespass of the Sign: Deconstruction, Theology, and Philosophy*. New York: Fordham University Press, 2000.

Marvin Farber, "Heidegger on the Essence of Truth", in *Philosophy and Phenemennological Research*, Vol.18, No.4, p523.

Michael Inwood, *A Heidegger Dictionary*. Malden, Mass.: Blackwell Publishers Ltd, 1999.

Miguel de Beistegui, *The New Heidegger*. London: Continuum International

Publishing Group, 2005.

Otto Pöggeler, *Heidegger und die hermeneutische Philosophie*. Freiburg: Alber, 1983.

Otto Pöggeler, *Heidegger: Perspektiven zur Deutung seines Werks*. Königstein: Athenaum Verlag., 1984.

Richard Wolin, "The French Heidegger Debate", in *New German Critique*, No.45, Special Issue on Bloch and Heidegger, p.135.

Rudoll Allers, "Heidegger on the Principle of Sufficient Reason", in Philosophy and Phenemennological Research, Vol.20, No.3, p365.

Sonya Sikka, *Forms of Transcendence Transcendence: Heidegger and medieval mystical Theology*. New York: SUNY Press, 1996.

Ted Sadler, *Heidegger and Aristotle: The Question of Being*. London: The Athlone Press, 1996.

Theodore Kisiel, *The Genesis of Heidegger's Being and Time*. Berkeley: University of California Press, 1993.

W. J. Lowe, *Theology and Difference: The Wound of Reason*. Bloomington: Indiana University Press, 1993.

Werner Beierwaltes, *Identität und Differenz*. Frankfurt am Main: Vittorio Klostermann, 1980.

William McNeill, *The Glance of the Eye: Heidegger, Aristole, and the Ends of Theory*. New York: SUNY Press, 1999.

B：中文译本

德里达：《多重立场》，佘碧平译，上海：上海三联书店，2004 年。

德里达：《延异》，汪民安译，《外国文学》，2000 年。

德里达:《书写与差异》,张宁译,上海:上海三联书店,2001 年。

德里达:《论精神——海德格尔与问题》,朱刚译,上海:上海译文出版社,2008 年。

列维纳斯:《上帝·死亡和时间》,余中先译,上海:上海三联书店,1997 年。

列维纳斯:《从存在到存在者》,吴蕙仪译,南京:江苏教育出版社,2006 年。

列维纳斯:《总体与无限》,朱刚译,北京:北京大学出版社,2016 年。

伽达默尔、德里达:《德法之争——伽达默尔与德里达的对话》,孙周兴、孙善春编译,上海:同济大学出版社,2004 年。

C:其他中文文献

比梅尔:《海德格尔》,刘鑫、刘英译,北京:商务印书馆,1996 年。

H.博德尔:《哪一种思想造成所有的差别》,何卫平译,《世界哲学》,2006 年第 2 期。

蔡祥元:《海德格尔的"意外"——在存在论差异的"开端"处审问其可能性》,《世界哲学》,2017 年第 5 期。

陈嘉映:《海德格尔哲学概论》,上海:上海三联书店,1995 年。

成官泯:《从恩典时刻论到存在时刻论》,《道风》第 12 期,2000 年春。

邓晓芒:《论作为"成己"的 Ereignis》,《世界哲学》,2008 年第 3 期。

高宣扬:《德国哲学通史》,上海:同济大学出版社,2007 年。

靳宝:《论作为"通道"的"存在论差异"——兼评马里翁对海德格尔"存在论差异"思想的疏解》,《中国社会科学院研究生院学报》,2014 年第 4 期。

靳希平、吴增定:《十九世纪德国非主流哲学:现象学史前史札记》,北京:北京大学出版社,2004 年。

靳希平:《海德格尔早期思想研究》,上海:上海人民出版社,1995 年。

柯小刚:《海格尔与黑格尔时间思想比较研究》,上海:同济大学出版社,

2004 年。

科克尔曼斯:《海德格尔的〈存在与时间〉》,陈小文等译,北京:商务印书馆,1996 年。

李军学:《论海德格尔的"存在论差异"思想》,《西安电子科技大学学报(社会科学版)》,2007 年第 17 期。

李为学:《德里达〈延异〉文绎解》,上海:华东师范大学出版社,2015 年。

梁家荣:《哲学与文化》,《道风》,2011 年 3 月期。

林子淳:《"最后之神"即海德格尔的基督?》,《世界哲学》,2015 年第 1 期。

林子淳:《从比较老庄思想的视角论四重整体与最后之神》,《社会科学家》,2016 年 6 月。

林子淳:《后期海德格尔的神圣探索路径》,《哲学门》第 8 卷,2007 年。

刘小枫选编:《海德格尔式的现代神学》,孙周兴等译,北京:华夏出版社,2008 年。

刘小枫选编:《海德格尔与有限性思想》,北京:华夏出版社,2007 年。

莫斌:《关于海德格尔的"存在论差异"问题》,《山东社会科学》,2016 年第 11 期。

倪梁康:《海德格尔的佛学因缘》,《求是学刊》,2004 年第 6 期。

倪梁康:《现象学的始基》,广州:广东人民出版社,2004 年。

彭富春:《无之无化——论海德格尔思想道路的核心问题》,上海:上海三联书店,2000 年。

曲立伟:《从存在论差异谈"是与存在"之争的哲学含义》,《现代哲学》,2016 年第 2 期。

曲立伟:《西方古典哲学中的存在论差异问题》,《哲学评论》,2016 年第 1 期。

孙冠臣:《海德格尔的康德解释研究》,北京:中国社会科学出版社,2008 年。

孙向晨:《面对他者——莱维纳斯哲学思想研究》,上海:上海三联书店,2008 年。

孙周兴:《本质与实存——西方形而上学的实存路线》,《中国社会科学》,2004 年第 6 期。

孙周兴:《说不可说之神秘》,上海:上海三联书店,1994 年。

孙周兴:《形式显示的现象学——海德格尔早期弗莱堡讲座研究》,《现代哲学》,2002 年第 4 期。

王恒:《时间性、自身与他者——从胡塞尔、海德格尔到列维纳斯》,南京:江苏人民出版社,2008 年。

王坚:《海德格尔对保罗书信的现象学阐释——加拉太书阐释作为导论》,《现代哲学》,2013 年第 6 期。

王坚:《生命的职守——海德格尔宗教生活现象学研究》,《同济大学学报(社会科学版)》,2012 年。

杨大春等主编:《列维纳斯的世纪或他者的命运》("杭州列维纳斯国际学术研讨会"论文集),北京:中国人民大学出版社,2008 年。

杨慧林:《从"差异"到"他者"——对海德格尔与德里达的神学读解》,《中国人民大学学报(社会科学版)》,2004 年第 18 期。

俞吾金:《海德格尔的"存在论差异"理论及其启示》,《社会科学战线》,2009 年第 12 期。

张柯:《"存在论差异"与"本质与实存之区分"——论海德格尔的两种"区分"思想之关联》,《贵州大学学报(社会科学版)》,2014 年第 32 期。

张柯:《道路之思——海德格尔的"存在论差异"思想》,南京:江苏人民出版社,2012 年。

张汝伦:《海德格尔与现代哲学》,上海:复旦大学出版社,1995 年。

张汝伦:《论海德格尔哲学的起点》,《复旦学报(社会科学版)》,2005 年第 2 期。

张祥龙:《海德格尔传》,北京:商务印书馆,2007 年。

张祥龙:《海德格尔后期著作中"Ereignis"的含义》,《世界哲学》,2008 年第 3 期。

张祥龙：《海德格尔与中国天道》，上海：上海三联书店，2007 年。

张祥龙：《解释学理性与信仰的相遇——海德格尔早期宗教现象学的方法论》，《哲学研究》，1997 年第 6 期。

张旭：《海德格尔"存在论差异"思想的起源、含义与发展》，《中国人民大学学报（社会科学版）》，2017 年第 3 期。

赵卫国：《列维纳斯对海德格尔思想的继承与发展》，《四川大学学报（哲学社会科学版）》，2005 年第 1 期。

朱刚：《本原与延异：德里达对本原形而上学的解构》，上海：上海人民出版社，2006 年。

朱刚：《延异的本原——德里达对本原形而上学的解构及其伦理意义》，"现象学与伦理"国际学术研讨会暨中国现象学年会会议，2004 年。

后 记

　　此书是我在同济期间研读海德格尔哲学的一些心得总结，很多内容还不成熟，如今整理出书是一种荣幸，还希望读者多多批评。时过境迁，我的主要学术方向已不再是海德格尔，但却一直没有放弃解释学大方向上的兴趣，也在尽力从事经典文本解释的实践工作。海德格尔认为：思想（Denken）就是感恩（Danken）。在此书出版之际，我只剩下感恩。首先，要感谢我的硕导孙周兴教授，孙老师睿智乐观，博大宽容。没有孙老师我不会和海德格尔结缘，没有孙老师的译本和相关专著，我无法开展对海德格尔思想的深入思考，没有孙老师的鼓励鞭策我可能早已放弃研究，我非常感恩。其次，要感谢我的博导林子淳教授，林老师深沉隽永，意志坚定，一直对我非常严格。虽然我一直不能很好地达成老师的期待，但我一直无法忘记林老师在学习和生活中对我的关怀和鼓励，我亦非常感恩。最后，我要感谢父亲樊广恒、母亲王秋华，感恩他们一直默默支持自己的儿子研究哲学，希望这本书可以让他们多一点安慰。还要感谢徐旭敏、徐田青等，从项目申请到修改校对，大家都为我付出了不少心血，非常感恩。我相信，只要还留有感恩，就还留有思想的可能性。愿我们一起走上思想的道路！

写于母亲节

临海